Dieter Klemenz

Digitale Steuerungstechnik für Ingenieure der Produktionstechnik

Dieter Klemenz

Digitale Steuerungstechnik

für
Ingenieure der Produktionstechnik

Prof. Dr.-Ing. Dieter Klemenz
Institut für Produktion
Fachhochschule Köln

Herstellung: Books on Demand GmbH, Norderstedt

ISBN   3-8330-0689-7

Vorwort

Langfristig kann die wirtschaftliche Produktion von industriell hergestellten Gütern nur durch ständiges Rationalisieren unter ökonomischen Gesichtspunkten abgesichert werden. Hierzu werden Verfahren weiterentwickelt, neue oder geeignetere Technologien angewandt und Prozesse mechanisiert und automatisiert. Dabei werden steuerungstechnische Mittel eingesetzt, um

- die notwendige geistige und körperliche Arbeit von Menschen zu verringern.
- den mechanischen Aufbau von Produktionseinrichtungen zu vereinfachen.
- die Eigenschaften der Produkte vorzugeben und zu überwachen.

Durch Automatisierung werden die Steuerungen von Produktionseinrichtungen immer umfangreicher und beeinflussen zunehmend die Produktivität der Anlagen. Deshalb benötigen die für die Produktion Verantwortlichen auch steuerungstechnische Kenntnisse und Kompetenz. Nur dann können sie

- mit Mitarbeitern und Lieferanten steuerungstechnische Fragen fachkundig besprechen.
- die Aufgaben von Steuerungen eindeutig beschreiben.
- Fehler in produktionstechnischen Einrichtungen nicht nur technologisch und mechanisch, sondern auch steuerungstechnisch analysieren und beheben.
- die Rationalisierungs-Potentiale von steuerungstechnischen Mitteln bei der Automatisierung von Prozessen beurteilen.

Das Buch vermittelt Kenntnisse über steuerungstechnische Mittel und die Beschreibung von digital arbeitenden Steuerungen. Es leitet den Leser an, sich Steuerungsfunktionen abstrakt und gerätetechnisch neutral vorzustellen. Der Weg führt dabei von

- Schaltungskomponenten zu speicherprogrammierbaren Steuerungen,
- gerätetechnisch orientierten Schaltzeichen zu gerätetechnisch unabhängigen graphischen Symbolen für Schaltungsunterlagen und Funktionspläne.
- Pneumatik- und Stromlaufplänen zu Programmen für speicherprogrammierbare Steuerungen.

Der Autor nimmt nicht in Anspruch grundsätzlich Neues mitzuteilen. Neu ist die Konzeption mit der Studierende und Praktiker zielgerichtet in die Steuerungstechnik zur Automatisierung von Produktionsprozessen eingeführt werden.

Köln, Mai 2003   Dieter Klemenz

Inhaltsverzeichnis

1 Signale

In Steuerungen werden Informationen mit technischen Mitteln verarbeitet. Die Informationen werden von Signalen dargestellt. Als Signalträger eignen sich die Werte von physikalischen Grössen, die qualitativ identifizierbar und quantitativ bestimmbar sind. Dies sind beispielsweise die elektrische Stromstärke und Spannung, die elektrische oder magnetische Feldstärke, die optische Lichtstärke, der Druck und der Durchfluss bei Fluiden.

Von Signalgebern, Sensoren und Umsetzern werden zu prüfende oder zu messende Grössen erfasst und in für die weitere Verarbeitung geeignete Signale umgesetzt. Die Geräte arbeiten elektrisch, elektronisch und optisch und nur zu einem kleinen Teil pneumatisch oder hydraulisch.

Die Signalverarbeitung kann als Steuer- oder Informationskette aufgefasst und, wie in Bild 1.1 dargestellt, in drei Bereiche unterteilt werden. Die Signalübertragung zwischen den einzelnen Bereichen ist durch Pfeile dargestellt.

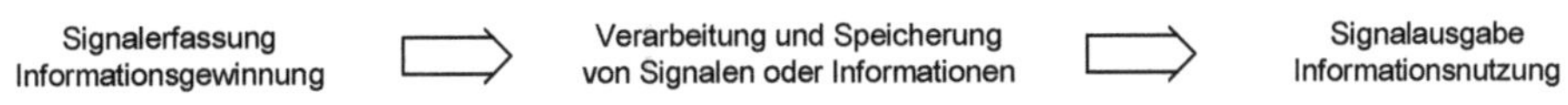

Bild 1.1: Steuer- oder Informationskette

Die zu erfassenden Signale sind physikalische Grössen. Die Temperatur einer Flüssigkeit kann beispielsweise erfasst werden über die temperaturabhängige elektrische Leitfähigkeit von Leitern oder Halbleitern, die Ausdehnung eines Metallstabes oder die Schwingfrequenz eines Quarzkristalls.

Diese temperaturabhängigen physikalischen Grössen werden mit unterschiedlichen Mitteln in elektrische, optische, fluidtechnische oder mechanische Grössen umgewandelt, die sich für die weitere Verarbeitung eignen. Mit welchen physikalischen Grössen oder technischen Geräten das verarbeitete Signal ausgegeben wird, ist von dem Empfänger der Information abhängig.

Signalerfassung

Der Schalter, Bild 1.2, kann eingesetzt werden, wenn durch ein Binärsignal die Information dargestellt werden soll, dass der Abstand eines Objekts von einem Maschinenteil ein bestimmtes Mass über- oder unterschreitet. Der Schalter arbeitet elektromechanisch. Er hat einen elektrischen Kontakt der sich bei Betätigung durch einen Stift schliesst.

Das Objekt verschiebt bei Annäherung an das Maschinenteil den Betätigungsstift. Dieser erfasst den Abstand zwischen Objekt und Maschinenteil. Ab einem bestimmten Verschiebeweg des Stifts ist der elektrische Kontakt geschlossen. Die Verschiebung des Stifts wird durch den elektrischen Kontakt zu einer elektrisch auswertbaren Grösse verarbeitet.

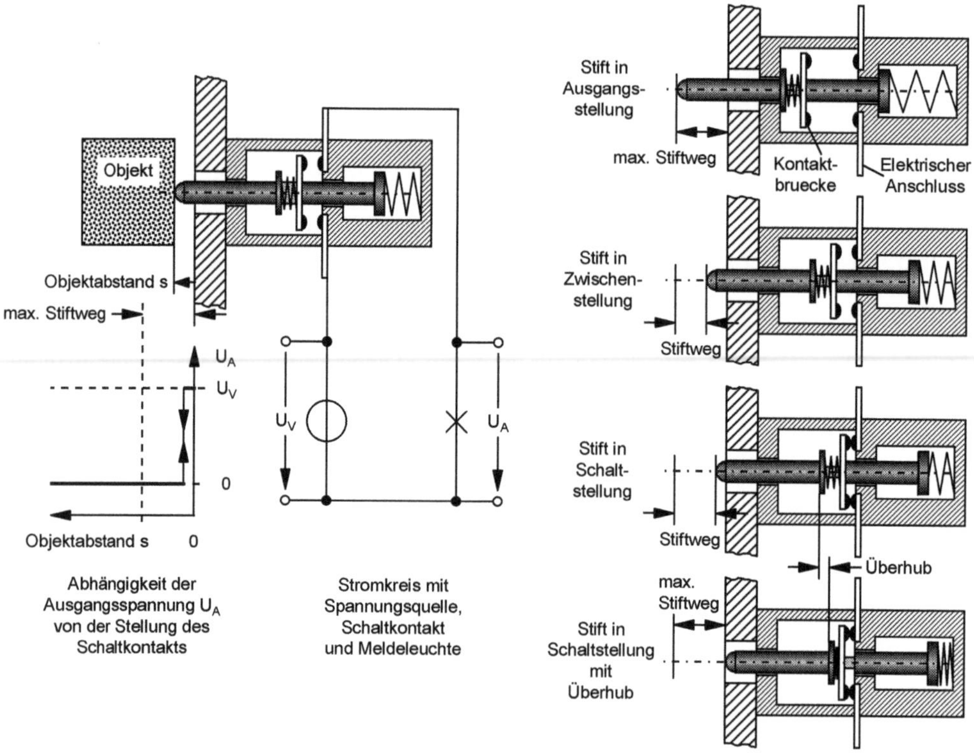

Bild 1.2: Elektrischer Schalter mit Kontakt-Brücke in geschnittener Darstellung

Der offene oder geschlossene Zustand des Kontakts wird elektrisch ausgewertet. Das elektrische Signal trägt die Information, dass der Abstand eines Objekts von einem Maschinenteil ein bestimmtes Mass über- oder unterschreitet. Die Information wird in Bild 1.2 optisch über eine Meldeleuchte ausgegeben.

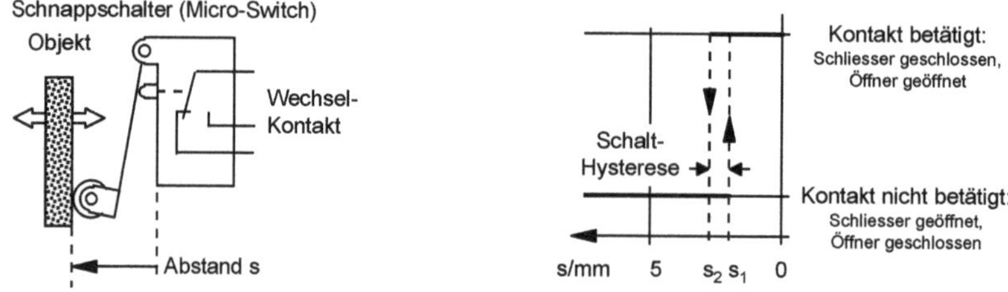

Bild 1.3: Schnappschalter

Bild 1.3 beschreibt eine weitere Bauform eines elektrischen Schalters. Bei Schnappschaltern wird das Umschalten zwischen den Kontakten über speziell gestaltete Federn besonders schnell ausgeführt. Durch das schnelle Umschalten wird die Funkenbildung zwischen den Schaltkontakten und der Verschleiss der Kontakte auf ein Minimum reduziert.

Betätigt ein Objekt über einen Rollenhebel den Betätigungsstift, Bild 1.3, dann wird ab einem bestimmten Abstand s_1 ein Wechsel-Kontakt betätigt. Einer der Kontakt wird geöffnet und der andere Kontakt geschlossen. Diese Schaltstellungen der Kontakte bleiben erhalten, wenn der Abstand s zwischen Objekt und Schalter weiter verkleinert wird. Wird der Abstand s zwischen Objekt und Schalter vergrössert, dann nimmt ab einem bestimmten Abstand s_2, der grösser als der Abstand s_1 ist, der Kontakt wieder seine Ruhestellung ein.

Die Wegdifferenz oder Umkehrspanne zwischen den beiden Schaltpunkten s_2 und s_1 wird als Schalt-Hysterese bezeichnet. Sie ermöglicht eine eindeutige Signalgabe, beispielsweise wenn durch Maschinenschwingungen Schwankungen des Abstands s auftreten, die kleiner als die Schalt-Hysterese sind. Durch Schalt-Hysterese kann die Position von Objekten nicht eindeutig bestimmt werden.

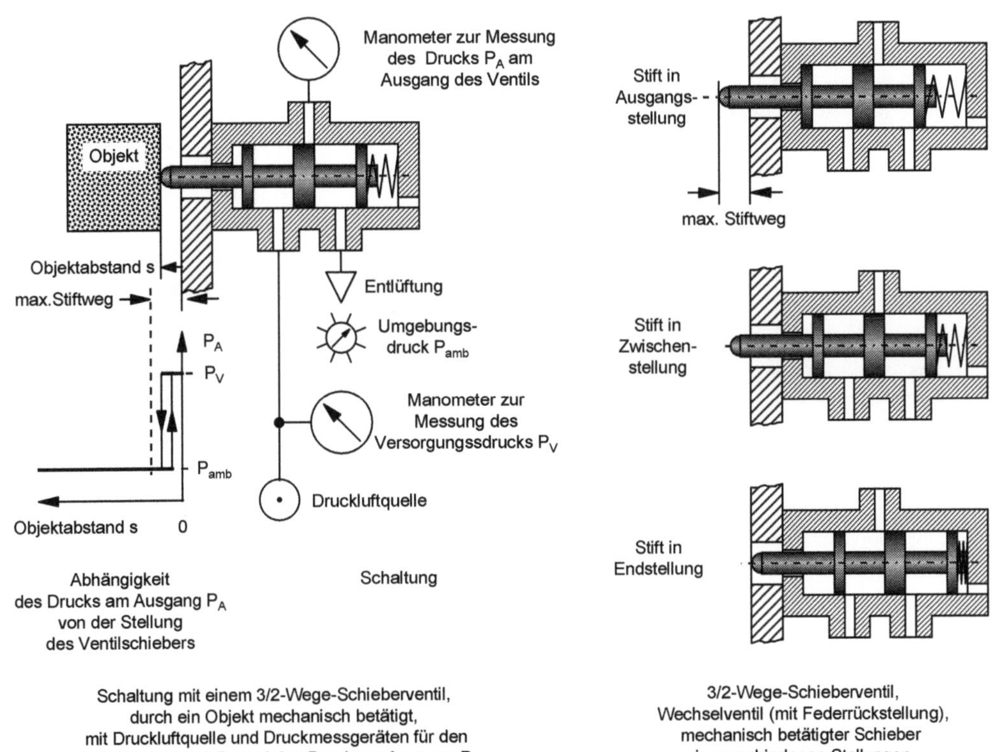

Bild 1.4: Pneumatischer Schalter (3/2-Wegeventil in geschnittener Darstellung)

Der pneumatische Schalter, Bild 1.4, erfüllt die gleiche Funktion wie die elektrischen Schalter in den Bildern 1.2 und 1.3. Das Objekt verschiebt bei Annäherung an das Maschinenteil den Betätigungsstift. Der Abstand zwischen Objekt und Maschinenteil wird durch den Betätigungsstift erfasst. Ab einem bestimmten Verschiebeweg des Stifts schaltet das Ventil um.

Die Verschiebung des Stifts wird durch das Ventil zu einer pneumatisch auswertbaren Grösse verarbeitet.

In Bild 1.4 wird der Schaltzustand des Ventils pneumatisch ausgewertet. Vor dem Schalten des Ventils ist dessen Ausgang mit dem Umgebungsdruck verbunden. Nach dem Schalten ist der Ausgang des Ventils mit der Druckluftquelle verbunden.

Das pneumatische Signal trägt die Information, dass der Abstand eines Objekts von einem Maschinenteil ein bestimmtes Mass über- oder unterschreitet. Die Information wird in Bild 1.4 optisch über ein Manometer ausgegeben. Sie kann jedoch auch in einer pneumatischen Schaltung weiterverarbeitet werden.

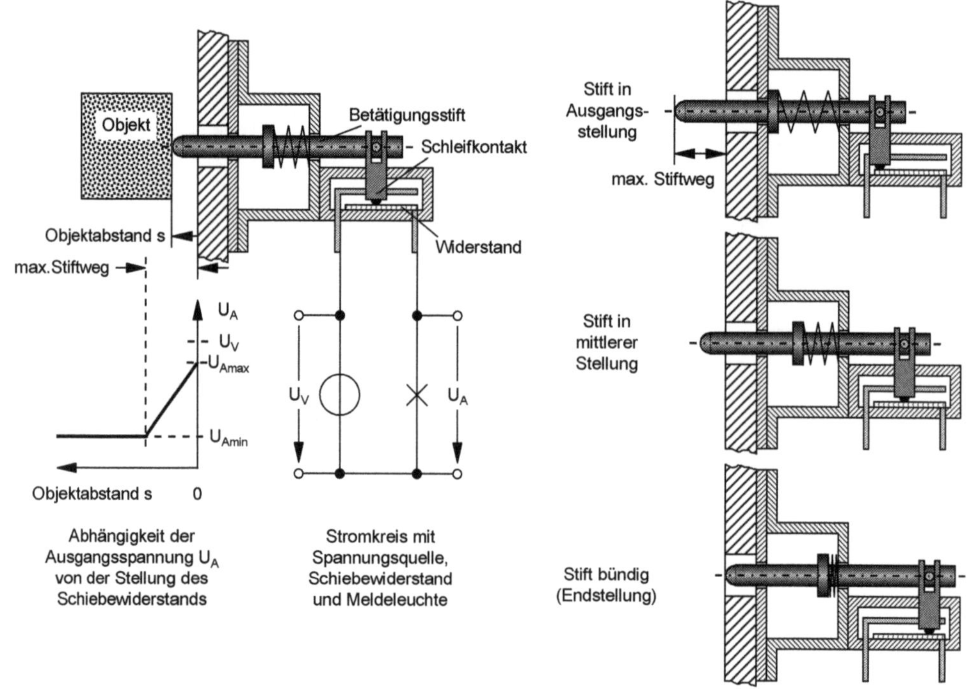

Bild 1.5: Näherungsfühler

Von dem Näherungsfühler, Bild 1.5, wird ein Objekt ab einem bestimmten Abstand von einem Maschinenteil erfasst. Der Näherungsfühler erzeugt ein elektrisches Signal, das proportional zu der Grösse des Abstands zwischen Maschinenteil und Objekt ist.

Der Näherungsfühler arbeitet elektromechanisch. Das Objekt verschiebt bei Annäherung an das Maschinenteil den Betätigungsstift. Der Abstand zwischen Objekt und Maschinenteil wird durch den Betätigungsstift erfasst.

Der Stift bewegt den Schleifkontakt eines ohmschen Schiebewiderstands. Verschiebt sich der Stift, dann ändert sich proportional auch der Wert des Widerstands. Die Verschiebung des Stifts wird durch den Schiebewiderstand zu einer elektrisch auswertbaren Grösse verarbeitet.

Bei dem Näherungsfühler in Bild 1.5 wird der ohmsche Widerstand elektrisch ausgewertet. Das elektrische analoge Signal trägt die Information, welchen Abstand das Objekt von dem Maschinenteil hat. Die Information wird optisch über die Helligkeit einer Meldeleuchte ausgegeben.

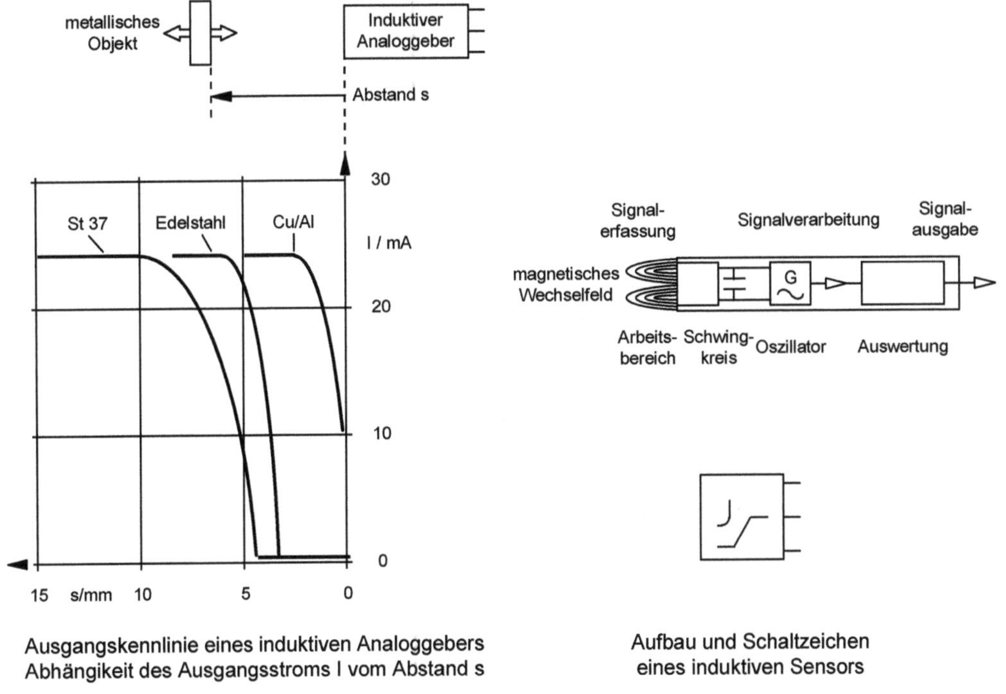

Ausgangskennlinie eines induktiven Analoggebers
Abhängigkeit des Ausgangsstroms I vom Abstand s

Aufbau und Schaltzeichen eines induktiven Sensors

Bild 1.6: Induktiver Analoggeber

Induktiv arbeitende Geber arbeiten berührungslos und werden in der industriellen Produktionstechnik in grossem Umfang verwendet. Meistens wird mit ihnen die Präsenz von Objekten überprüft, beispielsweise ob sich ein Maschinenteil oder ein zu montierendes Teil in einer bestimmten Position befindet.

Im Arbeitsbereich des Gebers wird über eine elektronische Schaltung und eine Spulenanordnung ein hochfrequentes Magnetfeld erzeugt. Tritt ein Objekt aus elektrisch leitendem Material

in den Arbeitsbereich ein, dann werden durch das sich ändernde Magnetfeld Spannungen in
dem Objekt induziert. Diese Spannungen gleichen sich über Wirbelströme in dem Objekt aus.
Die Wirbelströme entziehen dem hochfrequenten Magnetfeld Energie. Die dadurch in dem
Schwingkreis auftretenden Veränderungen werden ausgewertet und bei dem induktiven Analoggeber, Bild 1.6, als analoges Strom- oder Spannungssignal ausgegeben.

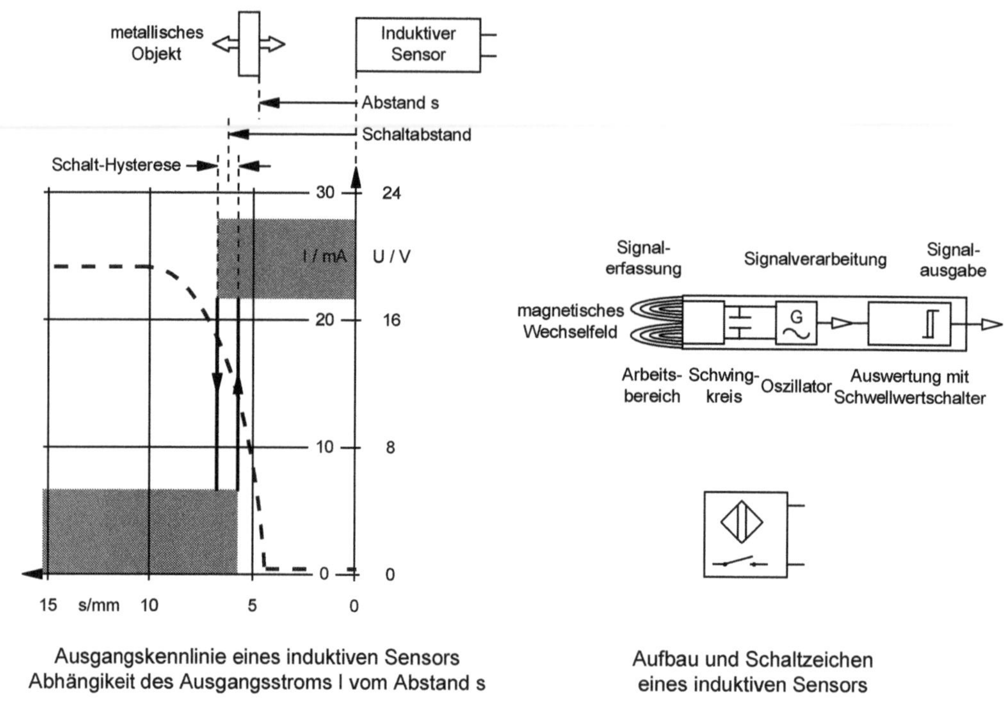

Ausgangskennlinie eines induktiven Sensors
Abhängikeit des Ausgangsstroms I vom Abstand s

Aufbau und Schaltzeichen
eines induktiven Sensors

Bild 1.7: Induktiver Näherungsschalter

Bei dem induktiven Näherungsschalter in Bild 1.7 werden die in dem Schwingkreis auftretenden Veränderungen durch einen Schwellwertschalter in ein binäres Strom- oder Spannungssignal umgewandelt. Häufig wird der Schaltzustand des Schwellwertschalters durch eine in den
Sensor eingebaute Leuchtdiode angezeigt.

In Bild 1.8 sind die Funktionsprinzipien von Lichtschranken und des Reflektions-Lichttasters
dargestellt. Diese Sensoren bestehen aus einem Sender und einem Empfänger für Licht.

Der Sender strahlt Licht im sicht- oder nichtsichtbaren Bereich aus.

Der Empfänger für dieses Licht ist so angeordnet, dass er das vom Sender ausgestrahlte Licht auffangen kann. Durch diese Sensoren wird das Vorhandensein eines Objekts im Arbeitsbereich in ein elektrisch auswertbares oder in ein elektrisches Signal umgewandelt.

Die Präsenz eines Objekts wird von der Einweg-Lichtschranke und von der Reflexions-Lichtschranke erfasst, wenn das Objekt den Lichtweg zwischen Sender und Empfänger unterbricht.

Bei der Einweg-Lichtschranke müssen Sender und Empfänger zueinander optisch ausgerichtet sein.

Bei der Reflexions-Lichtschranke muss der Reflektor zu der Sender-Empfängereinheit ausgerichtet sein. Die Verwendung von Tripelspiegeln oder anderen Reflektoren, die einfallendes Licht in die Einfallsrichtung reflektieren, vereinfacht die Ausrichtung. Kleine Winkeländerungen, die beispielsweise durch Schwingungen hervorgerufen werden, haben keinen Einfluss auf die Funktion.

Von einem Reflexions-Lichttaster wird ein Objekt erfasst, wenn sich das Objekt in einem bestimmten Abstandsbereich befindet und das Objekt das von dem Sender ausgestrahlte Licht reflektiert.

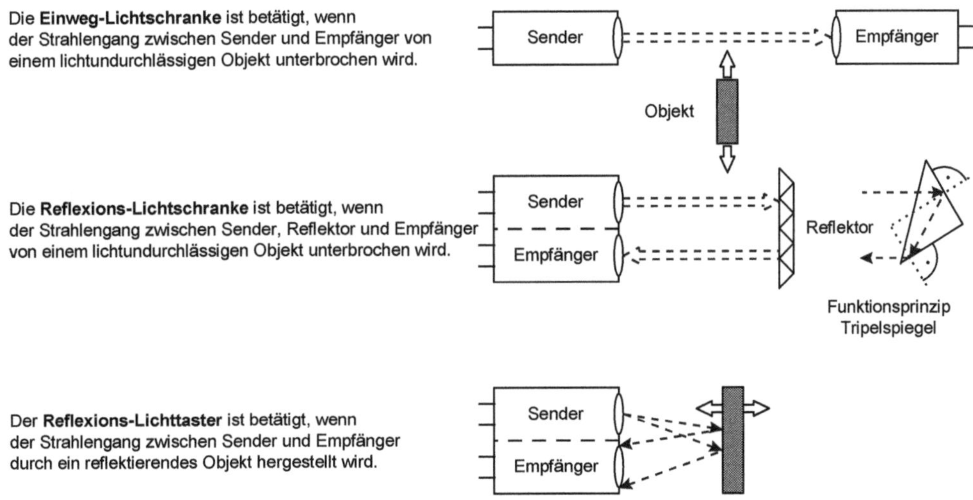

Bild 1.8: Lichtschranken

Der Schaltzustand der Geräte kann über Kontakte elektrisch abgefragt werden oder wird als elektrisches Signal ausgegeben. Meist wird der Schaltzustand der Geräte zusätzlich durch eine Leuchtdiode angezeigt.

Um abzusichern, dass der Empfänger nur das Licht des ihm zugeordneten Senders auswertet, wird das Licht optisch oder elektronisch kodiert und modifiziert. Wie alle optisch arbeitenden Sensoren können Lichtschranken und Lichttaster durch Verschmutzung, beispielsweise durch Staub in der Umgebungsluft, ausfallen.

Die elektrische Leitfähigkeit von Leitern, Halbleitern und speziellen leitfähigen Keramiken ist temperaturabhängig. Diese Materialeigenschaft wird für Temperaturfühler oder Sensoren genutzt, die zur Überwachung und Messung der Temperatur in Produktionsprozessen eingesetzt werden.

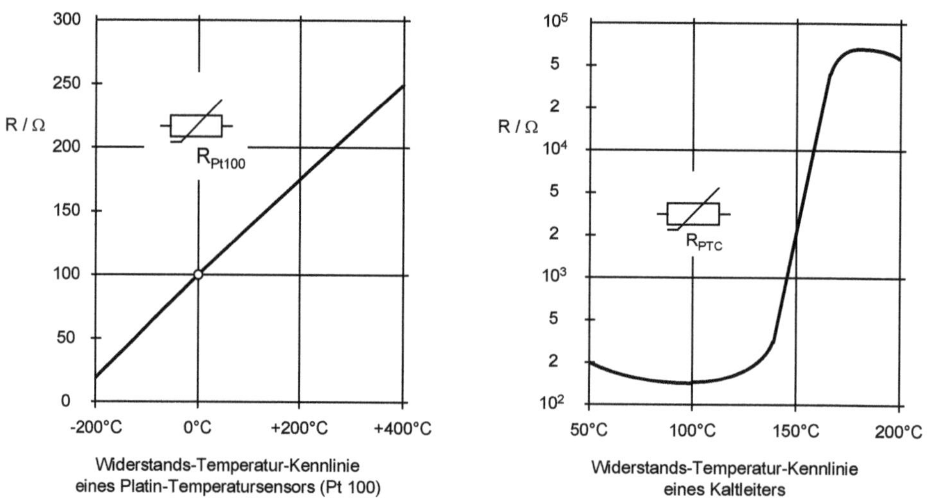

Bild 1.9: Kennlinien von temperaturabhängigen Widerständen

In Bild 1.9 sind die Widerstands-Temperatur-Kennlinien eines Pt 100 Sensors und eines Kaltleiters dargestellt.

Die Temperaturerfassung erfolgt bei dem Pt 100 Sensor durch einen Widerstand aus Platin, der bei 0° Celsius den elektrischen Widerstand von 100 Ω hat. Die Widerstands-Temperatur-Kennlinie eines Platinwiderstands ist weitgehend linear.

Die Temperatur kann auch durch die aus leitfähigen Keramiken bestehenden Kaltleiter oder PTC-Widerstände (Widerstände mit positivem Temperatur-Koeffizienten) erfasst werden. Die Widerstands-Temperatur-Kennlinie dieser Widerstände ist nicht linear. In einem bestimmten Temperaturbereich erhöht sich der ohmsche Widerstand um mehrere Zehnerpotenzen.

Die beiden Widerstände wandeln die zu messende Temperatur in eine elektrisch erfassbare Grösse um. Der Spannungsabfall über dem Widerstand des Platinwiderstands oder des Kaltleiters wird als Temperatursignal ausgewertet. Soll das Signal digital weiterverarbeitet werden, so muss das analoge Signal durch einen Analog-Digital-Umsetzer oder durch Schwellwertschalter digitalisiert werden.

Der steile Anstieg des Widerstands von Kaltleitern in einem kleinen Temperaturbereich kann mit einfachen Schaltgeräten ausgewertet werden. Beispielsweise wird dies zur Überwachung der Wicklungstemperatur von Elektromotoren genutzt. Übersteigt die Temperatur in einer Wicklung den zulässigen Wert, dann wird über ein Schaltgerät die Stromversorgung des Motors ausgeschaltet, um das Durchbrennen der Wicklung zu vermeiden.

Signalaufbereitung

Die Ausgangsvariablen der in den Bildern 1.2 bis 1.9 vorgestellten Schalter und Sensoren sind binäre oder analoge Signale. die durch die Werte von physikalischen Grössen dargestellt werden.

Bei einem binären Signal ist jedem der beiden Werte einer binären Variablen ein Bereich des Wertevorrats einer physikalischen Grösse zugeordnet.

Bei einem analogen Signal werden dem Werteverlauf einer physikalischen Grösse Punkt für Punkt unterschiedliche Informationen zugeordnet. Die physikalische Grösse besitzt einen kontinuierlichen Wertevorrat. Sie kann daher unendlich viele Werte annehmen.

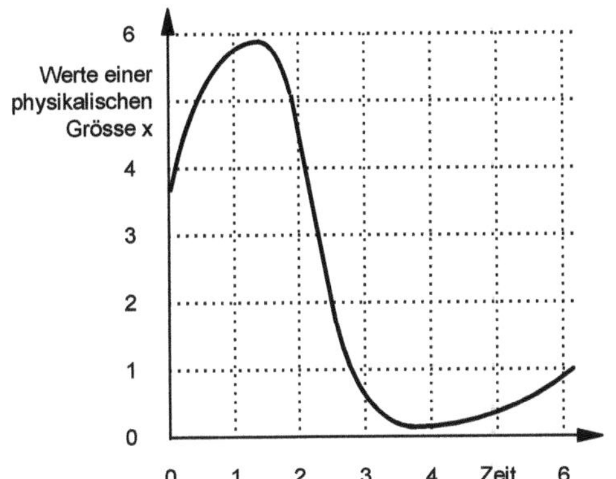

Zeitlich kontinuierliches, analoges Signal

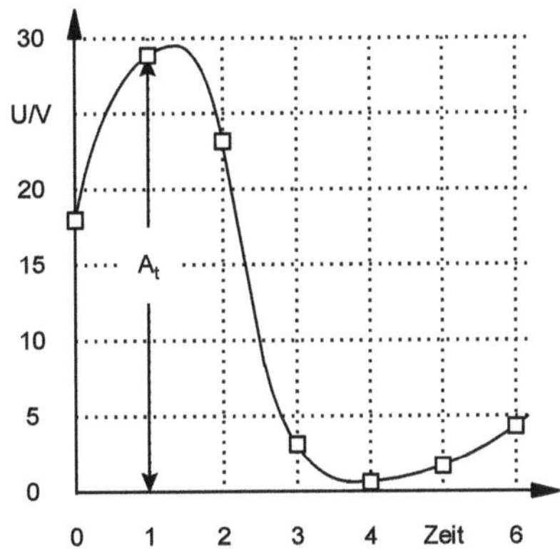

Durch Abtasten in Zeitabständen gewonnenes, zeitlich diskontinuierliches analoges Signal A_t

Bild 1.10: Zeitlich kontinuierliches und diskontinuierliches analoges Signal

In Bild 1.10 wird ein zeitlich kontinuierliches und ein zeitlich diskontinuierliches analoges Signal vorgestellt. Bei beiden Signalen ist der Träger des Signals der Wert einer physikalischen Grösse. Der Wert der physikalischen Grösse wird als Amplitude des Signals bezeichnet.

Ein Signal ist zeitlich kontinuierlich, wenn der Wert des Signals ständig, also ohne Unterbrechung, zur Verfügung steht. Die Amplitude des zeitlich kontinuierlichen analogen Signals, Bild 1.10, ist in jedem Zeitpunkt definiert.

Ein Signal ist zeitlich diskontinuierlich, wenn der Wert des Signals nicht ständig, also mit Unterbrechungen, zur Verfügung steht. Bei dem zeitlich diskontinuierlichen analogen Signal, Bild 1.10, wird die Amplitude des Signals, die elektrische Spannung A_t., durch Abtasten des Signals in bestimmten Zeitpunkten erfasst. Die Spannung ist nur in den Abtastzeitpunkten definiert. Die Spannung kann, da es sich um ein analoges Signal handelt, unendlich viele Werte annehmen.

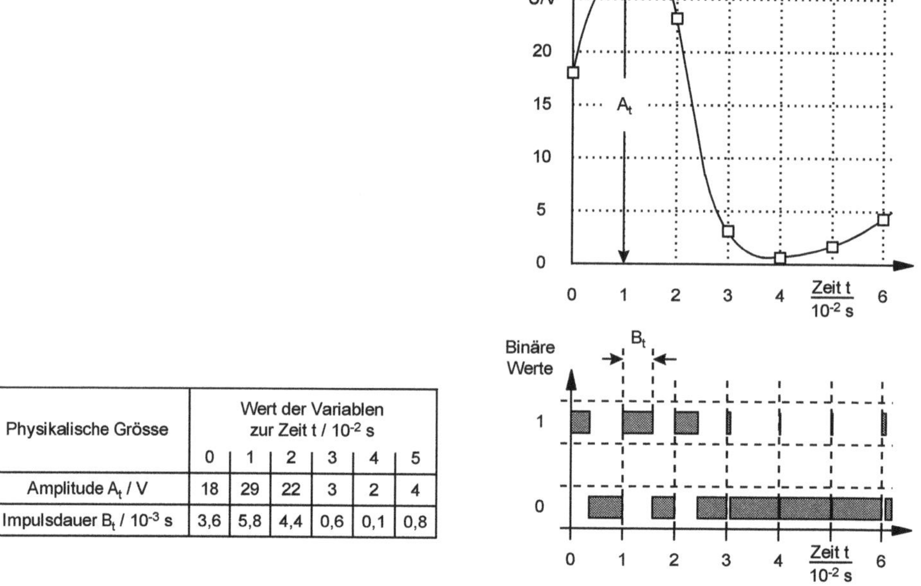

Physikalische Grösse	Wert der Variablen zur Zeit t / 10⁻² s					
	0	1	2	3	4	5
Amplitude A_t / V	18	29	22	3	2	4
Impulsdauer B_t / 10⁻³ s	3,6	5,8	4,4	0,6	0,1	0,8

Bild 1.11: Breitenmoduliertes analoges Signal

In Bild 1.11 wird das aus in Bild 1.10 bekannte zeitlich diskontinuierliche analoge Signal in ein breitenmoduliertes zeitlich diskontinuierliches analoges Signal umgewandelt.

Bei dem zeitlich diskontinuierlichen analogen Signal aus Bild 1.10 ist der Träger der Information in einem Zeitpunkt t der Wert der Spannung A_t.

Bei dem breitenmodulierten Signal, Bild 1.11, wird der Wert der Spannung A_t proportional in die zeitliche Dauer B_t des Werts 1 einer binären Variablen umgewandelt. Die maximale zeitliche Dauer der Variablen B_t muss kürzer als die Zeit zwischen zwei Abtastzeitpunkten sein. Die Information wird nicht von der Amplitude des binären Signals, sondern von dessen zeitlicher Dauer getragen.

Breitenmodulierte Signale eignen sich zur Übertragung analoger Signale, weil veränderliche Leitungswiderstände zwar die Amplitude, nicht jedoch die Zeitdauer von Signalen beeinflussen. Vor der Übertragung muss das Signal breitenmoduliert und nach der Übertragung, für die weitere Verarbeitung, wieder demoduliert werden.

Sollen die Informationen analoger Signale binär weiterverarbeitet werden, dann müssen sie digitalisiert werden. Zur Digitalisierung werden Schwellwertschalter, Spannungsvergleicher und Digital-Analog Umsetzer eingesetzt.

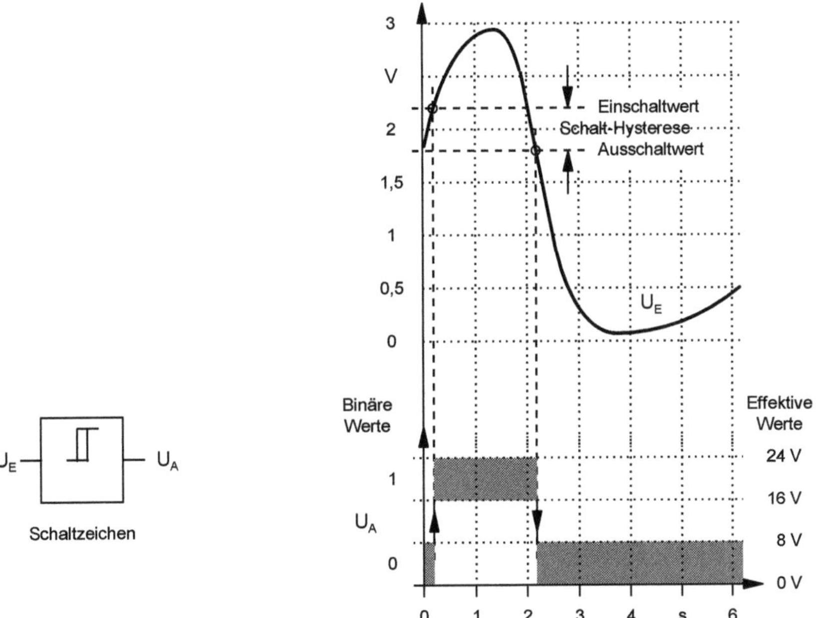

Bild 1.12: Schwellwertschalter

Der in Bild 1.12 dargestellte Schwellwertschalter erzeugt eine binäre Ausgangsspannung, die Variable U_A, in Abhängigkeit von der analogen Eingangsspannung U_E.

Bei ansteigender Spannung U_E nimmt ab dem Einschaltwert die binäre Variable U_A den Wert 1 an. Unterschreitet die Spannung U_E den Ausschaltwert, dann nimmt die Variable U_A den Wert 0 an. Die Spannung des Einschaltwerts ist grösser als die des Ausschaltwerts. Die Differenz zwischen den beiden Werten wird als Schalt-Hysterese bezeichnet.

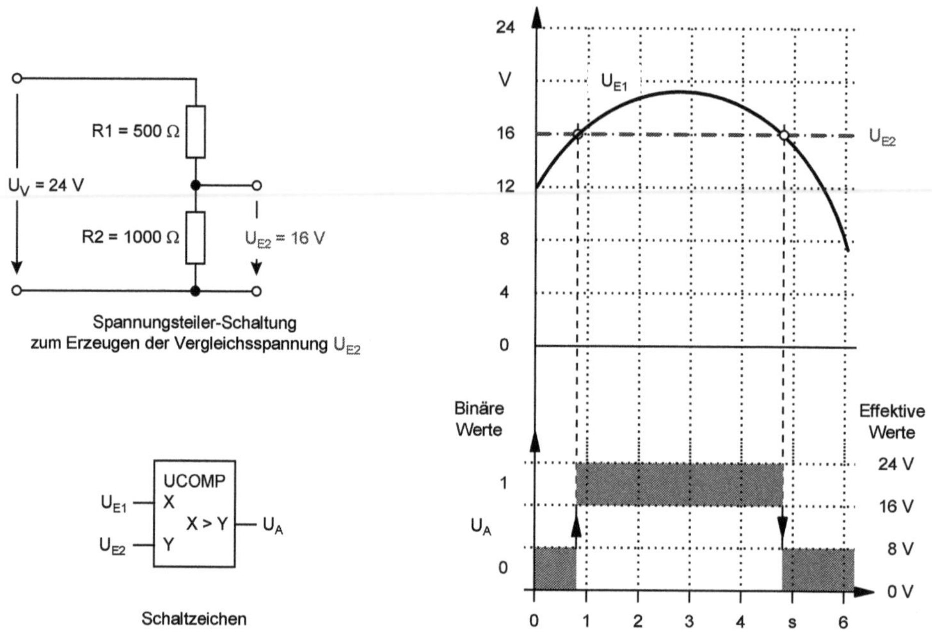

Bild 1.13: Spannungsvergleicher

Der Spannungsvergleicher, Bild 1.13, vergleicht zwei analoge Signale U_{E1} und U_{E2} und setzt das Vergleichsergebnis in eine zeitlich kontinuierliche, binäre Variable U_A um. Die Variable U_A hat den Wert 1, wenn die Spannung am X-Eingang grösser als die Spannung am Y-Eingang ist. Die Variable U_A hat den Wert 0, wenn die Spannung am X-Eingang gleich oder kleiner als die Spannung am Y-Eingang ist.

Von Digital-Analog Umsetzern werden beim Digitalisieren die unendlich vielen Werte analoger Signale, einer endlichen Anzahl von Wertebereichen zugeordnet. Jeder Wertebereich umfasst alle Werte (wiederum unendlich viele Werte) des analogen Signals, die sich zwischen zwei Grenzwerten befinden.

In Bild 1.14 ist der Wertvorrat der analogen Spannung U_X acht gleich grossen Wertebereichen zugeordnet. Beispielsweise beginnt der Wertebereich 3 bei einer Spannung, die grösser als 10 Volt ist, und endet bei einer Spannung von 14 Volt. Liegt der Wert der Spannung U_X in diesem

Wertebereich 3, dann hat die Ausgangs-Variable *A3* des Digital-Analog Umsetzers den Wert 1 und es haben alle anderen Ausgangs-Variablen den Wert 0.

Durch die Digitalisierung eines analogen Signals entsteht ein Verlust an Informationen. Die Grösse des Verlusts hängt von der Anzahl der Wertebereiche ab, in die das analoge Signal unterteilt wird.

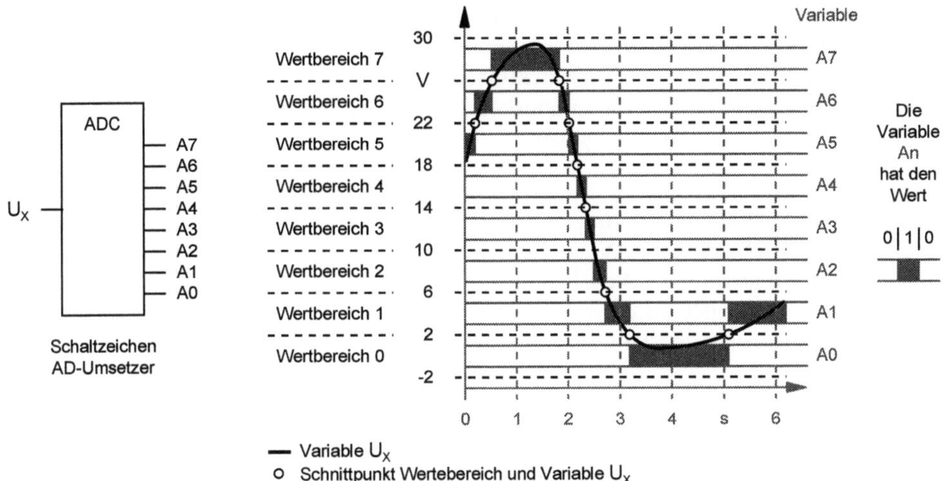

Bild 1.14: Digital-Analog Umsetzer

2 Kontakttechnik und Pneumatik

In der industriellen Produktionstechnik werden zum Verarbeiten, Speichern und Ausgeben von Signalen überwiegend elektronisch arbeitende Geräte eingesetzt. Die mechanisch oder elektromechanisch arbeitenden Ventile oder Relais bzw. Schütze werden hauptsächlich zur Leistungssteuerung und nur in Ausnahmefällen zur Signalverarbeitung und -speicherung verwendet. Diese Geräte sind wesentlich teurer und grösser. Sie. haben wesentlich längere Schaltzeiten als elektronische Schaltelemente. Viele produktionstechnische Steuerungsaufgaben können aufgrund der erforderlichen Signalverarbeitungsgeschwindigkeit mit pneumatischen oder kontakttechnischen Geräten nicht realisiert werden.

Zum Erklären von abstrakten steuerungstechnischen Funktionen bieten sich jedoch mechanisch oder elektromechanisch arbeitende Ventile oder Relais bzw. Schütze an. Auch von diesen wird, wie von elektronisch arbeitenden Schaltelementen, die Signalleitung unterbrochen oder freigegeben. Der Wert der Signale wird bei Ventilen von fluidischen und bei Relais oder Schützen von elektrischen Grössen dargestellt.

Fast jedes Schaltelement erfüllt zusätzlich die Funktion eines Verstärkers. Die Verstärkerwirkung beruht darauf, dass die zum Schalten notwendige Leistung wesentlich kleiner ist, als die von dem Schaltelemente geschaltete oder schaltbare Leistung. Es können mit den Ausgangssignalen eines Schaltelements mehrere gleichartige Schaltelemente gesteuert werden.

Kontakttechnische Schaltelemente

In Bild 2.1 sind der Aufbau und das Schaltzeichen von Relais mit Wechsel-Kontakten dargestellt. Die kontakttechnischen Schaltzeichen (DIN 40719 Teil 3) sind gerätetechnisch orientiert.

Das skizzierte Relais besteht aus einer Magnetspule mit Klappanker, zwei Wechsel-Kontakten und einem Kamm zur Betätigung der Wechsel-Kontakte. Ein Wechsel-Kontakt ist die Kombination aus einem Öffner und einem Schliesser.

Erläuterung der Benennungen:

- Öffner: Bei Betätigung wird der Schalt-Kontakt geöffnet.
  Eine Verbindung oder eine Leitung wird unterbrochen.
- Schliesser: Bei Betätigung wird ein Schalt-Kontakt geschlossen.
  Eine Verbindung wird hergestellt, eine Leitung wird freigegeben.
- Wechsler: Kombination eines Öffners und Schliessers. Sie kann sowohl als Wechsel-Kontakt als auch als Öffner oder als Schliesser verwendet werden.

Das Relais befindet sich in der Ausgangstellung, wenn die Magnetspule nicht von Strom durchflossen wird. In diesem Fall sind die Öffner der Wechsel-Kontakte geschlossen und die Schliesser geöffnet. Das Relais schaltet und bleibt geschaltet, wenn die Magnetspule von Strom durchflossen wird, also erregt ist, und der Klappanker über den Kamm die Kontakte betätigt. In diesem Fall sind bei den Wechsel-Kontakten die Öffner offen und die Schliesser geschlossen.

Für das Umschalten benötigt ein Relais, wie jedes reale Schaltelement, Zeit. Die Schaltzeit setzt sich bei dem Relais aus den Zeiten zusammen, welche notwendig sind, das Magnetfeld in der Spule auf- oder abzubauen, den Klappanker magnetisch zu betätigen oder nach Abbau des Magnetfelds den Klappanker durch Federkraft zurückzustellen.

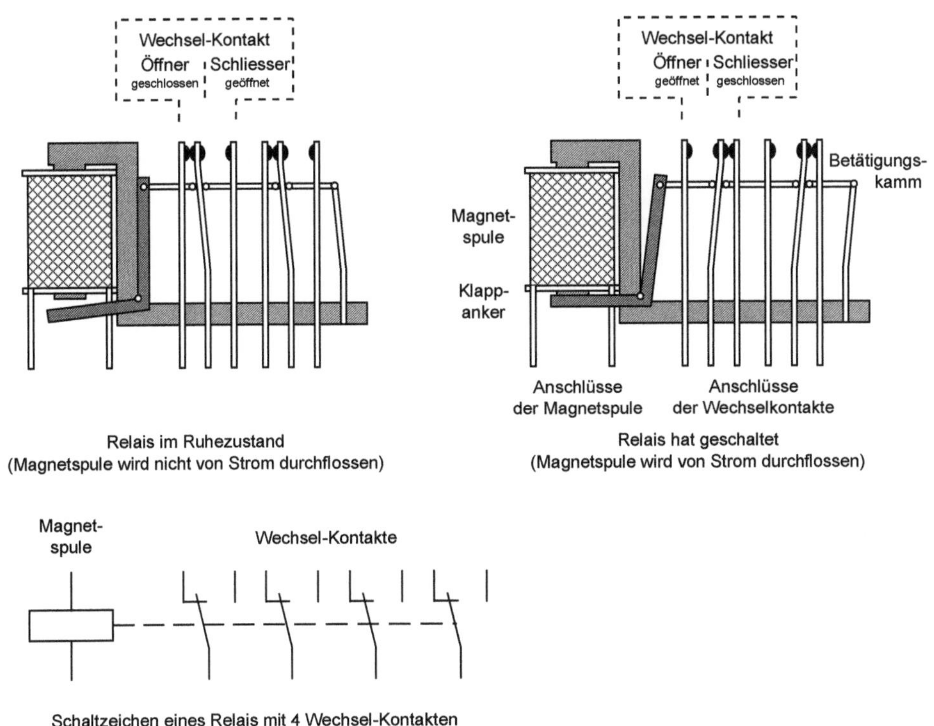

Bild 2.1: Skizze eines Relais mit zwei Wechsel-Kontakten und Schaltzeichen

In Bild 2.2 wird das Schaltverhalten eines Relais mit Wechsel-Kontakten erläutert. In dem Stromlaufplan sind die Spannungen angegeben, mit denen das Schaltverhalten eines Relais in dem Variable/Zeit-Diagramm beschrieben wird.

- Wird der in dem Stromlaufplan dargestellte Taster betätigt,
  dann wird der Schliesser-Kontakt geschlossen und der Wert der Variablen U_M wechselt von 0 nach 1 (effektiv wechselt die Spannung von $U_M = 0$ V nach $U_M = U_V$). Die Magnetspule wird von Strom durchflossen. Das Magnetfeld wird aufgebaut. Nach der Zeit $t_{Öö}$ öffnet der Öffner, und der Wert der Variablen $U_Ö$ wechselt von 1 nach 0. Nach der Zeit t_{Ss} schliesst der Schliesser, und der Wert der Variablen U_S wechselt von 0 nach 1.

- Wird der Taster nicht mehr betätigt,
  dann wechselt der Wert der Variablen U_M von 1 nach 0. Die Magnetspule wird nicht mehr von Strom durchflossen. Das Magnetfeld wird abgebaut.
  Nach der Zeit $t_{Sö}$ öffnet der Schliesser, und es wechselt der Wert der Variablen U_S von 1 nach 0. Nach der Zeit $t_{Ös}$ schliesst der Öffner, und der Wert der Variablen $U_Ö$ wechselt von 0 nach 1.

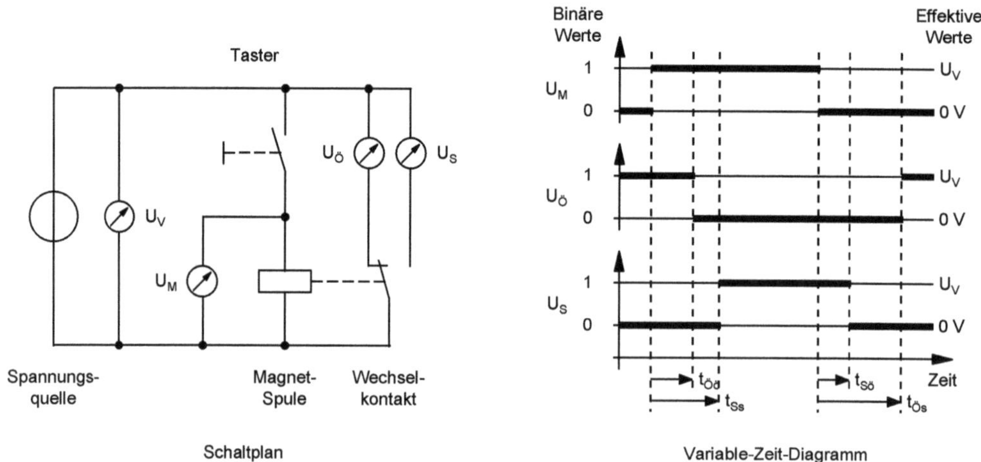

Bild 2.2: Schaltverhalten eines Relais mit Wechsel-Kontakten

Beim Umschalten hat sich einer der Kontakte bereits geöffnet, während der andere noch nicht geschlossen ist. Für einen kurzen Zeitraum ist sowohl der Öffner als auch der Schliesser offen. Diese Eigenschaft des betrachteten Relais ergibt sich aus der konstruktiven Anordnung der Kontakte. Werden die Kontakte als Wechsler-Kontakte eingesetzt, dann sind die binären Signale zeitlich diskontinuierlich.

Bei Schaltungen in denen Kontakte von mehreren Relais zusammenwirken muss das Schaltverhalten berücksichtigt werden. Es gibt Bauformen von Relais mit anderem Schaltverhalten.

Ein Schütz, Bild 2.3, ist wie ein Relais ein elektromechanisch arbeitendes Schaltelement. Wie bei den Relais besteht zwischen den Anschlüssen der Magnetspule und den Anschlüssen der Kontakte keine Verbindung. Die Anschlüsse der Magnetspule und der Kontakte sind galvanisch getrennt.

Schütze sind üblicherweise mechanisch robuster als Relais aufgebaut. Dementsprechend können mit Schützen grössere Ströme als mit Relais geschaltet werden.

Die Kontakte von Schützen sind einzeln in Kammern untergebracht sind. Durch diese Kapselung soll verhindert werden, dass ionisierte Luft von einem Kontakt das Schaltverhalten eines anderen Kontakts beeinflusst. Beim Schliessen und besonders beim Öffnen von Kontakten in Luft entsteht in Abhängigkeit von der Spannung zwischen den Kontakten und der Bewegungsgeschwindigkeit des schaltenden Kontakts ein meist kleiner Lichtbogen. Durch den Lichtbogen wird Luft im Kontaktspalt ionisiert. Die ionisierte Luft vergrössert und verlängert den Lichtbogen. Durch die ionisierte Luft kann zwischen offenen Kontakten eine leitende Verbindung und damit eine Fehlschaltung entstehen.

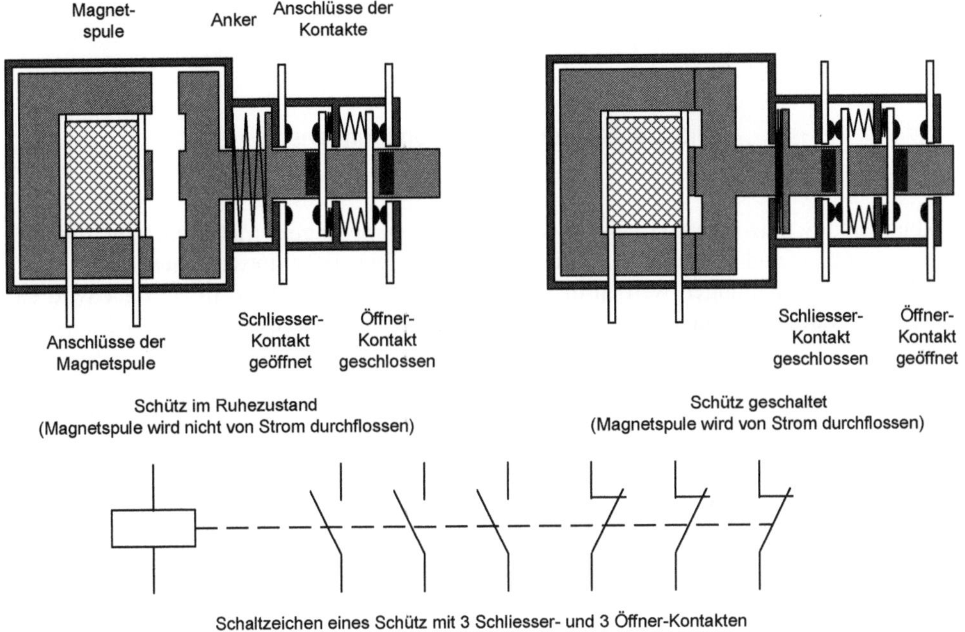

Bild 2.3: Skizze und Schaltzeichen eines Schütz

Mit Relais und Schützen wird häufig der Leistungsteil von industriellen Steuerungen aufgebaut.

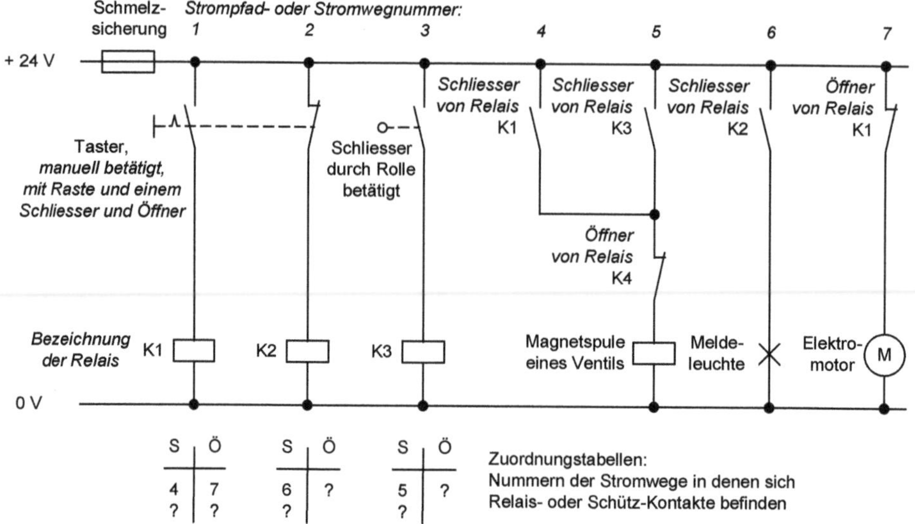

Bild 2.4: Muster eines Stromlaufplans

Über Relais und Schütze werden beispielsweise Stromversorgungen, Meldeleuchten, die Magnete von Ventilen und elektrische Antriebe gesteuert. Die dafür notwendigen kontakttechnisch arbeitenden Schaltungen werden in Stromlaufplänen dokumentiert. In Bild 2.4 wird ein Muster eines derartigen gerätetechnisch orientierten Schaltplans vorgestellt.

Ein Stromlaufplan hat mindestens eine obere und eine untere Potentiallinie. Zwischen den Potentiallinien können in Stromwegen oder Strompfaden beispielsweise Sensoren, Schalter, Taster, Kontakte und Stromverbraucher wie Meldeleuchten, Magnetspulen und Elektromotoren vorhanden sein.

In Bild 2.4 befindet sich in Strompfad 1 der Schliesser eines Tasters und die Magnetspule eines Relais mit der Bezeichnung K1. Aus der Zuordnungstabelle des Relais K1 geht hervor, dass in dem Strompfad 4 ein weiterer Schliesser von Relais K1 sein soll. Der Augenschein zeigt, dass in Strompfad 4 ein Schliesser des Relais mit der Bezeichnung K1 vorhanden ist.

Fluidtechnische Schaltelemente

Als Antriebselemente werden in industriellen Produktionseinrichtungen neben Elektromotoren pneumatische und hydraulische Aktoren eingesetzt. Die Steuerung dieser fluidtechnischen Antriebe erfolgt über Ventile die elektrisch oder fluidtechnisch gesteuert werden.

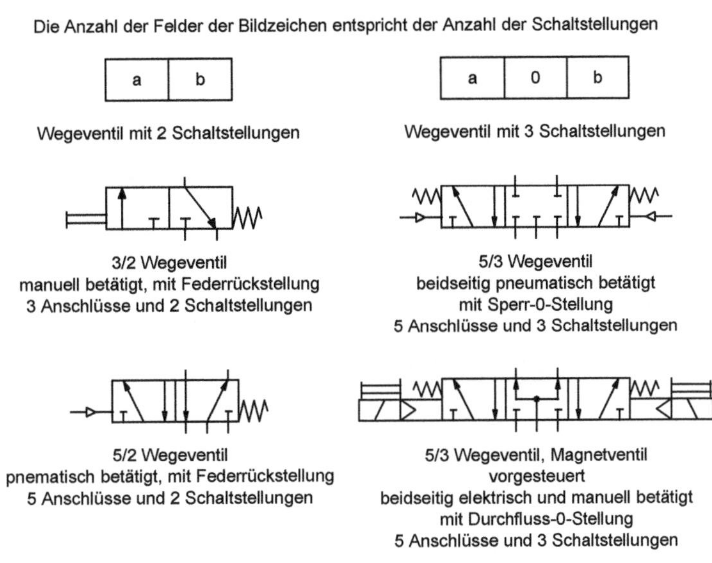

Bild 2.5: Bezeichnungen und Schaltzeichen von Wegeventilen

In Bild 2.5 werden Schaltzeichen von fluidtechnischen Wegeventilen mit festen Schaltstellungen und deren Bezeichnungen vorgestellt (DIN 24300 Teil 4).

Bezeichnung von Schaltstellungen:

- Ausgangsstellung: Nimmt das Ventil
                              bei dem Einschalten der Fluidversorgung ein.

- Ruhestellung, Nullstellung: Stellung von unbetätigten Ventilen mit Federrückstellung

- Durchflussstellung: Stellung in der die Fluidquelle über das Ventil
                              mit dem Verbraucher verbunden ist.

- Sperrstellung: Stellung in der durch das Ventil die Verbindung
                              der Fluidquelle mit dem Verbraucher unterbrochen ist.

Das Schaltverhalten von Wegeventilen wird in Bild 2.6 am Beispiel eines pneumatisch gesteuerten 5/2-Wege Schieberventils mit Federrückstellung erläutert. Das Ventil wird durch Federkraft in der Ruhestellung gehalten. In der Ruhestellung entspricht der Eingangsdruck P_E dem Umgebungsdruck P_{amb}, also hat die Variable P_E den Wert 0.

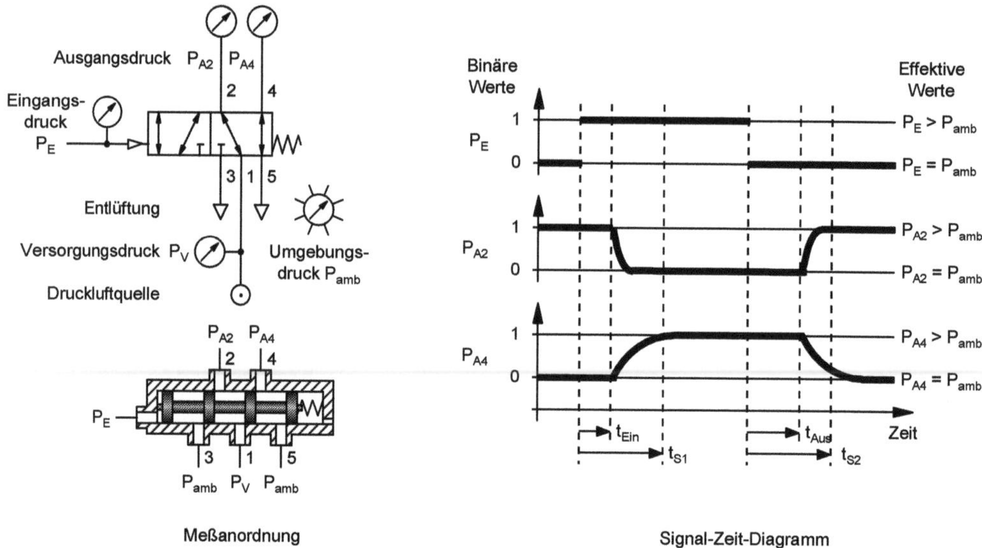

Bild 2.6: Schaltverhalten eines 5/2-Wege Schieberventils mit Federrückstellung

Das Ventil schaltet, wenn der Eingangsdruck P_E den Umgebungsdruck P_{amb} um einen bestimmten Wert überschreitet. In diesem Fall hat die Variable *P_E* den Wert 1.

Durch die Kraftwirkung der Druckdifferenz P_E - P_{amb} wird der Schieber in die Schaltstellung verschoben. Die Kraftwirkung muss so gross sein, dass die Kraft der Feder und die Haftreibung zwischen Schieber und Gehäuse überwunden werden.

Ist die Kraftwirkung der Druckdifferenz P_E - P_{amb} zu klein, dann wird der Schieber aus der Schaltstellung des Ventils durch die Kraft der Feder in die Ruhestellung verschoben und dort gehalten.

Neben den das Schalten beeinflussenden Kräften ist die Schaltzeit beim Schalten von der Ruhestellung in die Schaltstellung abhängig von
der zu bewegenden Masse des Schiebers,

- der Reibung zwischen Schieber und Gehäuse,

- der Kennlinie der Feder,

- der Geschwindigkeit mit der sich die Druckdifferenz P_E - P_{amb} aufbaut und

- der maximalen Grösse der Druckdifferenz P_E - P_{amb} .

Das Schalten von der Schaltstellung in die Ruhestellung wird von der Feder bewirkt. Es unterliegt den gleichen Einflussgrössen wie das Schalten von der Ruhestellung in die Schaltstellung. Jedoch ist in diesem Fall die Schaltzeit von der Geschwindigkeit abhängig, mit der sich die Druckdifferenz P_E - P_{amb} abbaut.

In Bild 2.6 sind die Anschlüsse 3 und 5 des Ventils mit dem Umgebungsdruck P_{amb} verbunden. Der Anschluss 1 ist an eine Druckluftquelle mit dem Druck P_V angeschlossen. An Anschluss 2 wird der Druck P_{A2} und an Anschluss 4 der Druck P_{A4} gemessen.

In der Ruhestellung des Ventils hat der Anschluss 3 keine Verbindung zu einem anderen Anschluss, er ist also gesperrt.

Über den Schieber sind die Anschlüsse 1 und 2 miteinander verbunden.

Der Druck P_{A2} entspricht dem Druck P_V. Die binäre Variable P_{A2} hat den Wert 1.

Ausserdem besteht über den Schieber zwischen den Anschlüssen 5 und 4 eine Verbindung. Der Druck P_{A4} entspricht dem Druck P_{amb}. Die binäre Variable P_{A4} hat den Wert 0.

Auch In der Schaltstellung des Ventils bleiben die Anschlüsse 3 und 5 mit dem Umgebungsdruck P_{amb} und der Anschluss 1 mit der Druckluftquelle verbunden. Über den Schieber besteht in dieser Schaltstellung zwischen den Anschlüssen 1 und 4 und den Anschlüssen 3 und 2 eine Verbindung.

Der Druck P_{A4} entspricht dem Druck P_V. Die binäre Variable P_{A4} hat den Wert 1.

Der Druck P_{A2} entspricht dem Druck P_{amb}. Die binäre Variable P_{A2} hat den Wert 0.

Wechselt die binäre Variable P_E ihren Wert zwischen 0 und 1, dann wird ein Schaltvorgang ausgelöst. Aufgrund von konstruktiven Gegebenheiten des vorgestellten Ventils beginnt der eigentliche Schaltvorgang erst nach der Zeit t_{Ein} oder t_{Aus}, wenn der Ventilschieber bereits 1/3 seines maximalen Wegs zurückgelegt hat. Erst danach beginnt das Wechseln der Werte der Variablen P_{A2} und P_{A4}. Nach der Zeit t_{S1} beziehungsweise t_{S2} hat der Schieber seinen maximalen Weg zurückgelegt. Er befindet sich in einer Endlage, und der mechanische Schaltvorgang ist beendet. Der pneumatische Schaltvorgang kann früher oder später abgeschlossen sein. Dies ist abhängig von dem Druck P_v, den Leitungsquerschnitten im Ventil und in den Leitungen sowie den Volumina der gesteuerten Geräte, die belüftet oder entlüftet werden müssen.

In Bild 2.7 werden Schaltzeichen und Skizzen von Schieberventilen vorgestellt. Neben Schieberventilen gibt es eine grosse Anzahl von Sitzventilen bei denen Strömungswege über bewegliche Schaltkörper und Ventilsitze gesperrt oder freigegeben werden.

Die Dokumentation von fluidtechnisch arbeitenden Schaltungen erfolgt mit gerätetechnisch orientierten Pneumatik- oder Hydraulikplänen. In Bild 2.8 werden in einem Pneumatikplan zwei Grundschaltungen zur Steuerung von Pneumatikzylindern vorgestellt.

Pneumatikventil	Schaltzeichen	Ventil in Ruhestellung	Ventil in Schaltstellung
3/2 - Wegeventil mechanisch betätigt mit Federrückstellung (Umschaltventil)	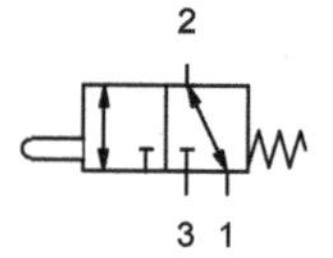	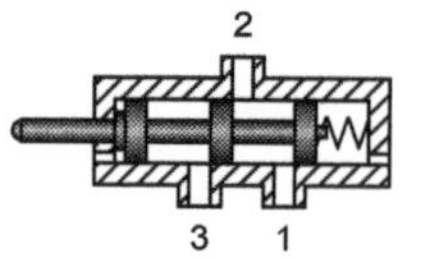	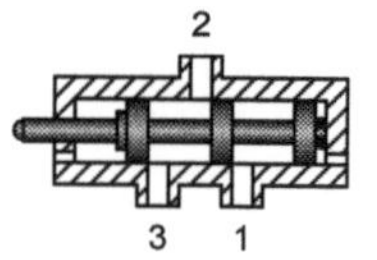
3/2 - Wegeventil pneumatisch betätigt mit Federrückstellung (Umschaltventil)	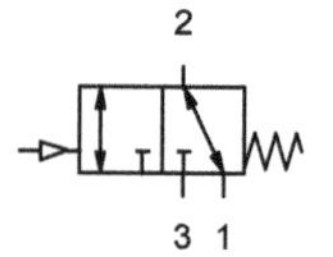	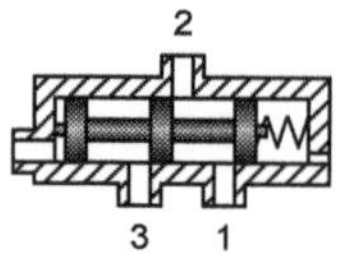	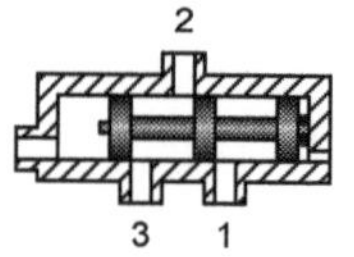
3/2 - Wegeventil elektromagnetisch betätigt mit Federrückstellung	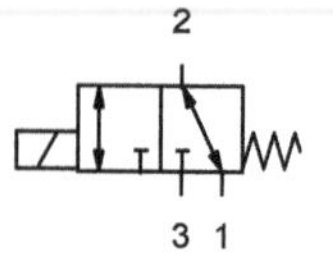	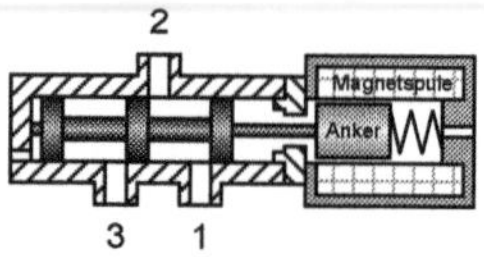	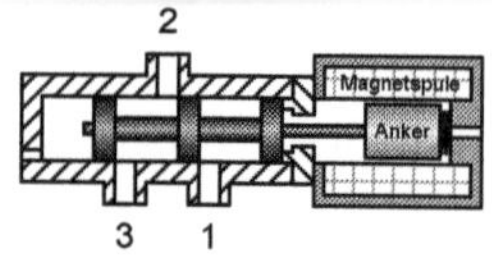
5/2 - Wegeventil pneumatisch betätigt mit Federrückstellung (Umschaltventil)	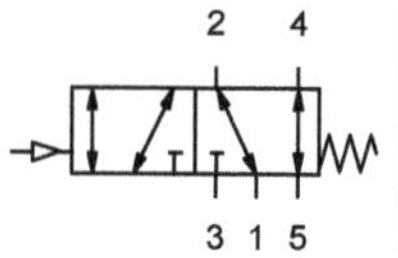	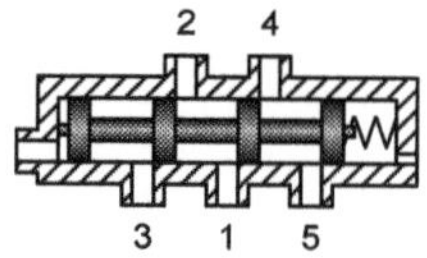	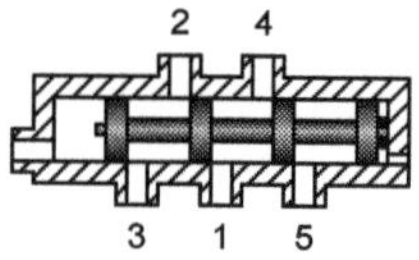
5/2 - Wegeventil beidseitig pneumatisch und manuell betätigt (Impulsventil)	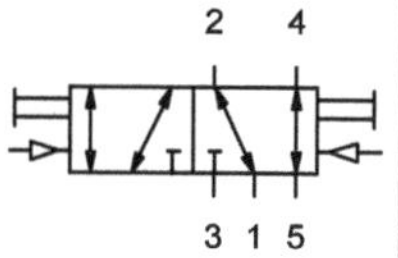	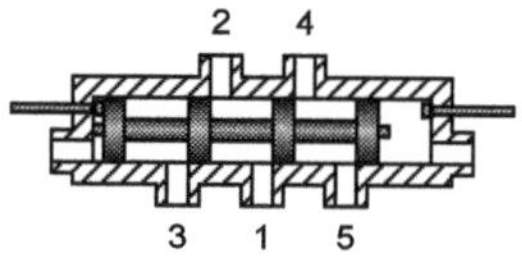	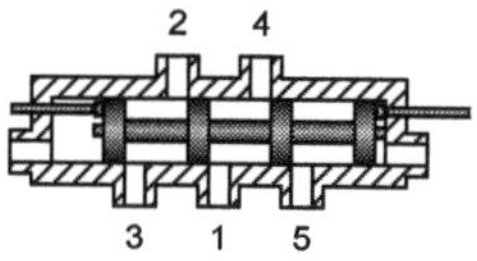

Bild 2.7: Skizzen und Schaltzeichen von Schieberventilen

In vielen Fällen wird in industriellen Produktionsstätten Druckluft zentral erzeugt. Die Qualität der Druckluft hängt von den eingesetzten Kompressoren, Drucklufttrocknern und Filtern, aber auch von dem Leitungsnetz ab über das die Druckluft verteilt wird. Zur Versorgung von pneumatischen Komponenten wird häufig die zentral erzeugte Druckluft in standardisierten Filter-Regler-Öler- Einheiten aufbereitet. In diesen wird

- die Druckluft gefiltert, um Partikel und Wassertröpfchen abzuscheiden,

- der Druck der Druckluft entsprechend den Erfordernissen der pneumatischen Komponenten verringert und

- der Druckluft zur Schmierung der beweglichen mechanischen Teile in den Ventilen und Aktoren Öl beigemischt.

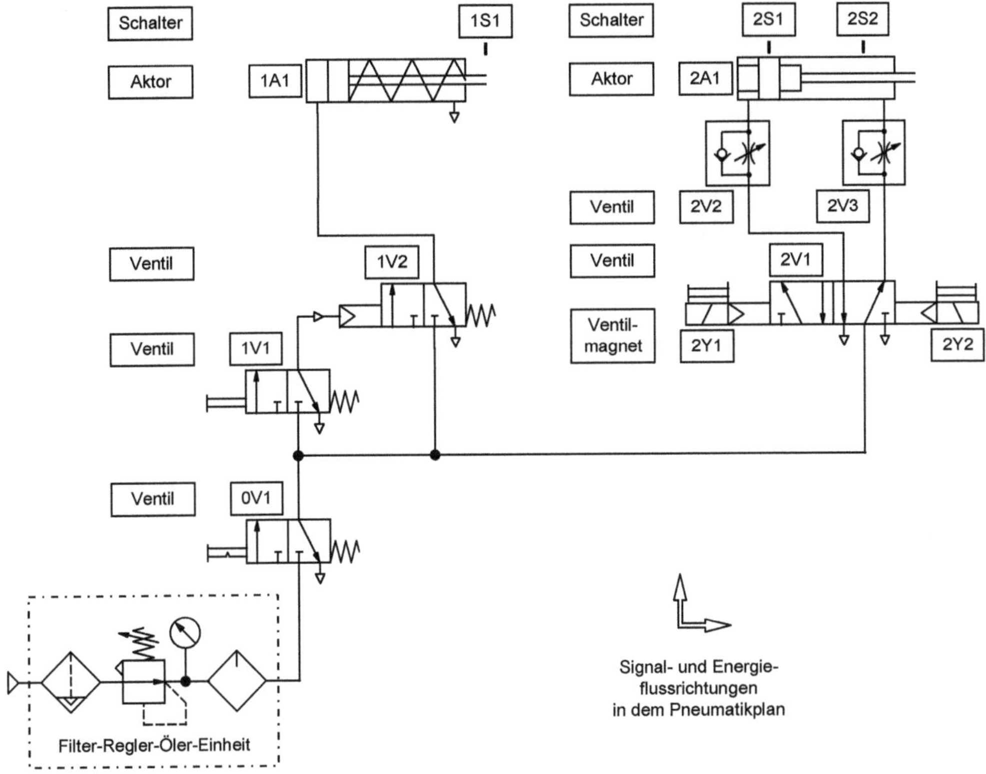

Bild 2.8: Pneumatischer Schaltplan.

In dem Schaltplan in Bild 2.8 wird die Druckluft aus dem Leitungsnetz entnommen und über eine Filter-Regler-Öler-Einheit aufbereitet.

Über das handbetätigte 3/2-Wegeventil 0V1 wird die Druckluftversorung für die pneumatischen Teilschaltungen 1 und 2 ein- und ausgeschaltet .

Die Teilschaltung 1 besteht aus

- dem 3/2-Wegeventil 1V1, manuell betätigt mit Federrückstellung,

- dem vorgesteuerten 3/2-Wegeventil 1V2, pneumatisch betätigt mit Federrückstellung,

- dem einfach wirkenden Pneumatikzylinder 1A1 mit Federrückstellung und

- dem nicht näher dargestellten Endschalter 1S1. Bei diesem kann es sich um ein mechanisch betätigtes Pneumatikventil oder aber beispielsweise um einen induktiv arbeitenden Sensor mit elektrischem Ausgangssignal handeln.

Die Teilschaltung 2 besteht aus

- dem pneumatisch vorgesteuerten 5/2- Wegeventil 1V1, das manuell oder über die Magnetspulen 2Y1 und 2Y2 betätigt werden kann,

- den Drosselrückschlagventilen 2V2 und 2V3,

- dem doppelt wirkenden Pneumatikzylinder 2A1 mit Endlagendämpfung und

- den Endschaltern 2S1 und 2S2, bei denen es sich um Sensoren handelt, die beispielsweise
  durch einen im Kolben des Pneumatikzylinders eingebauten Magnet betätigt werden.

Wird der Taster von Ventil 1V1 betätigt, dann nimmt das Ventil 1V2 die Durchflussstellung
ein. Die Kolbenstange des Druckluftzylinders 1A1 fährt aus und bleibt ausgefahren. Der Endschalter 1S1 wechselt seinen Schaltzustand, wenn die Kolbenstange die eingefahrene Endlage
verlassen hat.

Die Kolbenstange des Druckluftzylinders 1A1 fährt ein, wenn das Ventil 1V2 in seine Ruhestellung zurückkehrt. Dies ist der Fall, wenn der Taster von Ventil 1V1 nicht mehr betätigt
wird. Nachdem die Kolbenstange eingefahren ist, wechselt der Endschalter 1S1 seinen Schaltzustand.

Das Aus- und Einfahren der Kolbenstange des Druckluftzylinders 2A1 wird über das Ventil
2V1 gesteuert. Über die Drosselrückschlagventile 2V2 und 2V3 wird die Abluft gedrosselt und
damit die Verfahrgeschwindigkeit der Kolbenstange eingestellt.

Der Schaltzustand der Sensoren 2S1 und 2S2 hängt von der Postion des Kolbens des Pneumatikzylinders ab. Ist die Kolbenstange eingefahren, dann ist der Sensor 2S1 geschaltet. Bei aus-
gefahrener Kolbenstange ist der Sensor 2S2 geschaltet.

3 Verknüpfungen

Signale sind, bei bekanntem Auswerteschlüssel, Träger von Informationen. Technisch verarbeitbare Signale sind nach DIN 19226 Teil 3 Schaltgrössen und nach der DIN 44300 Teil 5 Schaltvariablen. In Steuerungen und Regelungen werden die durch Schaltgrössen und Schaltvariablen dargestellten Informationen entschlüsselt, aufbereitet und verarbeitet.

In einer Schaltung werden Eingangssignale zu Ausgangssignalen verarbeitet. Die Eingangs- und Ausgangssignale sind binäre Variablen. George Boole hat vor mehr als einem Jahrhundert Gesetze über "Denken und Logik" formuliert. Aus den von ihm formulierten Ansätzen wurde die Schaltalgebra oder Boolesche Algebra entwickelt. Mit ihr können Verknüpfungen ein- und zweiwertiger Schaltgrössen beschrieben, entworfen und vereinfacht werden.

- Einwertige (unäre) Schaltgrössen sind Konstanten mit einem der Werte 0 oder 1.

- Zweiwertige (binäre) Schaltgrössen sind Schaltvariablen, welche die Werte 0 bzw. 1 annehmen können.

Für die Werte 0 und 1 der binären Variablen werden auch andere Bezeichnungen verwendet. Beispielsweise "L" und "H" bzw. "0" und "L" und in der Aussagenlogik die Wahrheitswerte "falsch" und "wahr".

In der Schaltalgebra gelten das Kommutativ-, das Absorptions- und das Distributivgesetz.

In dem in Bild 3.1 vorgestellten Stromlaufplan wird über ein Magnetventil das Ein- oder Ausfahren der Kolbenstange eines Pneumatikzylinders mit Federrückstellung gesteuert. Daneben werden in der Schaltung ein Tastschalter, ein Endschalter und ein Druckschalter mit jeweils einem Schliesser-Kontakt eingesetzt.

Die Magnetspule des 3/2-Wegeventils wird nicht mit Strom versorgt, wenn der Strompfad über die drei Schliesser-Kontakte unterbrochen ist. In diesem Fall ist also mindestens einer der drei Schliesser-Kontakte geöffnet. Durch die Federbelastung bleibt das Ventil in der Ruhestellung oder nimmt diese ein. Der Druckraum des Pneumatikzylinders ist mit dem Umgebungsdruck verbunden. Die Kraft der Rückstellfeder des Pneumatikzylinders bewirkt, dass die Kolbenstange eingefahren ist oder einfährt.

Sind alle drei Schliesser-Kontakte geschlossen, dann ist der Strompfad geschlossen und die Magnetspule des 3/2-Wegeventils wird mit Strom versorgt. Das Pneumatikventil nimmt die Durchfluss-Schaltstellung ein. Dadurch ist die Druckluftquelle mit dem Druckraum des Pneumatikzylinders verbunden. In dem Druckraum baut sich der Druck auf. Dadurch wirkt auf den Kolben des Pneumatikzylinders eine Kraft, die von der Grösse des Drucks und der Fläche des Kolbens abhängig ist. Überschreitet diese Kraft die von der Rückstellfeder ausgeübte Kraft und die Haftreibung zwischen dem Gehäuse des Pneumatikzylinders und dessen Kolben und Kolbenstange, dann fährt die Kolbenstange des Pneumatikzylinders aus. Sie bleibt bei diesen Kraftverhältnissen ausgefahren, solange über das Ventil der Druckraum des Pneumatikzylinders mit der Druckluftquelle verbunden ist.

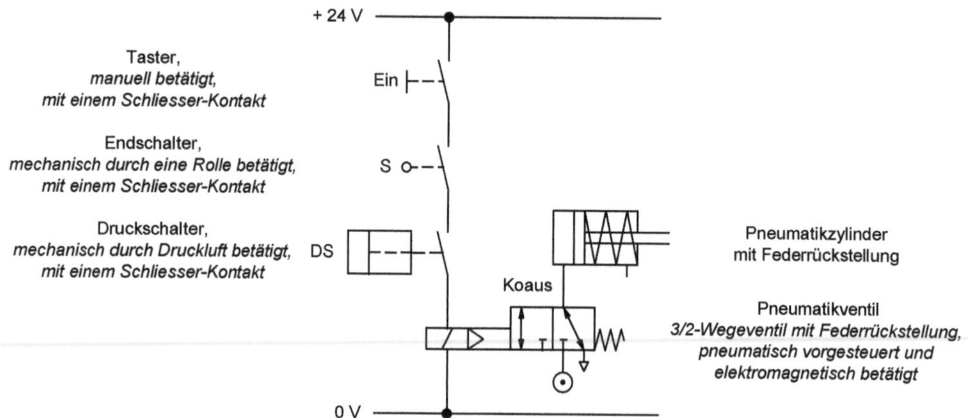

Bild 3.1: Stromlaufplan mit drei Schliesser-Kontakten und einem Magnetventil

Operationen UND (Konjunktion) und ODER (Disjunktion)

Damit Schaltungen eindeutig beschrieben werden können, muss die Funktion jeder Variablen und die Bedeutung ihrer Werte festgelegt sein. Die Bezeichnungen von Signalen oder Variablen sind frei wählbar.

Am Beispiel der Variablen *Ein* und *Koaus* aus Bild 3.1 werden einige Beziehungen zwischen Variablen und Schaltgliedern beschrieben.

Dem manuell betätigten Taster mit einem Schliesser-Kontakt ist die Variable *Ein* zugeordnet.

- Die Variable *Ein* kann auf das Betätigen des Tasters bezogen werden.
  Sie hat den Wert 0, wenn der Taster nicht betätigt wird.
  Sie hat den Wert 1, wenn der Taster manuell betätigt ist.

- Die Variable *Ein* kann auf den Schaltzustand des Schliesser-Kontakts bezogen werden.
  Sie hat den Wert 0, wenn der Kontakt geöffnet ist.
  Sie hat den Wert 1, wenn der Kontakt geschlossen ist.

- Die Variable *Ein* kann auf den Stromlauf bezogen werden.
  Sie hat den Wert 0, wenn der Kontakt nicht leitfähig ist.
  Sie hat den Wert 1, wenn über den Kontakt Strom fliessen könnte.

Dem Magnetventil und dem Pneumatikzylinder ist die Variable *Koaus* zugeordnet.

- Die Variable *Koaus* kann auf die Magnetspule bezogen werden.
  Sie hat den Wert 1, wenn die Kontakte des Tasters, des Endschalters und des Druckschalters leitend sind und durch die Magnetspule des Ventils Strom fliesst.
  Sie hat den Wert 0, wenn mindestens einer der drei Kontakte nicht leitend ist und durch die Magnetspule des Ventils kein Strom fliesst.

- Die Variable *Koaus* kann auf den Schaltzustand des Pneumatikventils bezogen werden.
  Sie hat den Wert 0, wenn das Pneumatikventil den Druckluftanschluss des Pneumatikzylinders mit dem Umgebungsdruck verbindet.
  Sie hat den Wert 1, wenn das Pneumatikventil den Druckluftanschluss des Pneumatikzylinders mit der Druckluftquelle verbindet.

- Die Variable *Koaus* kann auf die Aktion des Pneumatikventils bezogen werden.
  Sie hat den Wert 0, wenn Kolbenstange einfährt oder eingefahren ist.
  Sie hat den Wert 1, wenn die Kolbenstange ausfährt oder ausgefahren ist.

Die Funktion der Variablen in Bild 3.1 und die Deutung ihrer Werte sind in der Zuordnungstabelle, Bild 3.2, beschrieben.

Signalgeber	Bezeichnung der Variablen	Zuordnung Vorgabe oder Ereignis zum Wert der Variablen: Der Schalter ist	
		nicht betätigt.	betätigt.
Taster	Ein	0	1
Endschalter	S	0	1
Druckschalter	DS	0	1

Signalempfänger	Bezeichnung der Variablen	Zuordnung Wert der Variablen zur Aktion: Die Kolbenstange des Pneumatikzylinders	
		fährt ein oder bleibt eingefahren.	fährt aus oder bleibt ausgefahren.
Ventil	Koaus	0	1

Bild 3.2: Zuordnungstabelle für die Variablen aus Bild 3.1

Die Schaltung in Bild 3.1 mit kontakttechnischen und elektropneumatischen Schaltgliedern ist in Form eines Stromlaufplans dargestellt. Ein Stromlaufplan ist ebenso wie ein Pneumatikplan oder ein Elektronikplan ein gerätetechnisch orientierter Schaltplan.

Unabhängig von der gerätetechnischen Ausführung lassen sich die Beziehungen zwischen Eingangs- und Ausgangssignalen einer Schaltung häufig übersichtlicher beschreiben durch

- eine Schalttabelle,

- eine schaltalgebraische Gleichung und

- einen Funktionsplan nach DIN 40719 Teil 6 (IEC 848) mit Schaltzeichen oder grafischen Symbolen für Schaltungsunterlagen nach DIN 40900 Teil 12 (IEC 617-12).

In einer Schalttabelle werden für alle Kombinationen der Werte der Eingangsvariablen die Werte der Ausgangsvariablen angegeben. Eine Kombination der Werte aller Eingangsvariablen wird als Eingangsbelegung bezeichnet. Eine Kombination der Werte aller Ausgangsvariablen ist eine Ausgangsbelegung.

Die Schaltung in Bild 3.1 hat die drei Eingangsvariablen *Ein*, *S* und *DS*. Für die drei Variablen ergeben sich 8 (2^3) unterschiedliche Eingangsbelegungen. In der Schalttabelle, Bild 3.3, ist jeder Eingangsbelegung ein Wert der einzigen Ausgangsvariablen *Koaus* zugeordnet. So sind in der Schalttabelle, Bild 3.3, die Werte {1,0,1} in der Spalte 5 die Eingangsbelegung und es ist der Wert 0 die Ausgangsbelegung.

Die Anordnung der Eingangsbelegungen in der Schalttabelle ist wählbar. Es müssen jedoch alle Eingangsbelegungen in der Schalttabelle vorhanden sein. Eine systematische Anordnung ist dabei hilfreich. Sie verhindert, dass Eingangsbelegungen mehrfach in einer Schalttabelle vorkommen oder Eingangsbelegungen fehlen.

In der Schalttabelle in Bild 3.3 können die Eingangsbelegung spaltenweise als dreistellige Binärzahlen (siehe Bild 3.13) angesehen werden. Dabei ist der Wert der Variablen *DS* die niedrigstwertige Ziffer und der Wert der Variablen *Ein* die höchstwertige Ziffer der Binärzahl. Die Eingangsbelegungen oder Binärzahlen sind so angeordnet, dass ihre dezimalen Werte der Spalten-Nummer in Bild 3.3 entsprechen.

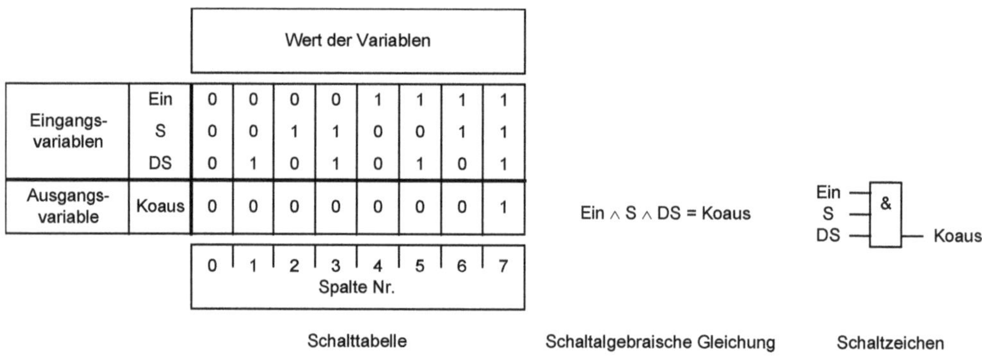

Eingangs-variablen	Ein	0	0	0	0	1	1	1	1
	S	0	0	1	1	0	0	1	1
	DS	0	1	0	1	0	1	0	1
Ausgangs-variable	Koaus	0	0	0	0	0	0	0	1
Spalte Nr.		0	1	2	3	4	5	6	7

Bild 3.3: Beschreibungen der Operation UND am Beispiel der Schaltung in Bild 3.1

Aus der Schaltung, Bild 3.1, kann abgeleitet werden:

- Die Ausgangsvariable *Koaus* hat den Wert 1, wenn die Eingangsvariablen *Ein*, *S* und *DS* gleichzeitig den Wert 1 haben.
  In der Schalttabelle, Bild 3.3, ist dies bei der Eingangsbelegung in der Spalte 7 der Fall.

- Die Ausgangsvariable *Koaus* hat den Wert 0, wenn mindestens eine der Eingangsvariablen *Ein*, *S* und *DS* den Wert 0 hat.
  In der Schalttabelle ist dies bei den Eingangsbelegungen in den Spalten 0 bis 6 der Fall.

Beispielsweise hat die Variable *Koaus* den Wert 0 in Spalte 3, weil die Variable *Ein* den Wert 0 hat. In der Spalte 4 hat sie den Wert 0, weil die Variablen *S* und *DS* den Wert 0 haben.

Diese Abhängigkeit der Ausgangsvariablen von den Eingangsbelegungen entspricht der Operation KONJUNKTION oder UND.

Die Operation UND verknüpft zwei oder mehr Eingangsvariablen zu einer Ausgangsvariablen.

Verallgemeinert gilt für die Operation UND:

- Die Ausgangsvariable hat den Wert 1,
  wenn alle Eingangsvariablen gleichzeitig den Wert 1 haben.

- Die Ausgangsvariable hat den Wert 0,
  wenn mindestens eine Eingangsvariable den Wert 0 hat.

In schaltalgebraischen Gleichungen wird die Operation UND durch den Operator "$\wedge$" gekennzeichnet. Damit ergibt sich die in Bild 3.3 vorgestellte Schreibweise der schaltalgebraischen Gleichung.

In Funktionsplänen nach DIN 40719 Teil 6 wird das in Bild 3.3 vorgestellte Schaltzeichen verwendet. Die Operation UND wird durch das Zeichen "&" festgelegt. In Bild 3.3 entspricht das Schaltzeichens der Funktion des Stromlaufplans, Bild 3.1.

In der pneumatischen Schaltung, Bild 3.4, werden die Aktionen der Kolbenstange eines Pneumatikzylinders mit Federrückstellung von einem 3/2-Wegeventil gesteuert. Die Steuerung des Pneumatikventils erfolgt über einen Tastschalter, einen Endschalter und einen Druckschalter. Das Schalten des Druckschalters ist einstellbar über die Kraft der Rückstellfeder.

Ist keiner der drei Schalter betätigt, dann befinden sich alle Ventile in der Grundstellung. Der Steuereingang des Stellventils ist über die drei Ventile entlüftet, also mit dem Umgebungsdruck verbunden. Das Stellventil bleibt durch die Federbelastung in der Grundstellung oder nimmt diese ein. Entsprechend bleibt die Kolbenstange des Pneumatikzylinders eingefahren oder fährt ein.

Wird mindestens einer der drei Schalter betätigt, dann wird der Steuereingang des Stellventils mit der Druckluftquelle über ein oder mehrere Ventile verbunden. Das Stellventil schaltet in die Durchflussstellung um oder behält diese bei. Entsprechend fährt die Kolbenstange des Pneumatikzylinders aus oder bleibt ausgefahren.

Die Bezeichnungen der in dem Pneumatikplan, Bild 3.4, verwendeten Variablen entsprechen denen der Schaltung von Bild 3.1. Die Zuordnungstabelle aus Bild 3.2 ist also auch für diese Schaltung gültig.

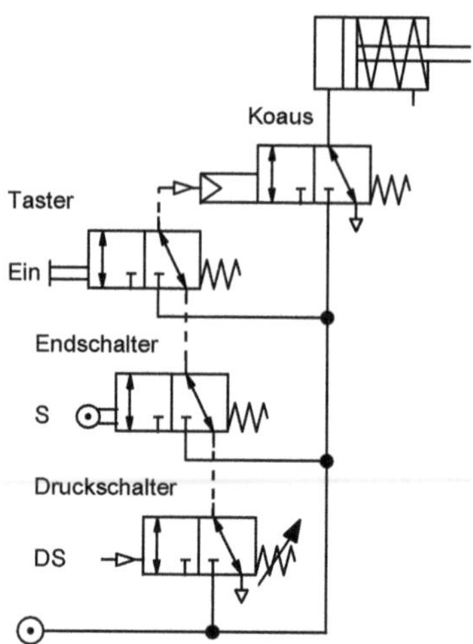

Bild 3.4: Pneumatikplan einer ODER-Verknüpfung

In die Schalttabelle, Bild 3.5, ist für jede Eingangsbelegung der Wert der Ausgangsvariablen eingetragen, der sich aus der Schaltung, Bild 3.4, ergibt.

- Die Ausgangsvariable *Koaus* hat den Wert 0,
  wenn die Eingangsvariablen *Ein*, *S* und *DS* gleichzeitig den Wert 0 haben.
  In der Schalttabelle ist dies bei der Eingangsbelegung in der Spalte 0 der Fall.

- Die Ausgangsvariable *Koaus* hat den Wert 1,
  wenn mindestens eine der Eingangsvariablen *Ein*, *S* und *DS* den Wert 1 hat.

In der Schalttabelle ist dies bei den Eingangsbelegungen in den Spalten 1 bis 7 der Fall.

Beispielsweise hat in der Spalte 4 nur die Variable *Ein* den Wert 1. In der Spalte 5 haben die beiden Variablen *Ein* und *DS* den Wert 1.

Diese Abhängigkeit der Ausgangsvariablen von den Eingangsbelegungen entspricht der Operation DISJUNKTION oder ODER.

Die Operation ODER verknüpft zwei oder mehr Eingangs- zu einer Ausgangsvariablen.

Verallgemeinert gilt:

- Die Ausgangsvariable hat den Wert 0,
  wenn alle Eingangsvariablen gleichzeitig den Wert 0 haben.

- Die Ausgangsvariable hat den Wert 1,
  wenn mindestens eine Eingangsvariable den Wert 1 hat.

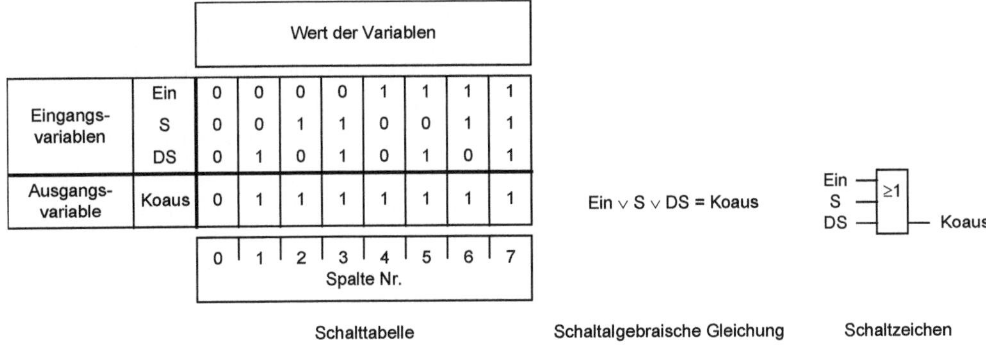

Bild 3.5: Beschreibungen der Operation ODER am Beispiel der Schaltung in Bild 3.4

In schaltalgebraischen Gleichungen wird die Operation ODER durch den Operator "∨" (v von lateinisch "vel" = oder) gekennzeichnet. Damit ergibt sich die in Bild 3.5 vorgestellte schaltalgebraische Gleichung für die Schaltung in Bild 3.4.

In Funktionsplänen nach DIN 40719 Teil 6 wird das in Bild 3.5 vorgestellte Schaltzeichen verwendet. Die Operation ODER wird durch das Zeichen "≥1" festgelegt. In Bild 3.5 entspricht die Funktion dem Pneumatikplan, Bild 3.4.

Operationen IDENTITÄT und NEGATION

Signalgeber	Variable	Zuordnung Vorgabe zum Wert der Variablen: Der Taster ist	
		nicht betätigt.	betätigt.
Taster/Ventil	Start	0	1

Signalempfänger	Variable	Zuordnung Wert der Variablen zur Aktion: Die Kolbenstange des Pneumatikzylinders	
		fährt ein oder bleibt eingefahren.	fährt aus oder bleibt ausgefahren.
Pneumatikzylinder	Koaus	0	1
Pneumatikzylinder	Koein	1	0

Zuordnungstabelle   Stomlaufplan

Bild 3.6: Beschreibungen der Operationen IDENTITÄT und NEGATION

Die elektropneumatische Schaltung in Bild 3.6 besteht aus einem Tastschalter mit Schliesser-Kontakt, einem 5/2-Wegemagnetventil mit Federrückstellung, zwei Drosselrückschlagventilen und einem Pneumatikzylinder mit Endlagendämpfung. Das Aus- und Einfahren der Kolbenstange des Pneumatikzylinders wird von dem 5/2- Wegeventils gesteuert. Über das 5/2-Wegeventil können die Anschlüsse des Pneumatikzylinders wechselweise mit der Druckluftquelle oder der Umgebungsluft verbunden werden.

Ist in der Taster nicht betätigt, dann ist der Schliesser-Kontakt geöffnet und die Magnetspule des 5/2-Wegeventils wird nicht mit Strom versorgt. Die Kraft der Rückstellfeder hält das 5/2-Wegeventil in der Ruhestellung. Wird der Taster betätigt, dann ist dessen Schliesser-Kontakt geschlossen und die Magnetspule des 5/2-Wegeventils wird mit Strom versorgt. Das 5/2-Wegeventil schaltet um. Die Kolbenstange des Pneumatikzylinders fährt aus und bleibt, so lange der Taster betätigt wird, ausgefahren.

In der Schaltung, Bild 3.6, wird die Eingangsvariable *Start* zu den zwei Ausgangsvariablen *Koein* und *Koaus* verarbeitet. Die beiden Ausgangsvariablen sind voneinander abhängig. Aus der Schaltung und der Zuordnungstabelle in Bild 3.6 kann die Schalttabelle in Bild 3.7 aufgestellt werden. In der Schalttabelle werden den beiden Werten der Eingangsvariablen *Start* die Werte der Ausgangsvariablen *Koein* und *Koaus* zugeordnet.

Für die Ausgangsvariable *Koaus* gilt:

- *Koaus* hat den Wert 1, wenn das Eingangssignal Start den Wert 1 hat.

- *Koaus* hat den Wert 0, wenn das Eingangssignal Start den Wert 0 hat.

Die Werte der beiden Variablen *Start* und *Koaus* sind gleich. Die Beziehung zwischen den beiden Variablen ist die Operation IDENTITÄT.

Verallgemeinert hat bei der Operation IDENTITÄT

- die Ausgangsvariable den Wert 1, wenn die Eingangsvariable den Wert 1 hat, oder

- die Ausgangsvariable den Wert 0, wenn die Eingangsvariable den Wert 0 hat.

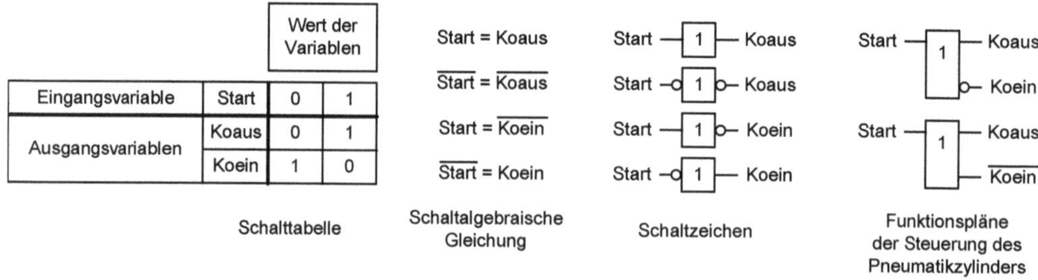

Bild 3.7: Beschreibungen für die Steuerung des Pneumatikzylinders nach Bild 3.6

Für die Ausgangsvariable *Koein* gilt:

- *Koein* hat den Wert 1, wenn die Eingangsvariable *Start* den Wert 0 hat.
- *Koein* hat den Wert 0, wenn die Eingangsvariable *Start* den Wert 1 hat.

Verallgemeinert hat bei der Operation NEGATION

- die Ausgangsvariable den Wert 1, wenn die Eingangsvariable den Wert 0 hat,
- die Ausgangsvariable den Wert 0, wenn die Eingangsvariable den Wert 1 hat.

In schaltalgebraischen Ausdrücken oder in Funktionsplänen kann die NEGATION von Variablen gekennzeichnet werden

- durch einen Querstrich über der Variablen, wie in Bild 3.7 dargestellt, oder
- durch das Zeichen "¬" vor der Variablen.

In Funktionsplänen werden die in Bild 3.7 vorgestellten Schaltzeichen verwendet.

- Das Schaltzeichen der Operation IDENTITÄT ist ein Rechteck mit eingeschriebener "1". Als selbstständiges Schaltzeichen wird die IDENTITÄT meist nur dargestellt, wenn die Operation besondere Bedeutung hat.
- Die Operation NEGATION wird durch einen Kreis am Ein- oder Ausgang des IDENTITÄT- oder eines anderen Schaltzeichens dargestellt.

Die Funktionspläne in Bild 3.7 beschreiben die Steuerung des Pneumatikzylinders in Bild 3.4, unabhängig von den zum Aufbau der Schaltungen verwendeten realen Steuerungselementen.

Die Variablen *Start* oder *Koein* und die Variable *Koaus* sind zueinander dual. Die eine Variable ist das Komplement oder das Inverse der anderen Variablen. Die Operation ist die NEGATION. Andere Bezeichnungen für die NEGATION sind KOMPLEMENTIERUNG, INVERTIERUNG oder NICHT.

Beispiel: Steuerung zum Füllen eines Behälters
In einem Behälter wird eine Flüssigkeit für Produktionszwecke bereitgestellt. Der Behälter wird gefüllt, wenn in der Zulaufleitung der Flüssigkeit ein Ventil geöffnet wird. Der Behälter soll gefüllt werden, wenn mindestens einer von zwei Tastern betätigt wird und in dem Behälter der zulässige Füllstand nicht erreicht oder nicht überschritten ist.

Die Entnahme von Flüssigkeit aus dem Behälter erfolgt unabhängig von dem Füllen des Behälters und ist nicht Teil dieser Aufgabe

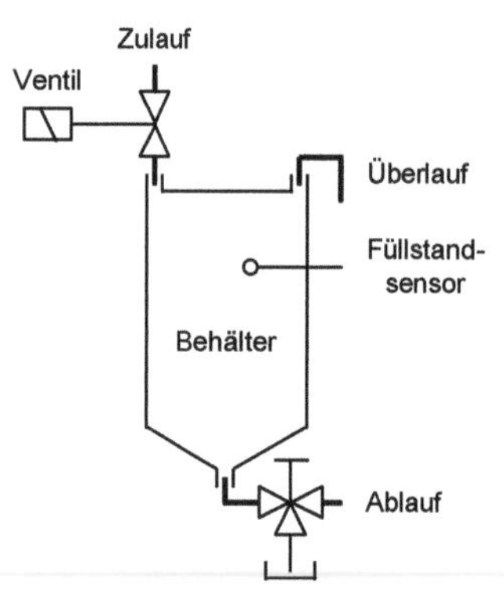

Skizze der Einrichtung

Signalgeber	Bezeichnung der Variablen	Zuordnung Vorgabe oder Ereignis zum Wert der Variablen: Der Schalter/Sensor ist	
		nicht betätigt.	betätigt.
Taster 1	Ein1	0	1
Taster 2	Ein2	0	1
Füllstandsensor	S	1	0

Signalempfänger	Bezeichnung der Variablen	Zuordnung Wert der Variablen zur Aktion: Das Füllventil	
		schliesst sich oder ist geschlossen.	öffnet sich oder ist offen.
Ventil	Füllen	0	1

Zuordnungstabelle

Bild 3.8: Skizze und Zuordnungstabelle zur Beschreibung der Steuerung zum Füllen eines Behälters

Die Definition der Ein- und Ausgangsvariablen zeigt die Zuordnungstabelle Bild 3.8.

Besonders zu beachten ist die Definition der Werte der Ausgangsvariablen S des Füllstandsensors. Der Behälter soll bei einem Ausfall des Füllstandssensors oder einem Bruch der Signalleitung zwischen der Steuerung und dem Füllstandsensor während des Füllvorgangs nicht überlaufen. Dadurch sind die Werte der Ausgangsvariablen S des Füllstandsensors wie folgt festgelegt:

- Die Variable S hat den Wert 0, wenn der Füllstand erreicht oder überschritten ist, oder wenn eine der beiden Störungen auftritt.

- Die Variable S hat den Wert 1 nur, wenn sich der Füllstand in dem Behälter unterhalb der zulässigen Füllhöhe befindet.

Entsprechend der Steuerungsaufgabe und der Definitionen der Variablen kann die Schalttabelle, Bild 3.9, erstellt werden. Aus dieser können eine schaltalgebraische Gleichung und ein Funktionsplan abgeleitet werden.

In der Schalttabelle sind spaltenweise alle Kombinationen der Eingangsbelegungen der drei Variablen *Ein1*, *Ein2* und S eingetragen. Jede der Eingangsbelegungen kann als Verknüpfung der drei Variablen durch die Operation UND angesehen werden. Das Ventil zum Füllen des Behälters wird von der Ausgangsvariablen *Füllen* gesteuert. Die Werte der Variablen *Füllen* in der Schalttabelle ergeben sich aus der Überprüfung jeder einzelnen Eingangsbelegung.

Die Variable *Füllen* soll den Wert 0 haben, wenn die Variable S den Wert 0 hat. Dies ist in den Spalten 0, 2, 4 und 6 der Fall. Die Variable *Füllen* soll ebenfalls den Wert 0 haben, wenn die Variablen *Ein1* und *Ein2* gleichzeitig den Wert 0 haben. Dies ist in den Spalten 0 und 1 der Fall. Die Variable *Füllen* hat also in den Spalten 0, 1, 2, 4 und 6 den Wert 0.

Die Variable Füllen soll den Wert 1 haben, wenn die Variable S und mindestens eine der Variablen *Ein1* oder *Ein2* den Wert 1 hat. Dies ist in den Spalten 3, 5 und 7 der Fall.

Die Variable *Füllen* hat also den Wert 1 in den Spalten 3, 5 und 7 der Schalttabelle.

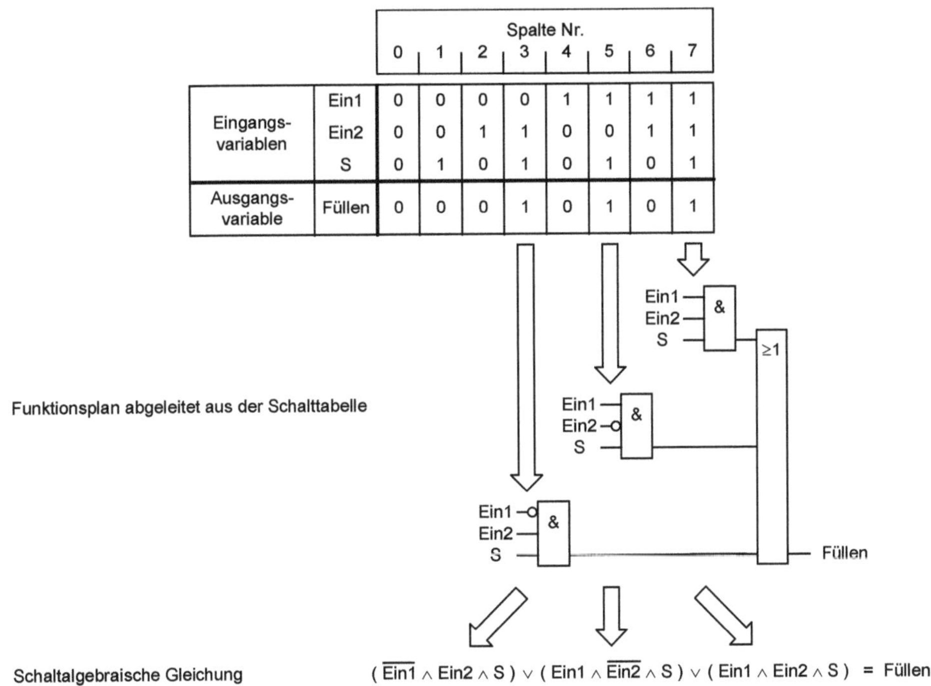

Bild 3.9: Beschreibungen der Steuerung zum Füllen eines Behälters

Aus der Schalttabelle wird der Funktionsplan und die schaltalgebraische Gleichung abgeleitet:

- Die Eingangsbelegung in Spalte 3 ergibt die UND-Verknüpfung
  der NEGIERTEN Variablen *Ein1* mit den IDENTISCHEN Variablen *Ein2* und S.

- Die Eingangsbelegung in Spalte 5 ergibt die UND-Verknüpfung
  der IDENTISCHEN Variablen *Ein1* und S mit der NEGIERTEN Variable *Ein2*.

- Die Eingangsbelegung in Spalte 7 ergibt die UND-Verknüpfung der IDENTISCHEN Eingangsvariablen *Ein1*, *Ein2* und S.

In der Schalttabelle hat die Ausgangsvariable *Füllen* den Wert 1 sowohl bei der Eingangsbelegung der Spalte 3 als auch bei den Eingangsbelegungen der Spalten 5 und 7. Die Ergebnisse der drei UND-Verknüpfungen sind über ODER zu der Ausgangsvariable *Füllen* zu verknüpfen.

Der Umfang des in Bild 3.9 dargestellten Funktionsplans kann verringert werden. Der Wert der Variablen *Füllen* ist unabhängig von

- dem Wert der Variablen *Ein1*, wenn die Variable *Ein2* den Wert 1 hat.
- dem Wert der Variablen *Ein2*, wenn die Variable *Ein1* den Wert 1 hat.

Aus dieser Feststellung und dem Absorptionsgesetzes ergibt sich der Funktionsplan A und die schaltalgebraische Gleichung A in Bild 3.10.

Es kann aber auch aus der Aufgabenstellung folgende Verknüpfung abgeleitet werden:

Aufgabenstellung:	Verknüpfung:
Wenn mindestens einer von zwei Tastern betätigt wird,	Die Variablen *Ein1* und *Ein2* sind über ODER zu verknüpfen.
und in dem Behälter der zulässige Füllstand nicht erreicht oder nicht überschritten ist,	Das Ergebnis der ODER-Verknüpfung ist mit der Variablen *S* über UND zu verknüpfen.
dann soll der Behälter gefüllt werden.	Das Ergebnis der UND-Verknüpfung ist die Variable *Füllen*.

Aus der Beschreibung der Verknüpfung kann der Funktionsplan B und die schalt-algebraische Gleichung B in Bild 3.10 aufgestellt werden.

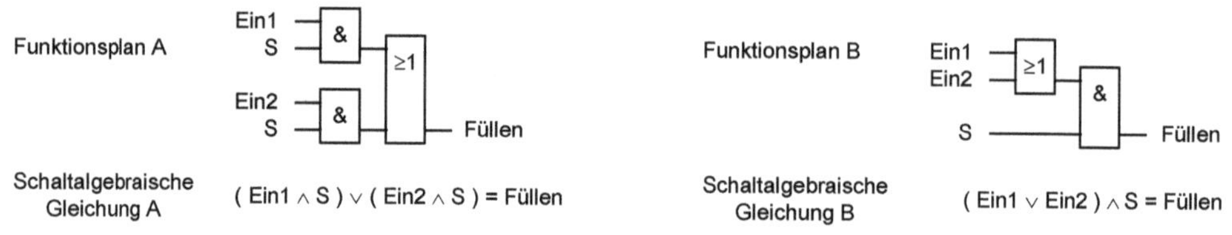

Bild 3.10: Minimierte Funktionspläne und schaltalgebraische Gleichungen

In den Bildern 3.11 und 3.12 werden die Funktionspläne A und B aus Bild 3.10 in Stromlauf- und Pneumatikpläne umgesetzt.

Bei den Schaltungen in den Bildern 3.11 und 3.12 ist die Verringerung des Schaltungsumfangs wirtschaftlich sinnvoll. Wechseln während des Füllvorgangs die Werte der Variablen *Ein1* oder *Ein1** und *Ein2* oder *Ein2** gleichzeitig gegensinnig, dann kann eine Fehlschaltung (siehe Abschnitt 12) auftreten. Es könnte die Variable *Füllen* kurzzeitig den Wert 0 annehmen. Dies hat jedoch auf die Funktionsfähigkeit der Steuerung zum Füllen eines Behälters keinen Einfluss.

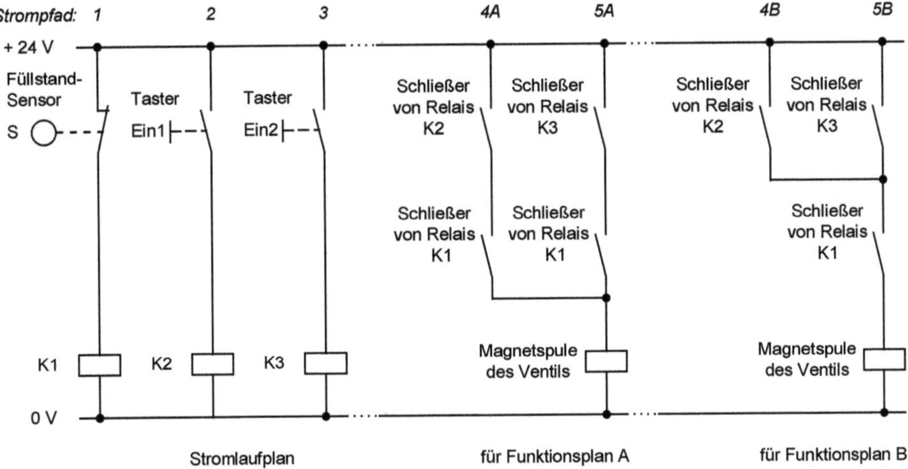

Bild 3.11: Umsetzung der Funktionspläne aus Bild 3.10 in Stromlaufpläne

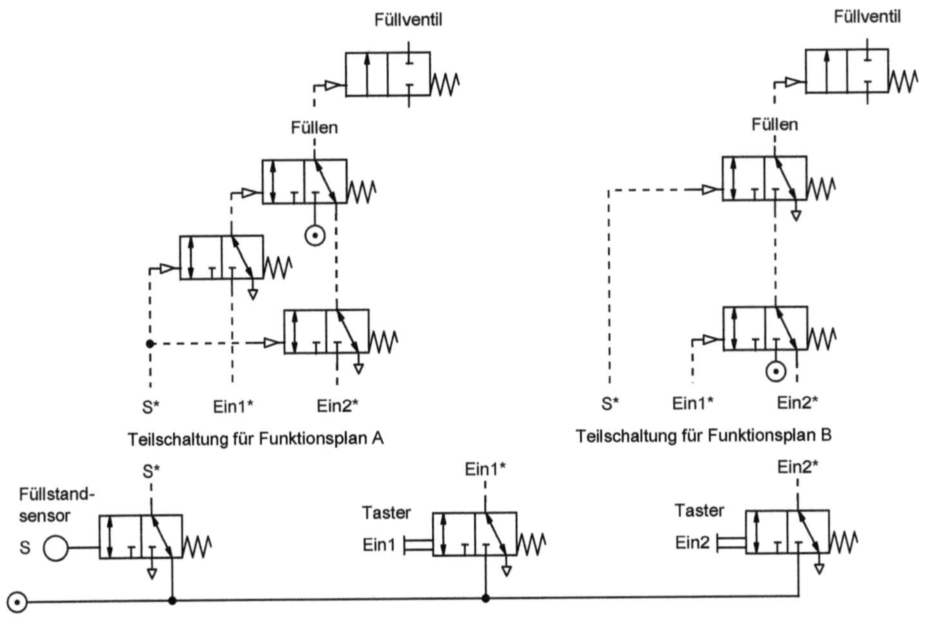

Bild 3.12: Umsetzung der Funktionspläne aus Bild 3.10 in Pneumatikpläne

Digitale Signale

Die Darstellung von Informationen erfolgt in digital arbeitenden Steuerungen durch binäre Variablen oder binären Zeichen, mit den Werten 0 und 1. Die Kurzform Bit für Binärzeichen (binary element, binary digit) wird sowohl für ein Binärzeichen als auch für eine Binärziffer verwendet (DIN 44300).

Besteht zwischen mehreren binären Variablen ein Zusammenhang, so ist dies eine Gruppe von Variablen. Hat die Gruppe acht Elemente, dann wird sie als Byte bezeichnet. Eine Gruppe mit 16 Bit ist ein Binärwort. Der Begriff Binärwort wird auch für Gruppen verwendet, deren Elementzahl von 16 abweicht.

Eine Vorschrift, mit der sich eine Gruppe von Variablen in eine andere Gruppe von Variablen überführen lässt, ist ein Code. Die Beziehungen zwischen zwei Gruppen beschreibt eine Zuordnungsvorschrift oder Codierung. Die Variablen der Gruppen können auch einen Zeichenvorrat besitzen der von den Werten 0 und 1 abweicht. Besteht mindestens eine der beiden Gruppen aus binären Variablen, dann ist die Zuordnungsvorschrift ein Binärcode. Umfasst das Binärwort n binäre Variablen, dann wird die Gruppe als n-Bit-Zeichen oder n-Bit-Code bezeichnet.

Eine Gruppe aus binären Variablen ist eine digitale Variable. Die digitale Variable besteht also aus mehreren binären Variablen.

In der Codetabelle, Bild 3.13, sind die Beziehungen zwischen vier Stellenwertcodes aufgelistet. Bei einem Stellenwertcode hängt der Wert eines Zeichens nicht nur von dem Wert des Zeichens, sondern auch von der Stelle ab, die von dem Zeichen in der Gruppe eingenommen wird. Beispielsweise ist in der dezimalen Zahl 143 die zweite Ziffer eine 4. Diese Ziffer hat aufgrund ihrer Stellung den dezimalen Wert 40.

In Bild 3.13 sind Zuordnungen dargestellt für

- den Binärcode mit der Basis 2 und dem Wertevorrat 0 und 1,

- den Oktalcode mit der Basis 8 und dem Wertevorrat 0 bis 7,

- den Sedezimal- oder Hexadezimalcode mit der Basis 16 und dem Wertevorrat 0 bis 9 und zusätzlich A, B, C, D, E und F und

- den Dezimalcode mit der Basis 10 und dem Wertevorrat 0 bis 9.

Oktal- und Sedezimalzahlen werden als mnemotechnische, also leicht zu merkende Codes für Binärzahlen eingesetzt. Beispielsweise sind die Adressen in Datenspeichern binär kodiert. Mit 16 Bit lassen sich 64 K (65336) Adressen unterscheiden. Worte mit 16 Bit sind für Menschen nicht nur schwer lesbar, sondern noch schwerer merkbar. Dies wird einfacher, wenn die 16-Bit-Binärzahl als vierstellige Hexadezimalzahl dargestellt wird, obwohl Hexadezimalzahlen einen Wertevorrat von 16 Zeichen haben. Es entspricht die Binärzahl 1001 1100 0100 0000 der Hexazimalzahl 9C40 oder der Dezimalzahl 40000.

Bezeichnung des Signals	Stellenwert des Signals		Wert des Signals																	
Bit 4	2^4	[16]	0	0	0	0	0	0	0	0	0	0	0	0	0	0	0	0	1	1
Bit 3	2^3	[8]	0	0	0	0	0	0	0	0	1	1	1	1	1	1	1	1	0	0
Bit 2	2^2	[4]	0	0	0	0	1	1	1	1	0	0	0	0	1	1	1	1	0	0
Bit 1	2^1	[2]	0	0	1	1	0	0	1	1	0	0	1	1	0	0	1	1	0	0
Bit 0	2^0	[1]	0	1	0	1	0	1	0	1	0	1	0	1	0	1	0	1	0	1
Notation	oktal		0	1	2	3	4	5	6	7	10	11	12	13	14	15	16	17	20	21
	sedezimal		0	1	2	3	4	5	6	7	8	9	A	B	C	D	E	F	10	11
	dezimal		0	1	2	3	4	5	6	7	8	9	10	11	12	13	14	15	16	17

Bild 3.13: Binärcode, Teil einer Codetabelle für eine Binärzahl mit 5 Bit

Die Bilder 3.14 bis 3.16 zeigen Zuordnungsvorschriften oder Codierungen mit denen Umwandlungen zwischen Binär-, Oktal-, Sedezimal- und Dezimalzahlen ausgeführt werden.

Binärzahlen haben einen Wertevorrat von 2 Ziffern.
Dies sind in aufsteigender Reihenfolge: 0, 1.

Zur Umwandlung einer Binärzahl in eine Dezimalzahl werden die Stellenwerte der Stellen der Binärzahl, bei denen die Binärziffern den Wert 1 haben, dezimal addiert.

Notation einer Binärzahl	Binärzahl:	Bit 11	Bit 10	Bit 9	Bit 8	Bit 7	Bit 6	Bit 5	Bit 4	Bit 3	Bit 2	Bit 1	Bit 0
	Faktor des Stellenwerts:	2^{11}	2^{10}	2^9	2^8	2^7	2^6	2^5	2^4	2^3	2^2	2^1	2^0
		2048	1024	512	256	128	64	32	16	8	4	2	1
Beispiel: Umwandlung einer Binärzahl in eine Dezimalzahl	Binärzahl:	1	0	0	1	1	1	1	1	0	0	1	1
	Wert dezimal:	2048	0	0	256	128	64	32	16	0	0	2	1
		2547											

Bild 3.14: Umwandlung einer 12-Bit-Binärzahl in eine Dezimalzahl

Oktalzahlen haben einen Wertevorrat von 8 Ziffern.
Es sind dies in aufsteigender Reihenfolge: 0, 1, 2, 3, 4, 5, 6, 7.

Zur Umwandlung einer Binärzahl in eine Oktalzahl wird die Binärzahl in Gruppen von 3 Bit eingeteilt. Die Einteilung beginnt bei dem Bit mit dem niedrigsten Stellenwert. Jede der gebildeten Gruppen ist eine dreistellige Binärzahl.

Jede der dreistelligen Binärzahlen wird einzeln in eine Ziffer der Oktalzahl umgewandelt. Dabei werden die Stellenwerte der Stellen dezimal addiert, bei denen die Binärziffern den Wert 1 haben.

Notation einer Binärzahl als Oktalzahl

Beispiel: Umwandlung einer Binärzahl in eine Oktalzahl und Umwandlung der Oktalzahl in eine Dezimalzahl

	4. Ziffer			3. Ziffer			2. Ziffer			1. Ziffer		
Oktalzahl:	4. Ziffer			3. Ziffer			2. Ziffer			1. Ziffer		
Faktor des Stellenwerts:	8^3			8^2			8^1			8^0		
	512			64			8			1		
Bitwert:	2^2	2^1	2^0	2^2	2^1	2^0	2^2	2^1	2^0	2^2	2^1	2^0
Binärzahl:	1	0	0	1	1	1	1	1	0	0	1	1
Bitwert:	4	0	0	4	2	1	4	2	0	0	2	1
Oktalzahl:	4			7			6			3		
Wert dezimal:	4 x 512 = 2048			7 x 64 = 448			6 x 8 = 48			3 x 1 = 3		
	2547											

Bild 3.15: Umwandlung einer 12-Bit-Binärzahl in eine 4-stellige Oktalzahl

Zur Umwandlung einer Oktalzahl in eine Dezimalzahl werden die Stellenwerte der Oktalzahl mit dem Faktor des Stellenwerts dezimal multipliziert. Die Produkte werden dezimal addiert. Die sich ergebende Summe ist der dezimale Wert der Oktalzahl.

Notation einer Binärzahl als Sedezimalzahl

Beispiel: Umwandlung einer Binärzahl in eine Sedezimalzahl und Umwandlung der Sedezimalzahl in eine Dezimalzahl

	3. Ziffer				2. Ziffer				1. Ziffer			
Sedezimalzahl:	3. Ziffer				2. Ziffer				1. Ziffer			
Faktor des Stellenwerts:	16^2				16^1				16^0			
	256				16				1			
Bitwert:	2^3	2^2	2^1	2^0	2^3	2^2	2^1	2^0	2^3	2^2	2^1	2^0
Binärzahl:	1	0	0	1	1	1	1	1	0	0	1	1
Bitwert:	8	0	0	1	8	4	2	1	0	0	2	1
Sedezimalzahl:	9				F				3			
Wert dezimal:	9 x 256 = 2304				F x 16 = 240				3 x 1 = 3			
	2547											

Bild 3.16: Umwandlung einer 12-Bit-Binärzahl in eine Hexa- oder Sedezimalzahl

Hexadezimalzahlen oder Sedezimalzahlen haben einen Wertevorrat von 16 Ziffern. Es sind dies in aufsteigender Reihenfolge: 0, 1, 2, 3, 4, 5, 6, 7, 8, 9, A, B, C, D, E, F.

Die Umwandlung einer Binärzahl in eine Sedezimalzahl erfolgt analog zu der Umwandlung einer Binärzahl in eine Oktalzahl.

Beginnend bei dem Bit mit dem niedrigsten Stellenwert wird die Binärzahl in Gruppen von 4 Bit eingeteilt.

Jede der Binärzahlen mit 4 Ziffern wird einzeln in eine Ziffer der Sedezimalzahl umgewandelt. Dazu werden die Stellenwerte der Stellen dezimal addiert, bei denen die Binärziffern den Wert 1 haben. Übersteigt die dezimale Summe den Wert 9 wird das entsprechende Zeichen A bis F verwendet.

Zur Umwandlung einer Sedezimalzahl in eine Dezimalzahl wird der Stellenwert jeder Sedezimalzahl mit dem Faktor des Stellenwerts dezimal multipliziert. Die Produkte werden dezimal addiert. Die Summe ist der dezimale Wert der Sedezimalzahl.

Beispiel: Digitalisierung eines Signals zum Transport und zur Verarbeitung
Von Sensoren werden häufig Signale abgegeben, die proportional zu den zu erfassenden physikalischen Grössen sind. Diese analogen Signale werden über Leitungen von dem Messort zu einer Anzeige oder einer weiterverarbeitenden Steuerung transportiert.

In den Übertragungsleitungen wird die Amplitude des Signals geschwächt und durch Umgebungseinflüsse verfälscht. Beispielsweise ist der Signaltransport in Leitungen von Temperatureinflüssen abhängig. Ein Informationsverlust durch Veränderungen des Signals kann vermieden werden, wenn das analoge Signal digitalisiert übertragen wird.

In dem Beispiel wird eine analoge Variable durch einen Analog-Digital-Umsetzer digitalisiert. Die digitale Ausgangsvariable des Analog-Digital-Umsetzers wird zur Übertragung codiert und nach der Übertragung wieder decodiert. Es wird davon ausgegangen, dass die weitere Signalverarbeitung digital erfolgt.

Analoges Eingangssignal U_x		Wertebereiche des Analog-Digital-Umsetzers, 8-Bit, für das analoge Eingangssignal U_x								
		▷ bis|über ▷ 0 V	bis|über ▷ 5 V	bis|über ▷ 10 V	bis|über ▷ 15 V	bis|über ▷ 20 V	bis|über ▷ 25 V	bis|über ▷ 30 V		
Binäre Ausgangs-Variablen des Analog-Digital-Umsetzers, 8-Bit	A7	0	0	0	0	0	0	0	1	Werte der binären Variablen
	A6	0	0	0	0	0	0	1	0	
	A5	0	0	0	0	0	1	0	0	
	A4	0	0	0	0	1	0	0	0	
	A3	0	0	0	1	0	0	0	0	
	A2	0	0	1	0	0	0	0	0	
	A1	0	1	0	0	0	0	0	0	
	A0	1	0	0	0	0	0	0	0	
Zugeordnete Variablen einer dreistelligen Binär-Zahl	S2	0	0	0	0	1	1	1	1	Werte der Ziffern der dreistelligen Binärzahl
	S1	0	0	1	1	0	0	1	1	
	S0	0	1	0	1	0	1	0	1	

Wandlung der Ausgangsvariablen des Analog-Digital-Umsetzers, 8-Bit, in den Binärkode, 3 Bit

Bild 3.17: Werte der Variablen bei der Digitalisierung eines analogen Signals

Die Eigenschaften der Digitalisierung des analogen Eingangssignal U_x durch einen Analog-Digital-Umsetzer zeigt Bild 3.17. Es ist jedem Wertebereich des analogen Eingangssignals U_x eine der binären Variablen $A7$ bis $A0$ zugeordnet. In dem Analog-Digital-Umsetzer wird also aus dem analogen Eingangssignal eine digitale Variable erzeugt. Diese besteht aus den acht binären Ausgangsvariablen $A7$ bis $A0$.

In jedem Wertebereich des analogen Eingangssignals U_x hat immer nur eine der Variablen $A7$ bis $A0$ den Wert 1. Diese Eigenschaft ermöglicht es, die digitale Variable in nur drei Leitungen zu übertragen. Es kann jeder Variablen $A7$ bis $A0$ eine Belegung der Variablen $S2$, $S1$ und $S0$ zugeordnet werden. Die Zuordnung oder Codierung ist willkürlich. Sie entspricht in Bild 3.17 dem Binärcode.

Für jede der Variablen $S0$, $S1$ und $S2$ ist in Bild 3.17 die Zuordnung zu den Werten der Variablen $A0$ bis $A7$ festgelegt. Beispielsweise hat die Variable $S1$ den Wert 1, wenn die Variablen $A2$, $A3$, $A6$ oder $A7$ den Wert 1 haben. Die Variable $S1$ ist das Ergebnis der ODER-Vernüpfung der Variablen $A2$, $A3$, $A6$ und $A7$.

Die Schaltung zur Codierung in Bild 3.18 umfasst die ODER-Verknüpfungen, von denen die Variablen $S2$, $S1$ und $S0$ gebildet werden.

Nach der Übertragung werden in der Schaltung zur Decodierung aus den Variablen $S2$, $S1$ und $S0$ die Variablen $A7'$ bis $A0'$ erzeugt. Die Werte der Variablen $A0'$ bis $A7'$ entsprechen den Werten der Ausgangsvariablen $A0$ bis $A7$ vor der Codierung.

Jede Belegung der Variablen $S2$, $S1$ und $S0$ entspricht einer der Variablen $A7'$ bis $A0'$. Entsprechend ist jede der Variablen $A7'$ bis $A0'$ das Verknüpfungsergebnis einer UND-Verknüpfung der Variablen $S2$, $S1$ und $S0$.

Beispielsweise hat die Variable $A1'$ den Wert 1, wenn die Variablen $S2$ und $S1$ den Wert 0 haben und gleichzeitig die Variable $S0$ den Wert 1 hat.

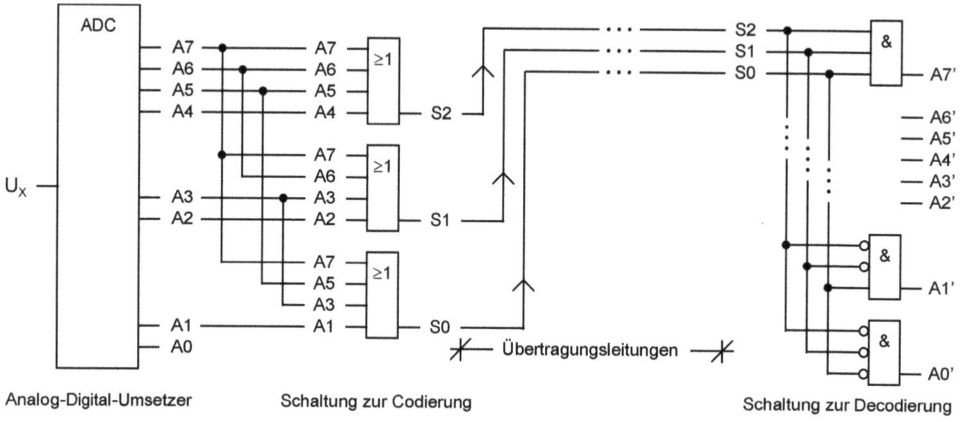

Bild 3.18: Funktionsplan, Digitalisierung eines analogen Signals, Codierung und Decodierung von digitalen Signalen

Beispiel: Vergleich von zwei binären Variablen
In vielen Produktionsprozessen sind Stückzahlen, Zeiten oder Temperaturen zu überwachen. Dabei werden Vergleiche mit vorgegebenen Daten durchgeführt. Zur Auswertung der Daten werden binär arbeitende Vergleicherschaltungen benötigt.

Eine Schaltung zum Vergleich der Werte von zwei binären Variablen zeigt Bild 3.19. Die booleschen Verknüpfungen für die Entscheidung, ob der Wert der Variablen A kleiner, gleich oder grösser als der Wert der Variablen B ist, können in einer Schalttabelle beschrieben werden. Dabei ist zu beachten, dass die Werte der Variablen A und B nicht nur bei der Eingangsbelegung {1,1}, sondern auch bei der Eingangsbelegung {0,0} gleich sind.

Aus der Schalttabelle lässt sich der in Bild 3.19 gezeigte Funktionsplan ableiten. Er besteht aus vier UND- und einer ODER-Verknüpfung. In den UND-Verknüpfungen werden die vier Eingangsbelegungen der beiden Variablen dekodiert. Aus den beiden Eingangsbelegungen mit den ungleichen Werten der Variablen A und B ergeben sich die Ausgangsvariablen $A>B$ und $A<B$. Die Ergebnisse der beiden anderen UND-Verknüpfungen werden über ODER verknüpft und ergeben die Ausgangsvariable $A=B$.

	Bezeichnung des Signals	Spalte Nr.			
		3	2	1	0
Eingabesignale	A	0	0	1	1
	B	0	1	0	1
Ausgabesignale	A > B	0	0	1	0
	A = B	1	0	0	1
	A < B	0	1	0	0

Schalttabelle

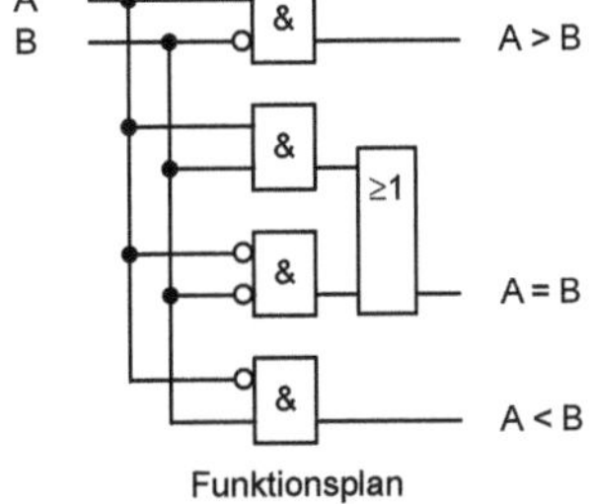

Bild 3.19: Vergleich der Werte zweier binärer Variablen

Beispiel: Vergleich von Binärzahlen
Sollen Binärzahlen, die aus mehreren Binärziffern bestehen, verglichen werden, dann muss der Stellenwert der Binärziffer beachtet werden.

- Das Ergebnis des Vergleichs zweier Binärzahlen hängt von dem Ziffernpaar mit der höchsten Stellenwertigkeit ab, bei dem die Werte der Ziffern unterschiedlich sind.

- Um zu entscheiden, ob die beiden Binärzahlen gleich sind, müssen alle Ziffernpaare bis zu dem Ziffernpaar mit der niedrigsten Stellenwertigkeit geprüft werden.

Ein Vergleich beginnt mit dem Ziffernpaar mit der höchsten Stellenwertigkeit.

Ein Vergleicher für Binärzahlen, die aus mehreren Binärziffern bestehen, kann aus Vergleicherstufen aufgebaut werden. In jeder Stufe wird ein Ziffernpaar abhängig von den Vergleichsergebnissen der Ziffernpaare mit höheren Stellenwerten verglichen..

In einer Vergleicherstufe für die Variablen A_i und B_i müssen also die Vergleichsergebnisse der vorhergehenden Stufen die Variablen $A_{i+1} > B_{i+1}$, $A_{i+1} < B_{i+1}$ und $A_{i+1} = B_{i+1}$ berücksichtigt werden. Die Beschreibung der so erweiterten Vergleicherstufe mit fünf Eingangsvariablen ist in einer Schalttabelle mit 32 (2^5) Eingangsbelegungen möglich.

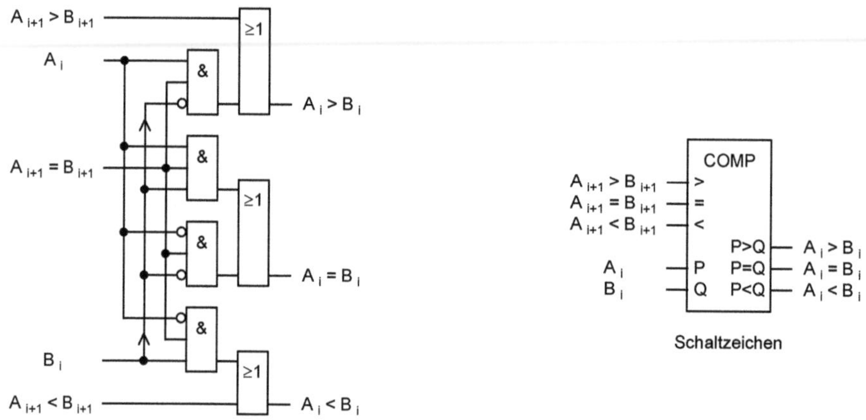

Bild 3.20: Vergleicherstufe eines Binär-Vergleichers

Bild 3.20 zeigt die aus der Schaltung in Bild 3.19 entwickelte Vergleicherstufe. Mit ihr können Vergleicher für mehrstellige Binärzahlen aufgebaut werden. Für die Entwicklung der Schaltung wurde keine Schalttabelle aufgestellt. Es wurde von folgendem ausgegangen:

- Nur wenn die beiden höherwertigen Bits und auch alle weiteren höherwertigen Bit-Paare der zu vergleichenden Zahlen gleich sind, hat die Variable $A_{i+1} = B_{i+1}$ den Wert 1. Nur in diesem Fall können die Werte der Variablen A_i und B_i den Wert des Vergleichsergebnisses beeinflussen.

In Bild 3.20 sind die vier UND-Schaltungen aus Bild 3.19 um jeweils einen zusätzlichen Eingang für die Variable $A_{i+1} = B_{i+1}$ erweitert. Nur wenn die Variable $A_{i+1} = B_{i+1}$ den Wert 1 hat, hängen die Werte der Variablen $A_i > B_i$, $A_i = B_i$ oder $A_i < B_i$ von den Werten der Variablen A_i und B_i ab.

- Hat eine der Variablen $A_{i+1} > B_{i+1}$ oder $A_{i+1} < B_{i+1}$ des höherwertigen Ziffernpaares den Wert 1, dann wird dieser Wert von der Vergleicherstufe übernommen und als Wert der entsprechenden Variable $A_i > B_i$ oder $A_i < B_i$ ausgegeben.

In Bild 3.20 ist die Schaltung, Bild 3.19, um zwei zusätzliche ODER-Schaltungen zum Verknüpfen der Variablen $A_{i+1} > B_{i+1}$ und $A_i > B_i$ oder $A_i < B_i$ und $A_{i+1} < B_{i+1}$ erweitert.

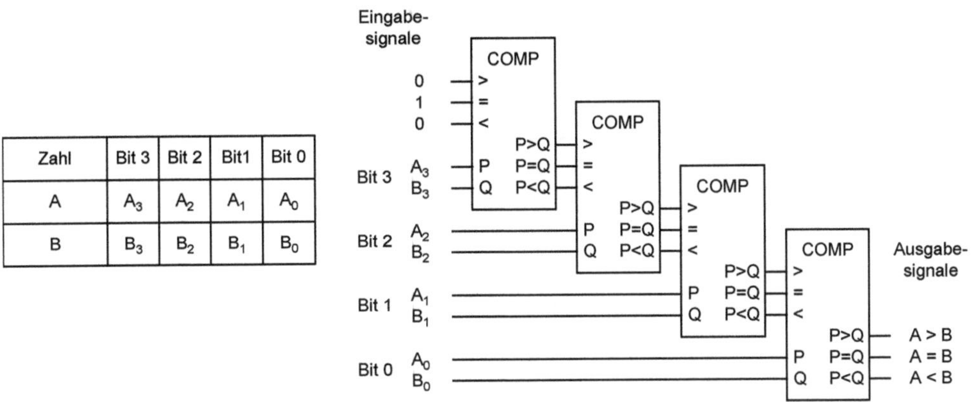

Bild 3.21: Vergleicherschaltung für 2 binäre Zahlen mit 4 Ziffern

Die Vergleicherschaltung in Bild 3.21 ist aus vier Vergleicherstufen aufgebaut ist. Für die Funktion dieser Schaltung ist es notwendig, dass die ">", "="und "<"-Eingänge der Vergleicherstufe des höchstwertigen Bit-Paares, wie angegeben, mit Konstanten belegt sind. Nur wenn an dem "="-Eingang der Wert 1 und an den beiden anderen Eingängen der Wert 0 anliegt, wird der Vergleich der Werte der Variablen A_3 und B_3 durchgeführt.

Ein Vergleich zwischen der Binärzahl A: $\{A_3, A_2, A_1, A_0\}$ mit den Werten $\{1,0,1,1\}$ und der Binärzahl B: $\{B_3, B_2, B_1, B_0\}$ mit den Werten $\{1,1,0,0\}$ wird stufenweise durchgeführt:

- Der Vergleich in der Vergleicherstufe für das höchste Ziffernpaar wird durch das 1 Signal am "="-Eingang freigegeben. Der Vergleich des höchsten Ziffernpaares ergibt, dass die Werte A_3 und B_3 gleich sind. Am Ausgang "P=Q" liegt der Wert 1 an.

- Dieses Ergebnis bewirkt, dass in der Vergleicherstufe für das zweithöchste Ziffernpaar der Vergleich durchgeführt wird. Da der Wert der Zahl A_2 kleiner als der Wert der Zahl B_2 ist steht fest, dass auch die Binärzahl A kleiner als die Binärzahl B ist. Am Ausgang "P<Q" der Vergleicherstufe für das zweithöchste Ziffernpaar liegt der Wert 1 an.

- Dieses Ergebnis wird von den Vergleicherstufen für die beiden niedrigeren Ziffernpaare übernommen. In diesen beiden Schaltungen wird kein Vergleich mehr durchgeführt, da diese Schaltungen nicht mehr durch ein 1 Signal am "="-Eingang freigegeben werden.

Das Ausgabesignal $A<B$ hat den Wert 1. Die beiden Ausgabesignale $A=B$ und $A>B$ haben den Wert 0.

Beispiel: Addition von zwei vierstelligen Binärzahlen
Die Regeln zur Durchführung einer Addition von Binärzahlen entsprechen denen der Addition
von Dezimalzahlen. Dabei ist die Basis der beiden Zahlsysteme zu beachten.

Bei der dezimalen Addition der Ziffern 6 und 6 in Bild 3.22 ergibt sich die Ziffer 2 in der Spalte mit dem Stellenwert 10^0 und ein Übertrag von 1 in der Spalte mit dem Stellenwert 10^1. Bei
der Bildung der Summe wird der Übertrag berücksichtigt. Die Summe ist 12.

Auf ähnliche Weise werden Binärzahlen addiert. Neben den zwei Binärziffern ist, wie bei der
dezimalen Addition, auch der Übertrag in die Addition mit einzubeziehen. Das Ergebnis der
Addition von zwei Binärziffern ist eine Binärziffer für die Summe und eine Binärziffer für den
Übertrag.

Für die Addition von Binärziffern gelten folgende Regeln:

- Alle drei Bit haben den Wert 0.
  Die Addition von 0 und 0 und 0 ergibt als Summe 0 und als Übertrag 0.

- Zwei Bit haben den Wert 0 und ein Bit hat den Wert 1.
  Die Addition von 0 und 0 und 1 ergibt als Summe 1 und als Übertrag 0.

- Ein Bit hat den Wert 0 und zwei Bit haben den Wert 1.
  Die Addition von 1 und 1 und 0 ergibt als Summe 0 und als Übertrag 1.

- Alle Bit haben den Wert 1.
  Die Addition von 1 und 1 und 1 ergibt als Summe 1 und als Übertrag 1.

	Notation					
	binär				dezimal	
	Bit 3	Bit 2	Bit 1	Bit 0		
Stellenwert	2^3	2^2	2^1	2^0	10^1	10^0
	8	4	2	1	10	1
Zahl A	0	1	1	0	0	6
Zahl B	0	1	1	0	0	6
Übertrag	1	1	0	0	1	0
Summe A + B	1	1	0	0	1	2

Bild 3.22: Addition von zwei Zahlen in binärer und dezimaler Notation

Eine Funktionseinheit zum Addieren von zwei Binärziffern wird als Volladdierer bezeichnet.
Dieser verknüpft drei Eingangsvariablen zu zwei Ausgangsvariablen. Den Zusammenhang
zwischen den Eingangsbelegungen und den Ausgangsbelegungen beschreibt die Schalttabelle,
Bild 3.23. Aus ihr können Funktionspläne für die Summe und den Übertrag abgeleitet werden.

Der Übertrag wird durch die Variable C_{i+1} dargestellt. Der Übertrag hat den Wert 1 in den Spalten 3, 5, 6 und 7 der Schalttabelle. In dem Funktionsplan werden die Eingangsbelegungen dieser Spalten über UND-Verknüpfungen dekodiert. Die Ausgangsvariablen der UND-Verknüpfungen werden über ODER zusammengefasst. Die Ausgangsvariable der ODER-Verknüpfung ist die Variable C_{i+1}. Eine Analyse der Eingangsbelegungen der Spalten 3, 5, 6 und 7 der Schalttabelle ergibt, dass die Variable C_{i+1} den Wert 1 nur hat, wenn mindestens zwei der Eingangsvariablen den Wert 1 haben. Eine Funktion, bei der die Ausgangsvariable den Wert 1 nur hat, wenn eine Mindestanzahl von Eingangsvariablen den Wert 1 haben, wird als Schwellwert-Element bezeichnet. Ein bereits erläutertes Schwellwert-Element ist eine ODER-Schaltung, bei der die Ausgangsvariable den Wert 1 nur hat, wenn mindestens eine Eingangsvariable den Wert 1 hat.

Der Funktionsplan für die Variable C_{i+1} entspricht demnach einem Schwellwert-Element, bei dem die Ausgangsvariable den Wert 1 nur hat, wenn mindestens zwei Eingangsvariablen den Wert 1 haben. Analog zu dem Schaltzeichen eines ODER-Elements wird das Schaltzeichen für das Schwellwertelement mit "≥2" gekennzeichnet.

Schalttabelle

Variable			Spalte Nr.							
		0	1	2	3	4	5	6	7
Eingabe-signale	Bit A_i	0	0	0	0	1	1	1	1
	Bit B_i	0	0	1	1	0	0	1	1
	Übertrag C_i	0	1	0	1	0	1	0	1
Ausgabe-signale	Summe S_i	0	1	1	0	1	0	0	1
	Übertrag C_{i+1}	0	0	0	1	0	1	1	1

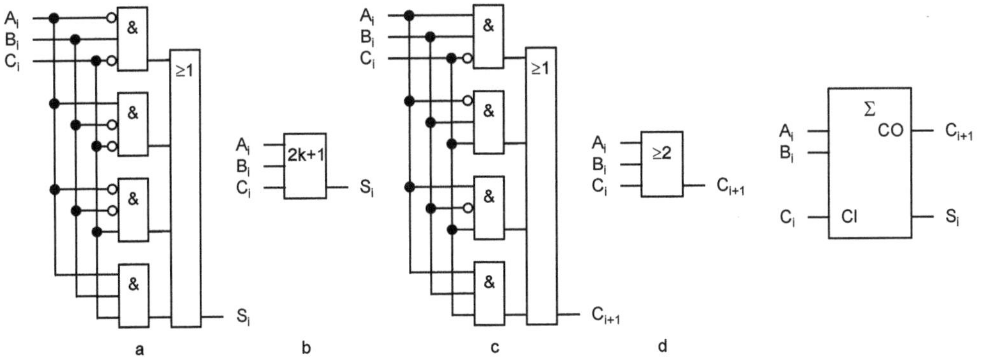

a

b

c

d

Schaltungen für S_i

Schaltungen für C_{i+1}

Volladdierer

a) disjunktive Normalform abgeleitet aus
   den Spalten 1, 2, 4 , 7 der Schalttabelle
b) Ungerade-Element (modulo 2)

c) disjunktive Normalform abgeleitet aus
   den Spalten 3, 5, 6, 7 der Schalttabelle
d) Schwellwert-Element

Kombination der Schaltungen
für S_i und C_{i+1}

Bild 3.23: Schalttabelle, Funktionspläne und Schaltzeichen für einen Volladdierer

Die sich bei der Addition von zwei Binärziffern ergebende Summe ist die Variable S_i. Die Variable S_i hat den Wert 1 in den Spalten 1, 2, 4 und 7 der Schalttabelle. In dem Funktionsplan werden die Eingangsbelegungen dieser Spalten über UND-Verknüpfungen dekodiert. Die Ausgangsvariablen der UND-Verknüpfungen werden über ODER zusammengefasst. Die Ausgangsvariable der ODER-Verknüpfung ist die Variable S_i.

Eine Analyse der Eingangsbelegungen der Spalten 1, 2, 4 und 7 der Schalttabelle ergibt, dass die Variable S_i den Wert 1 hat, wenn eine ungerade Anzahl von Eingangsvariablen den Wert 1 hat. Wie das Schwellwert-Element kann auch diese Funktion durch ein besonderes Schaltzeichen abstrahiert werden. Das Schaltzeichen wird mit 2k+1 gekennzeichet, wobei k eine natürliche Zahl (0, 1, 2 ...) ist.

Das Ungerade- und das Schwellwert-Element bilden zusammen einen Volladdierer. Für Volladdierer sind weitere Schaltungen bekannt. Ein Volladdierer kann nur 2 Binärziffern addieren. Aus mehreren Volladdierern können Addierer für mehrstellige Binärzahlen zusammengesetzt werden. In Bild 3.24 wird ein Funktionsplan zur Addition von zwei 4-Bit-Binärzahlen vorgestellt.

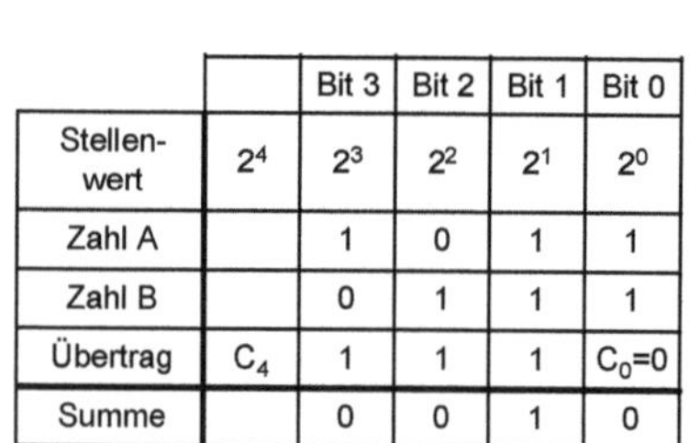

		Bit 3	Bit 2	Bit 1	Bit 0
Stellen-wert	2^4	2^3	2^2	2^1	2^0
Zahl A		1	0	1	1
Zahl B		0	1	1	1
Übertrag	C_4	1	1	1	$C_0=0$
Summe		0	0	1	0

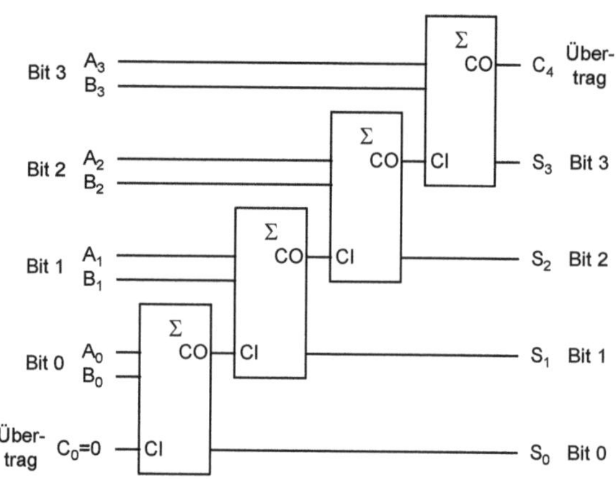

Bild 3.24: Addition von zwei vierstelligen Binärzahlen mit Volladdierern

Beispiel: Code-Umsetzer

Ein Code-Umsetzer hat die Aufgabe, Daten aus einem Wertesystem in ein anderes umzusetzen. In diesem Beispiel werden vierstellige Binärzahlen durch einen Code-Umsetzer verarbeitet, um die Werte von Binärzahlen über eine 7-Segment-Anzeige hexadezimal sichtbar zu machen.

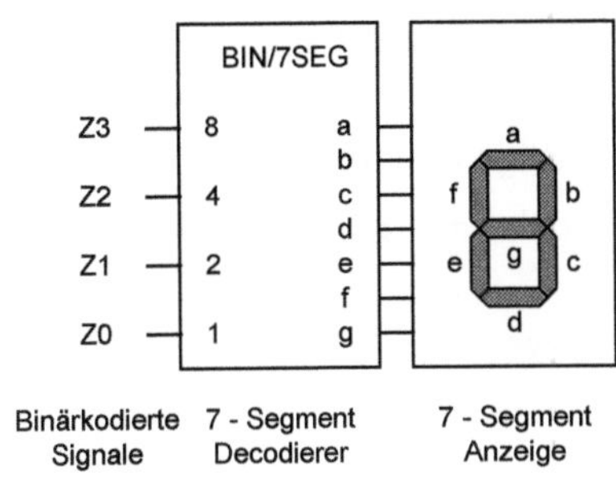
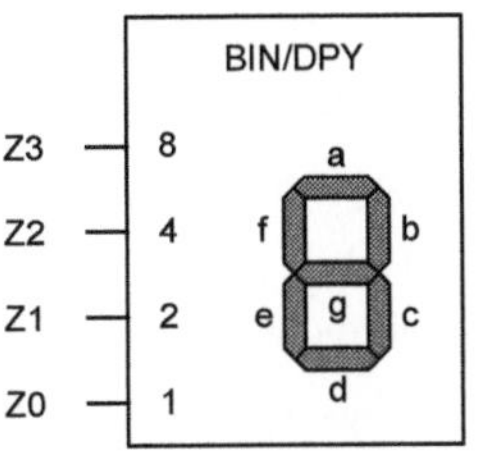

Bild 3.25: Einheit zur Decodierung und Anzeige des Werts von Binärzahlen

In Bild 3.25 werden zwei Schaltzeichen zum Decodieren und Anzeigen des Werts von Binärzahlen vorgestellt. Bei einem Schaltzeichen sind der 7-Segment-Decodierer und die 7-Segment-Anzeige voneinander getrennt. Bei dem anderen Schaltzeichen sind beide Baugruppen in einer Einheit zusammengefasst. Die Kennzeichnung BIN steht für Binärcode, 7SEG steht für 7-Segment und DPY steht für Display.

Der Code-Umsetzer erzeugt aus den Eingangsvariablen $Z3$ bis $Z0$ der Binärzahl die Ausgangsvariablen a bis g zur Steuerung der sieben Anzeige-Segmente. Handelt es sich bei der Anzeige um ein LCD-Modul (Liquid Crystal Display, Flüssigkristall-Anzeige), werden die Zeichen dunkel auf hellem Grund dargestellt. Jedes der 7 Segmente der Anzeige wird einzeln von der zugeordneten Variablen a, b, c, d, e, f und g gesteuert. Ein Segment erscheint dunkel, wenn die zugeordnete Variable den Wert 1 hat.

	Variable	Wert des Signals															
Eingangs-Variablen	Z3	1	1	1	1	1	1	1	1	0	0	0	0	0	0	0	0
	Z2	1	1	1	1	0	0	0	0	1	1	1	1	0	0	0	0
	Z1	1	1	0	0	1	1	0	0	1	1	0	0	1	1	0	0
	Z0	1	0	1	0	1	0	1	0	1	0	1	0	1	0	1	0
Ausgangs-Variablen	a	1	1	0	1	0	1	1	1	1	1	1	0	1	1	0	1
	b	0	0	1	0	0	1	1	1	1	0	0	1	1	1	1	1
	c	0	0	1	0	1	1	1	1	1	1	1	1	1	0	1	1
	d	0	1	1	1	1	0	1	1	0	1	1	0	1	1	0	1
	e	1	1	1	1	1	0	1	1	0	1	0	0	0	1	0	1
	f	1	1	0	1	1	1	1	1	1	1	1	1	0	0	0	1
	g	1	1	1	0	1	1	1	1	0	1	1	1	1	1	0	0
7 - Segment Anzeige	hexadezimaler Wert	F	E	d	C	b	A	9	8	7	6	5	4	3	2	1	0

Bild 3.26: Schalttabelle des Code-Umsetzers

In der Schalttabelle, Bild 3.26, sind die Eingangsvariablen $Z3$ bis $Z0$ und die Ausgangsvariablen a bis g zeilenweise angeordnet. In einer Spalte

- ist jede Belegung der Variablen $Z3$ bis $Z0$ eine vierstellige Binärzahl.

- entspricht die Belegung der Variablen a bis g der hexadezimalen Ziffer die von der 7-Segment-Anzeige dargestellt werden soll.

- ist die hexadezimale Ziffer als 7-Segment-Zeichen dargestellt.

In Bild 3.26 entspricht die Eingangsbelegung {0,0,1,1} der Variablen $Z3$ bis $Z0$ dem hexadezimalen Zeichen 3. Um das Zeichen 3 darzustellen, müssen die Variablen a, b, c, d und g den Wert 1 haben.

Die Eingangsbelegung {1,0,1,0} ist die Binärzahl mit dem dezimalen Wert 10. Den Wert 10 hat im Hexadezimal-Code das Zeichen A. Das Zeichen A wird angezeigt, wenn die Variablen a, b, c, e, f und g den Wert 1 haben und nur die Variable d den Wert 0 hat.

Aus der Schalttabelle, Bild 3.26, ist der Funktionsplan in Bild 3.27 entwickelt. Die Belegungen der Variablen $Z0$ bis $Z3$ werden über UND-Verknüpfungen dekodiert. Jede Ausgangsvariable einer UND-Verknüpfung entspricht einem hexadezimalen Wert.

Die Segmente der Anzeige werden von den Variablen a bis g gesteuert. Zur Anzeige eines hexadezimalen Werts müssen bei dem LCD-Anzeigeelement die das Zeichen darstellenden Segmente dunkel sein. Ein Segment ist dunkel, wenn die das Segment steuernde Variable den Wert 1 hat.

Jedes der 7 Segmente ist an der Anzeige von mehreren hexadezimalen Zeichen beteiligt. Beispielsweise ist die Variable a Teil der Anzeige der hexadezimalen Zeichen F, E, C, A, 9, 8, 7, 6, 5, 3, 2 und 0. Damit die Variable a bei diesen Zeichen den Wert 1 hat, werden in dem Funktionsplan, Bild 3.27, die Ausgangsvariablen der UND-Verknüpfungen, die den hexadezimalen Zeichen F, E, C, A, 9, 8, 7, 6, 5, 3, 2 und 0 entsprechen, über ODER zu der Variablen a verknüpft.

Auf die gleiche Weise werden über weitere ODER-Verknüpfungen die Variablen b bis g gebildet.

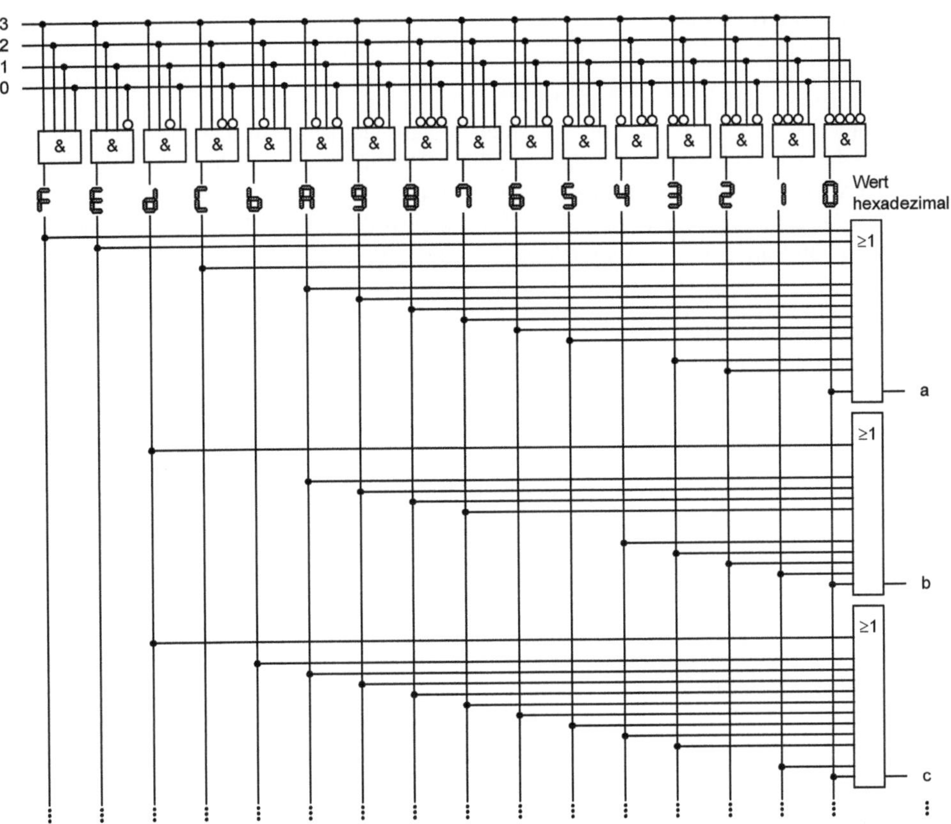

Bild 3.27: Teil eines Funktionsplans für den Code-Umsetzer

4 Normalformen

In Schalttabellen sind die Werte von Variablen zeilen- oder spaltenweise dargestellt. Eine vollständige Schalttabelle hat bei n Eingabevariablen 2^n Spalten oder Zeilen für die 2^n Kombinationen der Werte der Eingabevariablen. Diesen sind die Werte der Ausgabevariablen entsprechend der Aufgabenstellung zugeordnet. Von einer vollständigen Schalttabelle werden Verknüpfungen von Eingabe- zu Ausgabevariablen eindeutig beschrieben.

Die disjunktiven und die konjunktiven Normalformen und deren Beziehungen werden am Beispiel einer Schaltung für ein 1aus3-Schaltelements beschrieben. Von diesem werden drei Eingangsvariablen zu einer Ausgangsvariablen verknüpft. Die Ausgangsvariable des 1aus3-Schaltelements hat den Wert 1, wenn von den 3 Eingangsvariablen nur eine den Wert 1 hat und die beiden anderen den Wert 0 haben. Hat keine oder hat mehr als eine Eingangsvariable den Wert 1, dann hat die Ausgangsvariable den Wert 0.

Disjunktive Normalform

Die Schalttabelle in Bild 4.1entspricht der Beschreibung des 1aus3-Schaltelements. Jeder der acht Eingangsbelegungen der Variablen A, B und C ist einer der beiden Werte der Ausgangsvariablen X zugeordnet. Die Ausgangsvariable X hat den Wert 1 bei den Eingangsbelegungen in denen nur einmal der Wert 1 vorkommt. Diese Eingangsbelegungen befinden sich in den Spalten 1, 2 und 4. In den Spalten 0, 3, 5, 6 und 7 hat die Ausgangsvariable X den Wert 0.

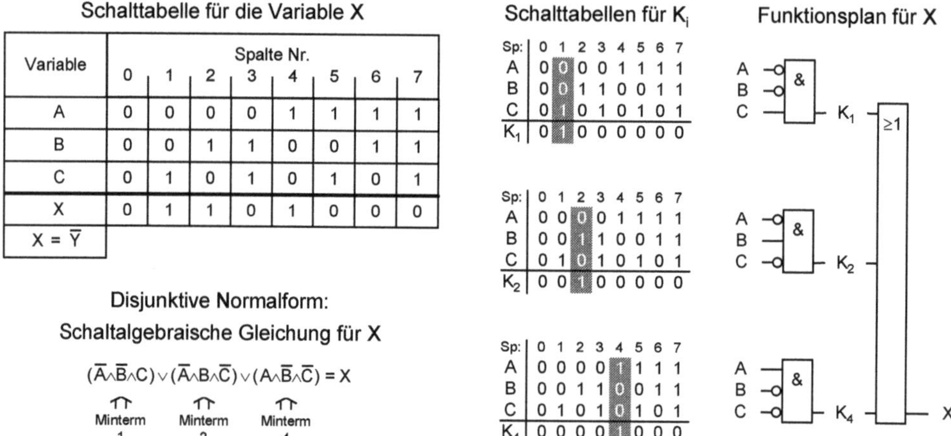

Schalttabelle für die Variable X

Variable	Spalte Nr.							
	0	1	2	3	4	5	6	7
A	0	0	0	0	1	1	1	1
B	0	0	1	1	0	0	1	1
C	0	1	0	1	0	1	0	1
X	0	1	1	0	1	0	0	0
$X = \overline{Y}$								

Disjunktive Normalform:

Schaltalgebraische Gleichung für X

$$(\overline{A} \wedge \overline{B} \wedge C) \vee (\overline{A} \wedge B \wedge \overline{C}) \vee (A \wedge \overline{B} \wedge \overline{C}) = X$$

Minterm 1, Minterm 2, Minterm 4

Schalttabellen für K_i

Sp:	0	1	2	3	4	5	6	7
A	0	0	0	0	1	1	1	1
B	0	0	1	1	0	0	1	1
C	0	1	0	1	0	1	0	1
K_1	0	1	0	0	0	0	0	0

Sp:	0	1	2	3	4	5	6	7
A	0	0	0	0	1	1	1	1
B	0	0	1	1	0	0	1	1
C	0	1	0	1	0	1	0	1
K_2	0	0	1	0	0	0	0	0

Sp:	0	1	2	3	4	5	6	7
A	0	0	0	0	1	1	1	1
B	0	0	1	1	0	0	1	1
C	0	1	0	1	0	1	0	1
K_4	0	0	0	0	1	0	0	0

Bild 4.1: Disjunktive Normalform, 1aus3-Schaltelement

Aus der Schalttabelle sind die schaltalgebraische Gleichung und der Funktionsplan in Bild 4.1 abgeleitet. Sie beschreiben die Funktion des 1aus3-Schaltelements mit den Operationen UND, ODER und NEGATION.

Für die Darstellung der des 1aus3-Schaltelements in der disjunktiven Normalform werden die Spalten der Schalttabelle ausgewertet, in denen die Ausgangsvariable X den Wert 1 hat. Die Eingangsbelegungen der Spalten 1, 2 und 4 werden dekodiert und das Ergebnis zu der Ausgangsvariablen zusammengefasst.

Bei einer Eingangsbelegung liegen die Werte der Variablen A, B und C fest. Ob eine bestimmte Eingangsbelegung vorliegt, wird über eine UND-Verknüpfung der Variablen A, B und C ausgewertet. Dabei gilt:

- Hat in der Eingangsbelegung die Variable den Wert 1, dann wird sie direkt, also IDENTISCH über UND verknüpft.

- Hat in der Eingangsbelegung die Variable den Wert 0, dann wird sie vor der UND-Verknüpfung NEGIERT.

Für das Dekodieren der Eingangsbelegung von Spalte 1 sind vor der UND-Verknüpfung die Variablen A und B zu NEGIEREN. Die Ausgangsvariable K_1 der UND-Verknüpfung hat den Wert 1, wenn die Variablen A und B den Wert 0 haben und die Variable C den Wert 1 hat. Diese Wertekombination entspricht der Eingangsbelegung von Spalte 1. Bei dieser Wertekombination hat die Ausgangsvariable X den Wert 1.

Analoges gilt für das Dekodieren der Eingangsbelegungen der Spalten 2 und 4.

- Damit die Ausgangsvariable X bei der Eingangsbelegung von Spalte 2 den Wert 1 hat, sind vor der UND-Verknüpfung die Variablen A und C zu NEGIEREN.

- Damit die Ausgangsvariable X bei der Eingangsbelegung von Spalte 4 den Wert 1 hat, sind vor der UND-Verknüpfung die Variablen B und C zu NEGIEREN.

In Bild 4.1 sind in dem Funktionsplan die Ausgangsvariablen der UND-Verknüpfungen oder Konjunktionen mit K_1, K_2 und K_4 bezeichnet. Die Ordnungsziffer bezieht sich auf die Spalte der Schalttabelle, deren Eingangsbelegung von der UND-Verknüpfung ausgewertet wird.

In der schaltalgebraischen Gleichung werden die schaltalgebraischen Ausdrücke der UND-Verknüpfungen als Minterm1, Minterm2 und Minterm4 bezeichnet. Die Ordnungsziffer identifiziert die Spalte in der Schalttabelle deren UND-Verknüpfung dem Minterm entspricht. Die Bezeichnung "Minterm" drückt aus, dass sich der schaltalgebraische Ausdruck nur auf eine Eingangsbelegung bezieht. Die Anzahl der Minterme und der Eingangsbelegungen ist gleich. Alle Eingangsvariablen kommen in einem Minterm nur einmal IDENTISCH oder NEGIERT vor. Ein Minterm ist der schaltalgebraische Ausdruck einer UND-Verknüpfung die eine Eingangsbelegung dekodiert.

Bei der disjunktiven Normalform für die Ausgangsvariable X werden die Ausgangsvariablen K_1, K_2 und K_3 der UND-Verknüpfungen oder die Minterme der Spalten 1, 2 und 4 über ODER zusammengefasst. Die Ausgangsvariable X der ODER-Verknüpfung hat den Wert 1,

- wenn nur eine der Ausgangsvariablen K_1, K_2 und K_3 den Wert 1 hat oder

- wenn nur einer der drei Minterme den Wert 1 hat.

In Bild 4.2 ist für die Variable Y eine Schalttabelle angegeben. Die Variable Y hat bei den Eingangsbelegungen der Spalten 0, 3, 5, 6 und 7 den Wert 1. Aus der Schalttabelle sind die schaltalgebraische Gleichung und der Funktionsplan für die Variable Y in disjunktiver Normalform abgeleitet.

Ein Vergleich der Schalttabelle für die Variable Y mit der Schalttabelle für die Variable X in Bild 4.1 zeigt, dass die Variable Y der NEGIERTEN Variablen X entspricht. Die Variablen X und Y sind zueinander dual.

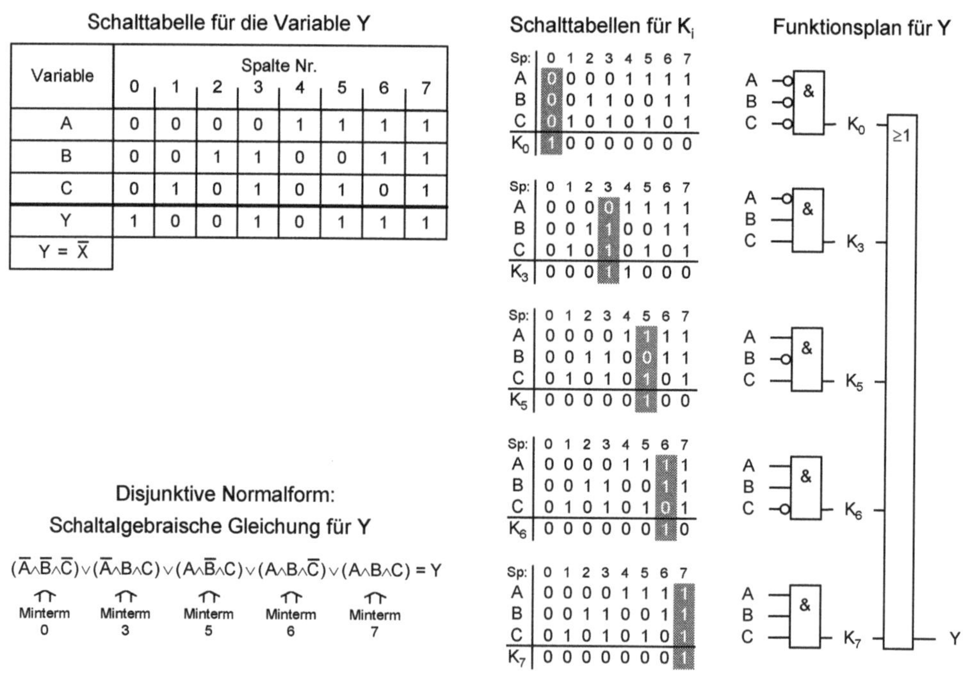

Bild 4.2: Disjunktive Normalform für die Variable Y

Konjunktive Normalform

Die Schalttabellen in Bild 4.1 und in Bild 4.3 sind gleich. Auch in Bild 4.3 hat die Ausgangsvariable X des 1aus3-Schaltelements den Wert 1, wenn eine der Eingangsbelegungen der Spalten 1, 2 oder 4 vorliegt.

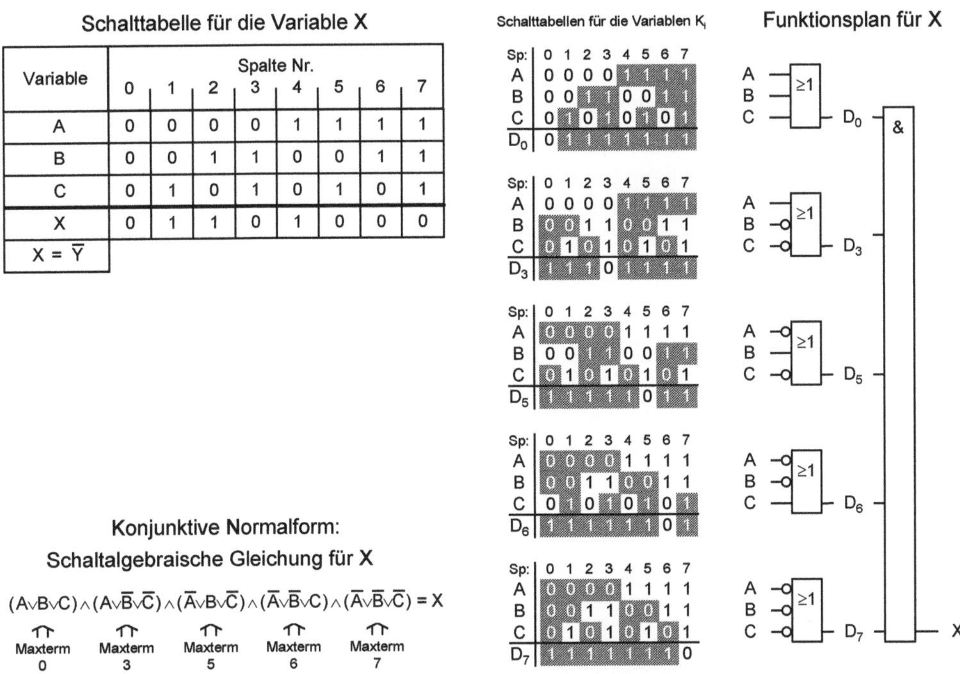

Schalttabelle für die Variable X:

Variable	Spalte Nr.							
	0	1	2	3	4	5	6	7
A	0	0	0	0	1	1	1	1
B	0	0	1	1	0	0	1	1
C	0	1	0	1	0	1	0	1
X	0	1	1	0	1	0	0	0

$X = \overline{Y}$

Konjunktive Normalform:
Schaltalgebraische Gleichung für X

$$(A \lor B \lor C) \land (A \lor \overline{B} \lor \overline{C}) \land (\overline{A} \lor B \lor \overline{C}) \land (\overline{A} \lor \overline{B} \lor C) \land (\overline{A} \lor \overline{B} \lor \overline{C}) = X$$

Bild 4.3: Konjunktive Normalform für die Variable X

Im Gegensatz zur disjunktiven Normalform werden bei der konjunktiven Normalform

- die Eingangsbelegungen über ODER-Schaltungen dekodiert und
- die Ausgangsvariablen der ODER-Schaltungen über UND verknüpft.

Die Ausgangsvariable X der UND-Verknüpfung hat bei der konjunktiven Normalform

- den Wert 1, wenn die Ausgangsvariablen aller ODER-Schaltungen den Wert 1 haben.
- den Wert 0, wenn die Ausgangsvariable einer ODER-Schaltung den Wert 0 hat.

Jede ODER-Schaltung hat die elementare Eigenschaft, dass ihre Ausgangsvariable nur bei einer Eingangsbelegung den Wert 0 hat. Dementsprechend eignet sich eine ODER-Schaltung zum Dekodieren einer Eingangsbelegung, bei der die Ausgangsvariable den Wert 0 hat.

In der Schalttabelle hat die Ausgangsvariable X in den Spalten 0, 3, 5, 6 und 7 der Schalttabelle den Wert 0.

Bei der Eingangsbelegung in der Spalte 0 haben die Variablen A, B und C den Wert 0.Die Bedingung, dass in der Spalte 0 die Variable X den Wert 0 hat, wird von der ODER-Verknüpfung der Variablen A, B und C erfüllt. Nur wenn alle drei Variablen den Wert 0 haben, dann hat die Ausgangsvariable der ODER-Verknüpfung auch den Wert 0.

Bei der Eingangsbelegung in der Spalte 3 hat die Variable A den Wert 0 und die Variablen B und C den Wert 1. Die Bedingung, dass in der Spalte 3 die Variable X den Wert 0 hat, erfüllt die ODER-Verknüpfung, von der die Variable A IDENTISCH mit den NEGIERTEN Variablen B und C verknüpft wird. Nur wenn die Variable A den Wert 0 hat und die Variablen B und C den Wert 1 haben, dann hat die Ausgangsvariable dieser ODER-Verknüpfung den Wert 0.

Ob eine bestimmte Eingangsbelegung vorliegt, wird also bei der konjunktiven Normalform über eine ODER-Verknüpfung der Variablen A, B und C ausgewertet. Vor der ODER-Verknüpfung sind die Variablen entsprechend der Eingangsbelegung zu beschalten. Dabei gilt:

- Hat in der Eingangsbelegung die Variable den Wert 0, dann wird sie direkt, also IDENTISCH über ODER verknüpft.

- Hat in der Eingangsbelegung die Variable den Wert 1, dann wird sie vor der ODER-Verknüpfung NEGIERT.

Für das Dekodieren der Eingangsbelegung, beispielsweise von Spalte 5, sind vor der ODER-Verknüpfung die Variablen A und C zu NEGIEREN. Die Ausgangsvariable D_5 der ODER-Verknüpfung hat den Wert 0, wenn die Variablen A und C den Wert 1 haben und die Variable B den Wert 0 hat. Diese Wertekombination entspricht der Eingangsbelegung von Spalte 5. Bei dieser Wertekombination hat die Ausgangsvariable X den Wert 0.

Die Ausgangsvariablen der ODER-Verknüpfungen in den Spalten 0, 3, 5, 6 und 7 werden über UND zu der Ausgangsvariable X zusammengefasst. Die Ausgangsvariable X hat den Wert 1, wenn keine der Ausgangsvariablen der ODER-Verknüpfungen den Wert 0 hat. Dies ist bei den Eingangsbelegungen 1, 2 und 4 der Fall.

In Bild 4.3 sind in dem Funktionsplan die Ausgangsvariablen der ODER-Verknüpfungen oder Disjunktionen mit D_0, D_3, D_5, D_6 und D_7 bezeichnet. Die Ordnungsziffer bezieht sich auf die Spalte der Schalttabelle, deren Eingangsbelegung von der ODER-Verknüpfung ausgewertet wird.

In der schaltalgebraischen Gleichung in Bild 4.3 werden die schaltalgebraischen Ausdrücke der ODER-Verknüpfungen als Maxterm0, Maxterm3, Maxterm5, Maxterm6 und Maxterm7 bezeichnet. Die Ordnungsziffer identifiziert die Spalte in der Schalttabelle, also die Eingangsbelegung, bei welcher der Maxterm den Wert 0 hat. Die Maxterme werden über UND zu der Ausgangsvariablen X verknüpft.

Die Bezeichnung "Maxterm" drückt aus, dass der schaltalgebraische Ausdruck bis auf eine alle Eingangsbelegungen umfasst. Die Anzahl der Maxterme und der Eingangsbelegungen ist gleich. Alle Eingangsvariablen kommen in einem Maxterm nur einmal IDENTISCH oder NEGIERT vor.

Ein Maxterm hat nur bei einer einzigen Eingangsbelegung den Wert 0. Diese charakterisiert den Maxterm. Bei allen anderen Eingangsbelegungen hat der Maxterme den Wert 1. Von einem Maxterm werden also, bis auf eine, alle Eingangsbelegungen ausgewertet.

Schalttabelle für die Variable Y

Variable	Spalte Nr.							
	0	1	2	3	4	5	6	7
A	0	0	0	0	1	1	1	1
B	0	0	1	1	0	0	1	1
C	0	1	0	1	0	1	0	1
Y	1	0	0	1	0	1	1	1
Y = $\overline{X}$								

Konjunktive Normalform:

Schaltalgebraische Gleichung für Y

$$(A \vee B \vee \overline{C}) \wedge (A \vee \overline{B} \vee C) \wedge (\overline{A} \vee B \vee C) = Y$$

Maxterm 1   Maxterm 2   Maxterm 4

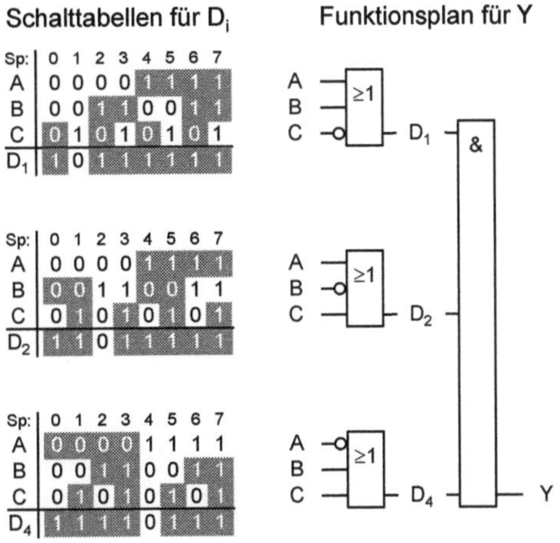

Bild 4.4: Konjunktive Normalform für die Variable Y

Die Schalttabelle in Bild 4.4 entspricht der aus Bild 4.2. Aus ihr werden die schaltalgebraische Gleichung und der Funktionsplan für die Variable Y in konjunktiver Normalform abgeleitet. In Bild 4.4 werden Maxterm1, Maxterm2 und Maxterm3 über UND verknüpft.

- Die Ausgangsvariable Y der UND-Verknüpfung hat den Wert 1 nur, wenn alle drei Maxterme den Wert 1 haben. Dies ist bei den Eingangsbelegungen der Spalten 0,3, 5, 6 und 7 der Fall.

- Die Ausgangsvariable Y der UND-Verknüpfung hat bei den Eingangsbelegungen der Spalten 1,2 und 4 den Wert 0, weil in diesen Spalten einer der drei Maxterme den Wert 0 hat.

Dualität von disjunktiver und konjunktiver Normalform

In den Bildern 4.1 bis 4.4 wird gezeigt, dass sich aus Schalttabellen schaltalgebraische Gleichungen und Funktionspläne in der disjunktiven und der konjunktiven Normalform ableiten lassen. Ein Vergleich der Schalttabellen für die Variablen X und Y zeigt, dass die Variable Y der NEGIERTEN Variablen X entspricht. Die Variablen X und Y sind zueinander dual. Die in einer Schalttabelle beschriebene Schaltung kann also in zwei schaltalgebraischen Normalformen und zwei Funktionsplänen dargestellt werden.

In Bild 4.5 wird die disjunktive Normalform für die Variable X der konjunktiven Normalform für die Variable Y gegenübergestellt. Die Variable Y entspricht der NEGIERTEN Variablen X.

Disjunktive Normalform für X:

$$(\overline{A} \wedge \overline{B} \wedge C) \vee (\overline{A} \wedge B \wedge \overline{C}) \vee (A \wedge \overline{B} \wedge \overline{C}) = X$$

Konjunktive Normalform für Y:

$$Y = (A \vee B \vee \overline{C}) \wedge (A \vee \overline{B} \vee C) \wedge (\overline{A} \vee B \vee C)$$

$$(\overline{A} \wedge \overline{B} \wedge C) \vee (\overline{A} \wedge B \wedge \overline{C}) \vee (A \wedge \overline{B} \wedge \overline{C}) = X \quad = \quad \overline{Y} = \overline{(A \vee B \vee \overline{C}) \wedge (A \vee \overline{B} \vee C) \wedge (\overline{A} \vee B \vee C)}$$

$$\overline{(\overline{A} \wedge \overline{B} \wedge C) \vee (\overline{A} \wedge B \wedge \overline{C}) \vee (A \wedge \overline{B} \wedge \overline{C})} = \overline{X} \quad = \quad Y = (A \vee B \vee \overline{C}) \wedge (A \vee \overline{B} \vee C) \wedge (\overline{A} \vee B \vee C)$$

Minterm 1   Minterm 2   Minterm 4   Maxterm 1   Maxterm 2   Maxterm 4

Bild 4.5: Vergleich der disjunktiven und konjunktiven Normalform

In Bild 4.6 wird die disjunktive Normalform für die Variable Y der konjunktiven Normalform für die Variable X gegenübergestellt. Die Variable X entspricht der NEGIERTEN Variablen Y.

Disjunktive Normalform für Y:

$$(\overline{A} \wedge \overline{B} \wedge \overline{C}) \vee (\overline{A} \wedge B \wedge C) \vee (A \wedge \overline{B} \wedge C) \vee (A \wedge B \wedge \overline{C}) \vee (A \wedge B \wedge C) = Y$$

Konjunktive Normalform für X:

$$X = (A \vee B \vee C) \wedge (A \vee \overline{B} \vee \overline{C}) \wedge (\overline{A} \vee B \vee \overline{C}) \wedge (\overline{A} \vee \overline{B} \vee C) \wedge (\overline{A} \vee \overline{B} \vee \overline{C})$$

$$(\overline{A} \wedge \overline{B} \wedge \overline{C}) \vee (\overline{A} \wedge B \wedge C) \vee (A \wedge \overline{B} \wedge C) \vee (A \wedge B \wedge \overline{C}) \vee (A \wedge B \wedge C) = Y \quad = \quad \overline{X} = \overline{(A \vee B \vee C) \wedge (A \vee \overline{B} \vee \overline{C}) \wedge (\overline{A} \vee B \vee \overline{C}) \wedge (\overline{A} \vee \overline{B} \vee C) \wedge (\overline{A} \vee \overline{B} \vee \overline{C})}$$

$$\overline{(\overline{A} \wedge \overline{B} \wedge \overline{C}) \vee (\overline{A} \wedge B \wedge C) \vee (A \wedge \overline{B} \wedge C) \vee (A \wedge B \wedge \overline{C}) \vee (A \wedge B \wedge C)} = \overline{Y} \quad = \quad X = (A \vee B \vee C) \wedge (A \vee \overline{B} \vee \overline{C}) \wedge (\overline{A} \vee B \vee \overline{C}) \wedge (\overline{A} \vee \overline{B} \vee C) \wedge (\overline{A} \vee \overline{B} \vee \overline{C})$$

Minterm 0   Minterm 3   Minterm 5   Minterm 6   Minterm 7   Maxterm 0   Maxterm 3   Maxterm 5   Maxterm 6   Maxterm 7

Bild 4.6: Vergleich der konjunktiven und disjunktiven Normalform

In den Bildern 4.5 und 4.6 werden die Variablen X und Y und ihre schaltalgebraischen Gleichungen einander gegenüber gestellt. Ein Vergleich der Schalttabellen in den Bildern 4.1 und 4.2 zeigt, dass die NEGIERTE Variable Y der Variablen X entspricht. Durch NEGATION gehen die Variablen ineinander über. Die Variablen sind also zueinander dual. Dementsprechend sind auch die schaltalgebraischen Gleichungen zueinander dual.

Der NEGIERTE schaltalgebraische Ausdruck einer der Variablen entspricht dem schaltalgebraischen Ausdruck der anderen Variablen. Offensichtlich wird ein schaltalgebraischer Ausdruck NEGIERT, wenn die Variablen und die Operationen NEGIERT werden.

Diese Gesetzmässigkeiten werden als DeMorgansche Regeln bezeichnet. Diese können beispielsweise bei der Ableitung einer schaltalgebraischen Gleichungen in konjunktiver Normalform aus einer Schalttabelle genutzt werden.

Ableiten der disjunktiven Normalform aus Schalttabellen

Eine schaltalgebraische Gleichung in disjunktiver Normalform besteht aus Mintermen die disjunktiv verknüpft sind. Die Minterme lassen sich aus den Eingangsbelegungen in der Schalttabelle entnehmen. Die Eingangsbelegungen sind die Kombinationen der Werte der Eingangsvariablen.

Eine Eingangsbelegung wird in einen Minterm umgewandelt, indem

- ein Wert 1 in der Eingangsbelegung durch
  die zugeordnete IDENTISCHE Eingangsvariable ersetzt wird,

- ein Wert 0 in der Eingangsbelegung durch
  die zugeordnete NEGIERTE Eingangsvariable ersetzt wird und

- die Eingangsvariablen über UND verknüpft werden.

Für eine IDENTISCHE Ausgangsvariable wird die disjunktiven Normalform aus den Mintermen der Eingangsbelegungen gebildet, bei denen die Ausgangsvariable in der Schalttabelle den Wert 1 hat. Diese Minterme werden über ODER verknüpft.

Analog dazu besteht die disjunktive Normalform einer NEGIERTEN Ausgangsvariablen aus den Mintermen, bei denen die Ausgangsvariable den Wert 0 hat.

Ableiten der konjunktiven Normalform aus Schalttabellen

Die schaltalgebraische Gleichung in konjunktiver Normalform besteht aus Maxtermen die konjunktiv verknüpft sind. Die Maxterme lassen sich aus den Eingangsbelegungen in der Schalttabelle bilden. Dabei werden die DeMorganschen Regeln angewandt.

Eine Eingangsbelegung wird in einen Maxterm umgewandelt, indem

- ein Wert 0 in der Eingangsbelegung durch
  die zugeordnete IDENTISCHE Eingangsvariable ersetzt wird,

- ein Wert 1 in der Eingangsbelegung durch
  die zugeordnete NEGIERTE Eingangsvariable ersetzt wird und

- die Eingangsvariablen über ODER verknüpft werden.

Für eine IDENTISCHE Ausgangsvariable wird die konjunktive Normalform aus den Maxtermen der Eingangsbelegungen gebildet, bei denen die Ausgangsvariable in der Schalttabelle den Wert 0 hat. Diese Maxterme werden über UND verknüpft.

Analog dazu besteht die konjunktive Normalform einer NEGIERTEN Ausgangsvariablen aus den Maxtermen, bei denen die NEGIERTE Ausgangsvariable in der Schalttabelle den Wert 1 hat.

5   Speichernde Schaltfunktionen

Übergang von einer kombinatorischen zu einer sequentiellen Schaltung

Die Verarbeitung von Signalen in binären Verknüpfungsgliedern erfolgt nicht unendlich schnell. Für den Transfer und die Verarbeitung von Signalen in Leitungen und Schaltelementen wird Zeit benötigt. Es treten Lauf- und Verzögerungszeiten auf, die sich nicht vermeiden lassen. Mit dieser kleinen Einschränkung sind binäre Verknüpfungsglieder dadurch gekennzeichnet, dass in einem Betrachtungszeitpunkt die Ausgangsbelegung nur von einer einzigen Eingangsbelegungen abhängt.

Daneben gibt es Schaltsysteme deren Ausgangsbelegung nicht nur von der Eingangsbelegung im Betrachtungszeitpunkt, sondern zusätzlich von vergangenen Eingangsbelegungen abhängig ist. In dem Schaltsystem werden über die vergangenen Eingangsbelegungen Informationen benötigt. Das Aufbewahren oder Speichern von Informationen erfolgt in Speicherelementen oder Flipflops. Flipflops können aus Schaltgliedern für die Operationen UND, ODER und NICHT aufgebaut werden. Die Ausgangsvariablen dieser Schaltungen werden als Eingangsvariablen in die Schaltungen rückgeführt. Über diese rückgekoppelten Signale halten sich die Werte der Ausgangsvariablen selbst.

Schalttabelle für die Variable Y

Variable	Spalte Nr.							
	0	1	2	3	4	5	6	7
A	0	0	0	0	1	1	1	1
B	0	0	1	1	0	0	1	1
C	0	1	0	1	0	1	0	1
Y	0	0	1	0	1	0	1	0

Funktionsplan für Y

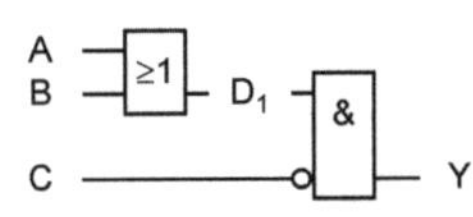

Schalttabelle für die Variable Y2

Variable	Spalte Nr.			
	0	1	2	3
B	0	0	1	1
C	0	1	0	1
Y2	unverändert	0	1	0

Funktionsplan für Y2   Schaltzeichen

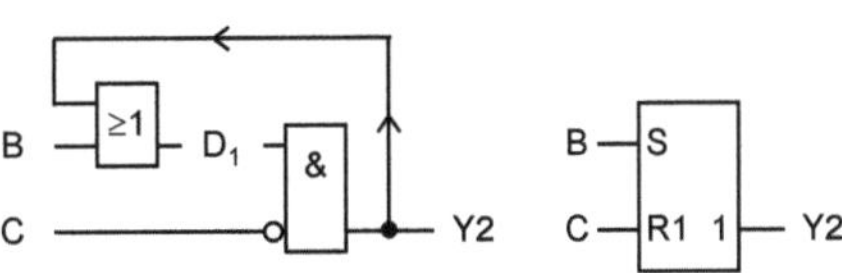

Bild 5.1: Übergang von einer kombinatorischen zu einer speichernden Schaltung

In Bild 5.1 wird eine kombinatorische Schaltung mit 3 Eingangsvariablen A, B und C und einer Ausgangsvariablen Y vorgestellt. In der Schalttabelle ist die Funktion dieser Schaltung beschrieben.

Wie bei jeder Schaltung wird davon ausgegangen, dass sich zu einem Zeitpunkt nur der Wert einer der drei Variablen in der Eingangsbelegung ändert. Nur dann ist sicher, dass sich nicht kurzzeitig ein zufälliger und möglicherweise fehlerhafter Wert der Ausgangsvariablen ergibt.

Wird in der Schaltung die Eingangsvariable A durch die Ausgangsvariable $Y2$ ersetzt, gilt die Schalttabelle für die Variable $Y2$. Bei dieser Schaltung hält sich die Ausgangsvariable $Y2$ über die Rückkopplung oder Rückführung selbst.

Es handelt sich um eine Schaltung, bei welcher der Wert der Ausgangsvariablen nicht nur von der Eingangsbelegung im Betrachtungszeitpunkt, sondern zusätzlich auch von der vohergehenden Eingangsbelegungen abhängig ist. Es handelt sich um eine Schaltung mit speicherndem Verhalten und stellt ein Flipflop dar.

- Die Ausgangsvariable $Y2$ des Flipflops hat bei einer der Eingangsbelegungen der Spalten 1 oder 3 den Wert 0. Das Flipflop ist rückgesetzt. Die Eingangsbelegungen der Spalten 1 oder 3 sind die rücksetzenden Eingangsbelegungen des Flipflops.

- Die Ausgangsvariable $Y2$ des Flipflops hat bei der Eingangsbelegung der Spalte 2 den Wert 1. Das Flipflop ist gesetzt. Die Eingangsbelegung der Spalte 2 ist die setzende Eingangsbelegung des Flipflops.

Bei der Eingangsbelegung der Spalte 0 hängt der Wert der Ausgangsvariablen $Y2$ des Flipflops davon ab, welche Eingangsbelegung vor der Eingangsbelegung der Spalte 0 vorhanden war.

- Fand der Wechsel von der Eingangsbelegung der Spalte 2 zu der Eingangsbelegung der Spalte 0 statt, dann bleibt der Wert 1 der Ausgangsvariablen $Y2$ erhalten. Bei diesem Wechsel bleibt das Flipflop gesetzt..

- Fand der Wechsel von der Eingangsbelegung der Spalte 1 zu der Eingangsbelegung der Spalte 0 statt, dann bleibt der Wert 0 der Ausgangsvariablen $Y2$ erhalten. Bei diesem Wechsel bleibt das Flipflop rückgesetzt.

Die Eingangsbelegung der Spalte 0 ist die speichernde Eingangsbelegung des Flipflops. Der in dem Flipflop gespeicherte Wert ist also nicht nur von der aktuellen Eingangsbelegung, sondern auch von der vorhergehenden Eingangsbelegung abhängig.

Haben die beiden Eingangsvariablen B und C gleichzeitig den Wert 1, dann bewirkt die Variable C, dass das Flipflop rückgesetzt wird. Es handelt sich um ein Flipflop, bei dem Rücksetzen dominiert.

Um Fehlimpulse zu vermeiden, darf sich, wie bei Verknüpfungsschaltungen, bei dem Flipflop in einem Zeitpunkt nur der Wert von einer der zwei Variablen in der Eingangsbelegung ändern. Ist dies nicht der Fall, würden sich folgende Übergänge ergeben:

- Bei einem Wechsel der Eingangsbelegung zwischen den Spalten 1 und 2 oder einem Wechsel von der Spalte 0 nach der Spalte 3 der Schalttabelle des Flipflops ändern sich die Werte von beiden Variablen. Es könnte sich, wie bei einer Verknüpfungsschaltung, ein kurzzeitiger zufälliger und möglicherweise fehlerhafter Wert der Ausgangsvariablen ergeben.

- Bei dem Wechsel der Eingangsbelegung von der Spalte 3 nach der Spalte 0 ist der Wert der Ausgangsvariablen $Y2$ nach dem Wechsel unbestimmt. Es sind zwei Schaltfolgen möglich:

  Es erfolgt zunächst ein Wechsel der Eingangsbelegung von Spalte 3 nach Spalte 1, bei dem die Ausgangsvariable $Y2$ den Wert 0 beibehält. Danach erfolgt der Wechsel der Eingangsbelegung von Spalte 1 nach Spalte 0, bei dem die Ausgangsvariable $Y2$ nach wie vor den Wert 0 hat. Es tritt kein Fehler auf.

  Es erfolgt zuerst ein Wechsel der Eingangsbelegung von Spalte 3 nach Spalte 2, bei dem die Ausgangsvariable $Y2$ den Wert 1 annimmt. Erst danach wechselt die Eingangsbelegung von Spalte 2 nach Spalte 0. Bei diesem Wechsel behält die Ausgangsvariable $Y2$ den Wert 1. Es ergibt sich ein dauerhafter Fehler.

Flipflops mit und ohne Selbsthaltung

Schaltzeichen von RS-Flipflops
Die Funktion eines Flipflops wird abstrakt durch das in Bild 5.1 vorgestellte Schaltzeichen nach DIN 40900 Teil 12 beschrieben.

In der rechteckigen Kontur des Schaltzeichens sind die Eingänge des Flipflops mit den Buchstaben "S" für Setzen und "R" für Rücksetzen gekennzeichnet.

Mit den Buchstaben S und R wird die Abhängigkeit der Ausgangsvariablen von den beiden Eingangsvariablen beschrieben. Die beiden Buchstaben kennzeichnen RS-Flipflops.

Eine weitere Abhängigkeit der Ausgangsvariablen von der Variablen am R-Eingang wird durch die Kennziffer 1 an dem R-Eingang und an dem Ausgang des RS-Flipflops, dargestellt. Diese Kennzeichnung legt fest, dass das Flipflop immer rückgesetzt wird, also die Ausgangsvariable immer den Wert 0 annimmt, wenn die Eingangsvariable am R-Eingang den Wert 1 hat.

Die Kennzeichnung beschreibt das Verhalten des RS-Flipflops, wenn sowohl die Variable am S- als auch die Variable am R-Eingang gleichzeitig den Wert 1 haben. Es handelt sich also um ein RS-Flipflop bei dem Rücksetzen dominiert.

- Hat die Eingangsvariable am R-Eingang den Wert 1, dann hat die Ausgangsvariable den Wert 0, unabhängig von dem Wert der Eingangsvariablen am S-Eingang.

- Hat die Eingangsvariable am S-Eingang den Wert 1 und gleichzeitig die Eingangsvariable am R-Eingang den Wert 0, dann hat die Ausgangsvariable den Wert 1.

- Haben die beiden Eingangsvariablen den Wert 0, dann hat die Ausgangsvariable den Wert, den sie bei der vorhergehenden Eingangsbelegung angenommen hatte. Dieser Wert ist in dem Flipflop gespeichert.

Das vorgestellte Schaltzeichen nach DIN 40900 Teil 12 beschreibt die Funktion eines RS-Flipflops losgelöst von dessen gerätetechnischen Aspekten. Bei dem Aufbau von realen Flipflops werden häufig spezielle physikalische Effekte genutzt. Zum Aufbau einer Schaltung sind die Eigenschaften der Schaltgeräte zu berücksichtigen.

Beispiele für Flipflops mit und ohne Selbsthaltung
In den Bildern 5.2 und 5.3 wird ein RS-Flipflops, bei dem Rücksetzen dominiert, zur Steuerung der Kolbenstange eines Pneumatikzylinders eingesetzt. Es wird gezeigt, wie das Flipflop mit kontakttechnischen oder pneumatischen Schaltgliedern realisiert werden kann.

In dem Stromlaufplan werden nur Relais mit Schliessern und Öffnern eingesetzt. In den Pneumatikplänen werden ausschliesslich 3/2- und 5/2-Wegeventile verwendet. Die Schaltungen sollen möglichst einfach zu verstehen sein und sind weder technisch noch wirtschaftlich optimiert.

In den Schaltungen werden die manuellen Eingaben über Taster in elektrische oder pneumatische Signale umgewandelt, die den Variablen B und C des Flipflops in Bild 5.1 entsprechen.

Der Stromlaufplan in Bild 5.2 ist aus der Schaltung für das Flipflop in Bild 5.1 abgeleitet. Das Flipflop besteht aus den Schaltelementen in den Strompfaden 3 und 4. Die parallel geschalteten Schliesser-Kontakte der Relais K1 und K3 sind mit dem Öffner-Kontakt von Relais K2 und der Magnetspule von Relais K3 in Reihe geschaltet.

Funktion:

- Wird Taster 2 betätigt, dann ist die Magnetspule von Relais K2 erregt und die Kontakte von Relais K2 sind betätigt. Der Öffner-Kontakt von K2 in Strompfad 4 ist geöffnet.
  Die Magnetspule von K3 ist nicht erregt. Das Flipflop ist rückgesetzt.
  Damit ist auch die von einem Schliesser-Kontakt von K3 abhängige Magnetspule des Pneumatikventils nicht erregt. Das Pneumatikventil ist in seiner Ruhestellung und die Kolbenstange des Pneumatikzylinders bleibt eingefahren oder fährt ein.

- Wird nur Taster 1 betätigt, dann ist über den Schliesser-Kontakt von K1 die Magnetspule K1 erregt und die Kontakte von K1 sind betätigt. In diesem Fall wird die Magnetspule K3 über den Schliesser-Kontakt von K1 in Strompfad 3 und den Öffner-Kontakt von K2 in Strompfad 4 erregt und die Kontakte von K3 sind betätigt. Das Flipflop ist gesetzt.

Das Flipflop bleibt gesetzt, solange Taster 2 nicht betätigt wird und die Magnetspule K3 über den Schliesser von K3 und den Öffner von K2 in Strompfad 4 erregt bleibt. In diesem Fall muss Taster 1 nicht mehr betätigt sein, damit die Ausgangsvariable den Wert 1 hat. Über den eigenen Schliesser in Strompfad 4 bleibt die Magnetspule K3 erregt, das Relais "hält sich selbst".

Dadurch ist auch die von einem Schliesser von Relais K3 abhängige Magnetspule des Pneumatikventils erregt. Das Pneumatikventil ist in seiner Schaltstellung und die Kolbenstange des Pneumatikzylinders fährt aus oder bleibt ausgefahren.

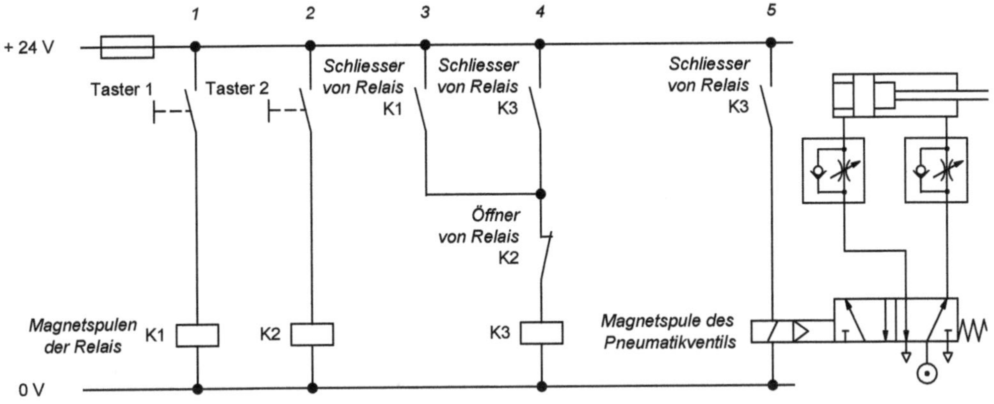

Bild 5.2: Stromlaufplan mit RS-Flipflop, bei dem Rücksetzen dominiert

In den beiden Pneumatikplänen in Bild 5.3 wird über ein 5/2-Wegeventil ein Pneumatikzylinder gesteuert.

- Hat die Ausgangsvariable von Ventil 1V4 oder von Ventil 2V4 den Wert 0, dann befindet sich das 5/2-Wegeventil 1V5 oder 2V5 in der Ruhestellung und die Kolbenstange des Pneumatikzylinders fährt ein oder bleibt eingefahren.

- Hat die Ausgangsvariable von Ventil 1V4 oder Ventil 2V4 den Wert 1, dann ist das 5/2-Wegeventil 1V5 oder 2V5 in der Schaltstellung und die Kolbenstange des Pneumatikzylinders fährt aus oder bleibt ausgefahren.

Der Pneumatikplan 1 in Bild 5.3 lässt sich wie der Stromlaufplan Bild 5.2 direkt aus der Schaltung für das Flipflop in Bild 5.1 entwickeln.

Die Ausgangsvariable von Ventil 1V4 steuert das 5/2-Wegeventil 1V5.

- Die Ausgangsvariable von Ventil 1V4 hat den Wert 0, wenn die Ausgangsvariable von Ventil 1V2 den Wert 1 hat. Dies ist der Fall, wenn Taster 2 betätigt wird.

- Wird der Taster 2 nicht betätigt, dann hat die Ausgangsvariable von Ventil 1V2 den Wert 0. Wird in diesem Fall Taster 1 betätigt, dann hat die Ausgangsvariable von Ventil 1V1 den Wert 1. Dadurch hat auch die Ausgangsvariable von Ventil 1V4 den Wert 1.

- Solange Taster 2 nicht betätigt wird und die Ausgangsvariable von Ventil 1V4 den Wert 1 hat, hält sich die Ausgangsvariable von Ventil 1V4 über Ventil 1V3 selbst.

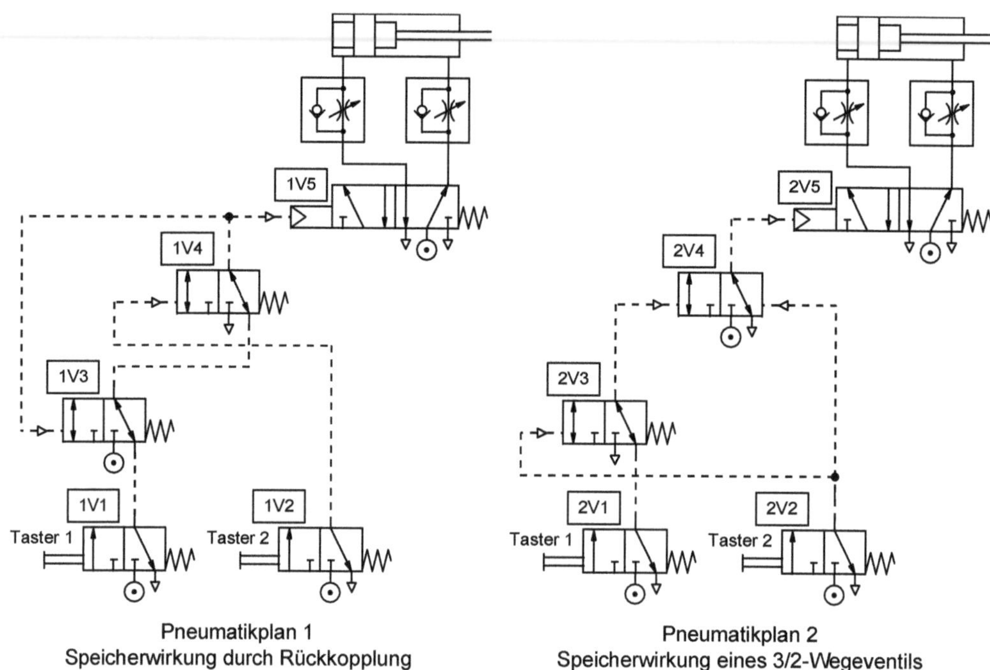

Bild 5.3: Pneumatikpläne mit RS-Flipflops, bei denen Rücksetzen dominiert

In dem Pneumatikplan 2 in Bild 5.3 steuert die Ausgangsvariable von Ventil 2V4 das 5/2-Wegeventil 2V5. In dieser Schaltung wird das Speicherverhalten des beidseitig angesteuerten Wegeventils 2V4 genutzt. Haben die beiden Eingangsvariablen gleichzeitig den Wert 1, dann bleibt das Ventil in der Schaltstellung, die es bei der vorhergehenden Eingangsbelegung eingenommen hatte. Es bleibt in seinem Vorzustand. Bei dem Ventil 2V4, das die Funktion eines Flipflops erfüllt, ist also weder Setzen noch Rücksetzen dominierend. Die Eigenschaft dominierend Rücksetzen wird über das Ventil 2V3 bewirkt. Das Ventil 2V3 unterbricht die Vorgabe von Setzen, wenn Setzen und Rücksetzen gleichzeitig vorgegeben wird.

- Wird Taster 2 betätigt, dann hat die Ausgangsvariable von Ventil 2V2 den Wert 1 und schaltet die Ventile 2V3 und 2V4 um. Nach dem Umschalten muss Taster 2 nicht mehr betätigt werden. Die Ausgangsvariable von Ventil 2V4 hat dann den Wert 0.

- Wird Taster 1 betätigt und gleichzeitig Taster 2 nicht betätigt, dann hat die Ausgangsvariable von Ventil 2V1 den Wert 1 und schaltet über Ventil 2V3 das Ventil 2V4 um. Die Ausgangsvariable von Ventil 2V4 hat dann den Wert 1.

Das 3/2-Wegeventil 2V4 behält seine Schaltstellung auch bei, wenn die Druckluftversorgung unterbrochen wird. Bei dem Einschalten der Druckluft nimmt die Ausgangsvariable den Wert an, den sie vor der Unterbrechung hatte. Diese Eigenschaft ist bei dem Entwurf von derartigen pneumatischen Schaltungen zu beachten.

Bild 5.4 zeigt die Schalttabelle und das Schaltzeichen für ein RS-Flipflop bei dem Setzen dominiert.

Als Beispiel ist ein Stromlaufplan zur Steuerung eines Elektromotors angegeben.

Das Schaltverhalten des RS-Flipflops beschreibt die Schalttabelle. Über die Eingangsbelegungen der Zeilen 2 und 3 wird der Speicher gesetzt. Er wird über die Eingangsbelegung der Zeile 1 rückgesetzt. Bei der Eingangsbelegung der Zeile 0, beide Eingangsvariablen haben gleichzeitig den Wert 0, bleibt der Wert der Ausgangsvariablen X unverändert.

Die Kennzahlen in dem Schaltzeichen legen fest, dass die Ausgangsvariable X immer den Wert 1 hat, wenn die Eingangsvariable am S-Eingang den Wert 1 hat. Haben also die Eingangsvariablen am S- und am R-Eingang gleichzeitig den Wert 1, dann hat die Ausgangsvariable auch den Wert 1. Es handelt sich also um ein RS-Flipflop bei dem Setzen dominiert.

In dem Funktionsplan, Bild 5.4, wird die Funktion erläutert.

- Hat die Variable D den Wert 1, dann hat die Ausgangsvariable X der ODER-Schaltung den Wert 1. Das Flipflop ist gesetzt.

- Hat die Ausgangsvariable X den Wert 1, dann hat durch Rückkopplung die Ausgangsvariable der UND-Schaltung den Wert 1, solange wie die Eingangsvariable E den Wert 0 hat. In diesem Fall kann die Variable D den Wert 0 annehmen und die Ausgangsvariable X behält trotzdem den Wert 1 bei. Die Ausgangsvariable X wird in dem Flipflop gespeichet.

- Die Ausgangsvariable X nimmt den Wert 0 an, wenn die Eingangsvariable D den Wert 0 und gleichzeitig die Eingangsvariable E den Wert 1 hat. Der Wert der Ausgangsvariablen X bleibt unverändert 0, auch wenn danach die Variable E den Wert 0 wieder annimmt. Das Flipflop ist rückgesetzt.

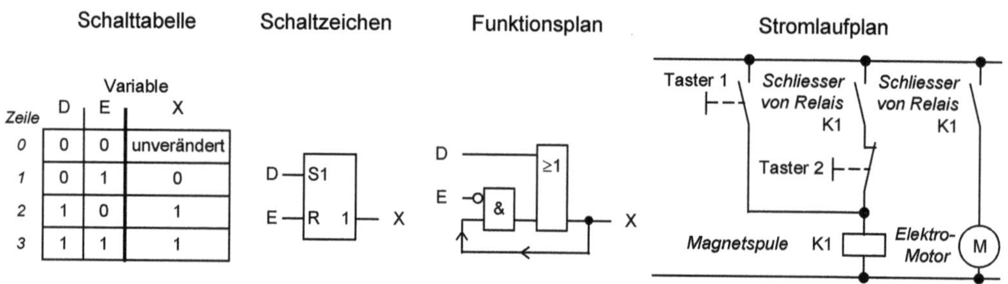

Bild 5.4: RS-Flipflop, bei dem Setzen dominiert

Das RS-Flipflop, bei dem Setzen dominiert, wird in dem Stromlaufplan, Bild 4.5, zur Steuerung eines Elektromotors eingesetzt. Wird Taster 1 betätigt, dann fliesst durch die Magnetspule von Relais K1 Strom, und die beiden Schliesser-Kontakte von Relais K1 werden geschlossen. Über einen seiner Schliesser hält sich das Relais K1 selbst, solange der Öffner von Taster 2 geschlossen ist. In diesem Fall wird, über einen weiteren Schliesser von Relais K1, der Elektromotor mit Strom versorgt. Ist Taster 1 nicht betätigt und wird Taster 2 betätigt, dann wird die Magnetspule von Relais K1 nicht mehr erregt, und die beiden Schliesser von K1 öffnen sich. Der Elektromotor wird nicht mehr mit Strom versorgt.

Bild 5.5 zeigt ein pneumatisches 3/2-Wegeventil mit der Funktion eines RS-Flipflops. Das Ventil behält seine Schaltstellung, wenn beide Eingangsvariablen gleichzeitig den Wert 0 oder den Wert 1 haben. Die Speicherung der Schaltstellungen beruht bei dem Schieberventil auf Reibungseffekten. Für die Funktion ist es notwendig, dass die Werte der beiden Eingangsvariablen, also die Steuerdrücke, möglichst gleich gross sind.

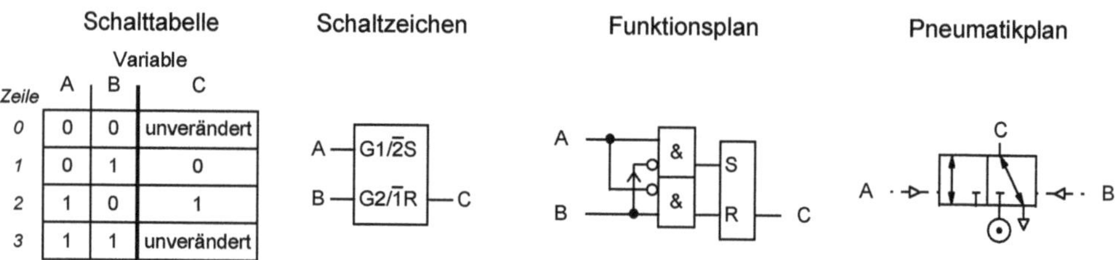

Bild 5.5: RS-Flipflop, bei dem weder Setzen noch Rücksetzen dominiert

Dem Schaltverhalten des Ventils entspricht die Schalttabelle in Bild 5.5. Aus ihr geht hervor, dass das RS-Flipflop nur jeweils eine setzende und eine rücksetzende Eingangsbelegung hat.

Für die Darstellung des Schaltzeichens wird die UND-Abhängigkeit, deren Kennzeichen der Buchstaben G ist, verwendet. Es sind zwei UND-Abhängigkeiten vorhanden, G1 und G2. Die Kennziffern 1 und 2 dienen in diesem Fall zur Kennzeichnung der abhängigen Eingänge. Der G1-Eingang ist gleichzeitig der S-Eingang, und der G2-Eingang ist gleichzeitig der R-Eingang des Speicherelements.

- Die NEGIERTE 2 vor dem S-Eingang zeigt an, dass der S-Eingang UND-abhängig von der NEGIERTEN Variablen am R-Eingang ist.

- Die NEGIERTE 1 vor dem R-Eingang zeigt an, dass der R-Eingang UND-abhängig von der NEGIERTEN Variablen am S-Eingang ist.

Der Funktionsplan verdeutlicht die UND-Abhängigkeiten des S- und des R-Eingangs. Durch die Beschaltung des Flipflops ist ausgeschlossen, dass die Eingangsvariablen an dem S- und R-Eingang gleichzeitig den Wert 1 annehmen können. Damit dominiert bei diesem RS-Flipflop weder Setzen noch Rücksetzen.

Die Zuordnung von Ausgängen zu Eingängen durch Kennzahlen ist bei RS-Schaltgliedern nur notwendig, wenn beide Eingangsvariablen gleichzeitig den Wert 1 haben können. In dem Funktionsplan für das RS-Flipflop in Bild 5.5 ist dies durch die Beschaltung des R- und des S-Eingangs ausgeschlossen.

Beispiel: RS-Flipflops aus NOR- oder NAND-Schaltgliedern
Mit NOR- oder NAND-Schaltgliedern sind alle kombinatorischen und speichernden Schaltfunktionen realisierbar. Die NOR- oder NAND-Technik hatte zum Aufbau von digitalen Steuerungen in den Anfängen der Elektronik grosse Bedeutung.

In Bild 5.6 und 5.7 werden Funktionspläne für zwei RS-Flipflops vorgestellt, die aus NOR- oder NAND-Schaltgliedern aufgebaut sind. Die Schaltungen besitzen jeweils zwei Eingänge und zwei Ausgänge und bestehen aus zwei rückgekoppelten NOR- oder NAND-Schaltgliedern. Für jede Ausgangsvariable wird ein Schaltzeichen vorgestellt. Die beiden Schaltzeichen werden zu dem Schaltzeichen eines RS-Flipflops zusammengefasst.

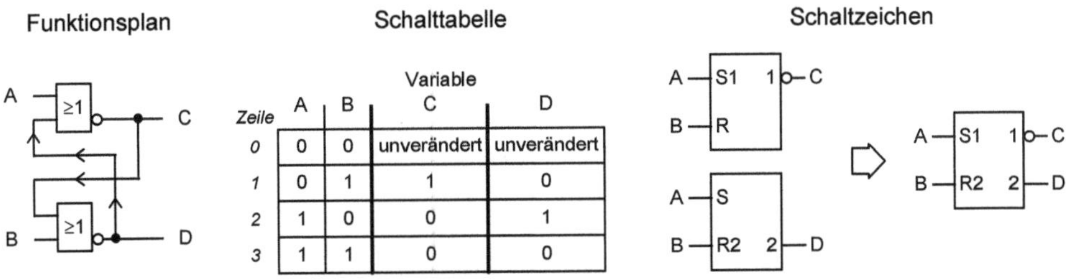

Bild 5.6: RS-Flipflop aus NOR-Schaltelementen

In dem Funktionsplan in Bild 5.6 hat

- die Ausgangsvariable C den Wert 0, wenn die Eingangsvariable A den Wert 1 hat.

- die Ausgangsvariable D den Wert 0, wenn die Eingangsvariable B den Wert 1 hat.

- die Variable D den Wert 1, wenn die Variable A den Wert 1 hat und gleichzeitig die Variable B den Wert 0 hat.

- die Variable C den Wert 1, wenn die Variable A den Wert 0 hat und gleichzeitig die Variable B den Wert 1 hat

- Haben die Eingangsvariablen A und B den Wert 0, dann behalten die Ausgangsvariablen C und D die Werte, welche sie bei der vorhergehenden Eingangsbelegung hatten.

Diese Zusammenhänge sind in der Schalttabelle dargestellt, aus der sich für jede der Ausgangsvariablen C und D ein RS-Flipflop ableiten lässt.

Wird das Flipflop von der Variablen A gesetzt und von der Variablen B rückgesetzt, dann kann für die Ausgangsvariable D ein RS-Flipflop, bei dem Rücksetzen dominiert, verwendet werden. Die Ausgangsvariable C lässt sich mit einem RS-Flipflop, bei dem Setzen dominiert, darstellen, wobei die Ausgangsvariable dieses RS-Flipflops zu NEGIEREN ist.

In dem Funktionsplan in Bild 5.7 hat

- die Ausgangsvariable C den Wert 1, wenn die Eingangsvariable A den Wert 0 hat.

- die Ausgangsvariable D den Wert 1, wenn die Eingangsvariable B den Wert 0 hat.

- die Variable B den Wert 0, wenn die Variable A den Wert 1 hat und gleichzeitig die Variable C den Wert 0 hat.

- die Variable D den Wert 0, wenn die Variable A den Wert 0 hat und gleichzeitig die Variable B den Wert 1 hat

- Haben beide Eingangsvariablen A und B den Wert 1, dann behalten die Ausgangsvariablen C und D die Werte, welche sie bei der vorhergehenden Eingangsbelegung hatten.

Diese Zusammenhänge sind in der Schalttabelle dargestellt, aus der sich für jede der Ausgangsvariablen C und D ein RS-Flipflop ableiten lässt.

Wird das Flipflop von der NEGIERTEN Variablen A gesetzt und von der NEGIERTEN Variablen B rückgesetzt, dann kann für die Ausgangsvariable C ein RS-Flipflop, bei dem Setzen dominiert, verwendet werden.

Die Ausgangsvariable D lässt sich mit einem RS-Flipflop, bei dem Rücksetzen dominiert darstellen, wobei die Ausgangsvariable des RS-Flipflop zu NEGIEREN ist.

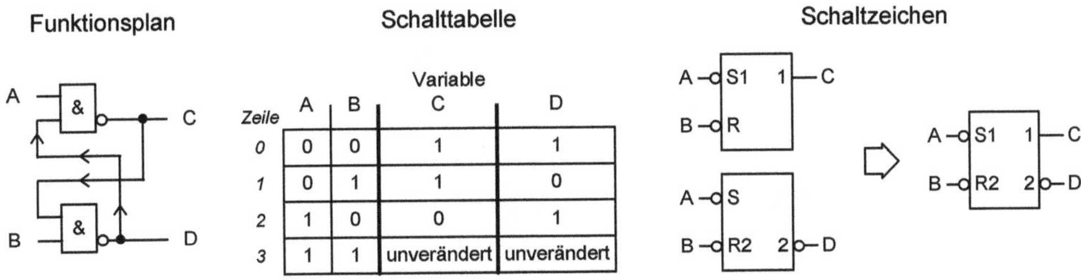

Bild 5.7: RS-Flipflop aus NAND-Schaltelementen

Beispiel: D-Flipflop

In industriellen Steuerungen lassen sich zeitkritische Abläufe, die zu Fehlschaltungen führen können, durch die Verarbeitung der Signale synchron zu einem Taktsignal vermeiden. Damit sich die Werte der Variablen während ihrer Verknüpfung nicht ändern, werden die Variablen synchron zu einem Taktsignal gespeichert. Um Fehlschaltungen zu vermeiden sind die Taktzeiten so lang, dass alle Verknüpfungen der gespeicherten Variablen ausgeführt sind und das gültige Verknüpfungsergebnis vorliegt. Zur Speicherung der Werte der Variablen eignen sich D-Flipflops.

Die Funktion des D-Flipflops wird in der Schalttabelle Bild 5.8 beschrieben. Das Flipflop wird gesetzt, wenn die Eingangsvariablen A und B den Wert 1 haben. Es wird rückgesetzt, wenn die Eingangsvariable A den Wert 1 und die Eingangsvariable B den Wert 0 hat.

Hat die Variable A den Wert 0, dann ist in dem D-Flipflop der Wert gespeichert, den die Variable B bei dem Wechsel der Eingangsvariablen A von 1 nach 0 hatte. Solange die Variable A den Wert 0 hat, bleibt der Wert der Ausgangsvariablen Y unverändert. Er ist in diesem Fall unabhängig von dem Wert der Eingangsvariablen am D-Eingang.

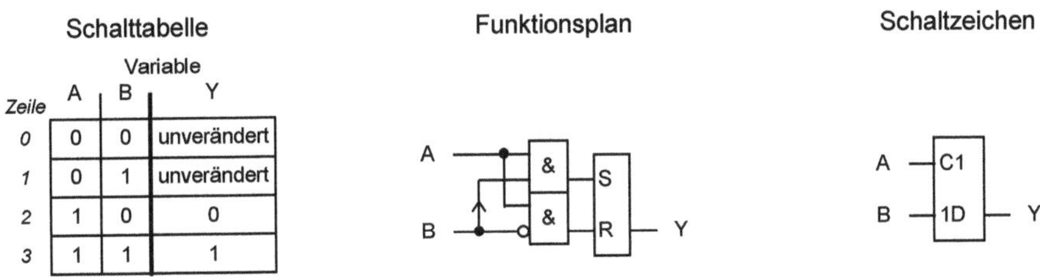

Bild 5.8: D-Flipflop

Der Funktionsplan Bild 5.8 besteht aus einem RS-Flipflop, das über zwei UND-Schaltungen gesetzt und rückgesetzt wird. Durch die UND-Schaltungen ist ausgeschlossen, dass die Eingangsvariablen an dem S- und R-Eingang des Flipflops gleichzeitig den Wert 1 annehmen können. Damit dominiert bei diesem RS-Flipflop weder Setzen noch Rücksetzen.

In dem Schaltzeichen in Bild 5.8 sind die Eingänge mit C und D gekennzeichnet. Über einen C-Eingang werden andere Ein- oder Ausgänge gesteuert. Der Buchstabe C steht für Steuer- oder Control-Abhängigkeit. Die Kennziffer, in diesem Fall eine 1, stellt den Bezug zu abhängigen Ein- und Ausgängen her.

Ein D-Eingang ist ein von anderen Variablen abhängiger Speichereingang. Mit der Kennziffer 1 vor dem D wird die Abhängigkeit von der Variablen am C-Eingang angezeigt. Die Steuer- oder Control-Abhängigkeit des D-Eingangs besteht darin, dass der Wert der Variablen am D-Eingang von dem Flipflop nur übernommen wird, wenn die Variable am C-Eingang den Wert 1 hat.

Einflankengesteuertes D-Flipflop

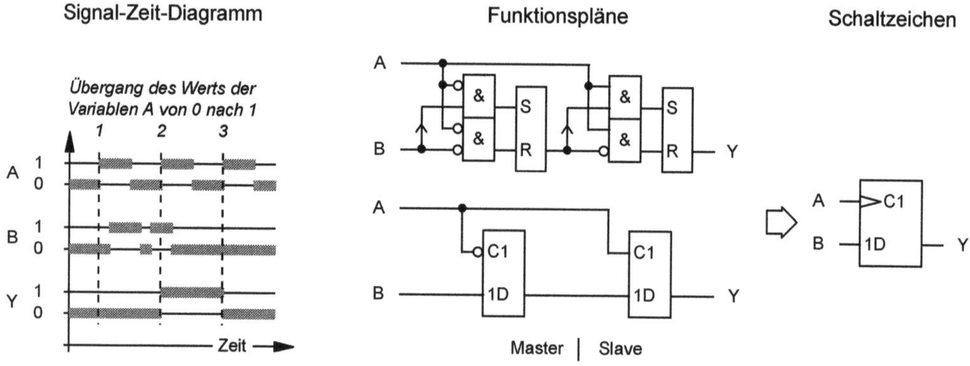

Bild 5.9: Master-Slave Flipflop oder einflankengesteuertes D-Flipflop

Die Funktionspläne des einflankengesteuerten D-Flipflops in Bild 5.9 bestehen aus zwei in Reihe geschalteten D-Flipflops. Das Signal-Zeit-Diagramm und die Funktionspläne dienen zur Erläuterung der Funktion.

- Hat die Variable *A* den Wert 0, dann wird der Wert der Variablen *B* in das "Master"-Flipflop übernommen.

- Wechselt die Variable *A* den Wert von 0 nach 1, dann wird
  der in das "Master"-Flipflop übernommene Wert der Variablen *B* in dem "Master"-Flipflop

gespeichert.
der in dem "Master"-Flipflop gespeicherte Wert von dem "Slave"-Flipflop übernommen.

- Solange die Variable A den Wert 1 hat, ändert sich der in dem "Master"-Flipflop gespeicherte Wert und der Wert der Variablen Y nicht.

- Wechselt die Variable A den Wert von 1 nach 0, dann wird
  der in das "Slave"-D-Flipflop übernommenen Wert gespeichert. Der Wert der Variablen Y ändert sich nicht.
  der aktuelle Wert der Variablen B in das "Master"-Flipflop übernommen.

Verkürzte Funktionsbeschreibung:

- Die Ausgangsvariable eines einflankengesteuerten D-Flipflops hat den Wert, den die Variable am D-Eingang bei dem (letzten) Wechsel der Variablen am C-Eingang von 0 nach 1 hatte.

Das spitze Dreieck am C-Eingang in dem Schaltzeichen Bild 5.9 ist das Kennzeichen für einen "dynamischen" Eingang. Mit dem Dreieck wird gekennzeichnet, dass die Variable an diesem Eingang nur während des Wechsels des Werts von 0 nach 1 wirksam ist. Die Variable ist also nur bei einer positiven Signalflanke wirksam.

Impulsgesteuertes D-Flipflop

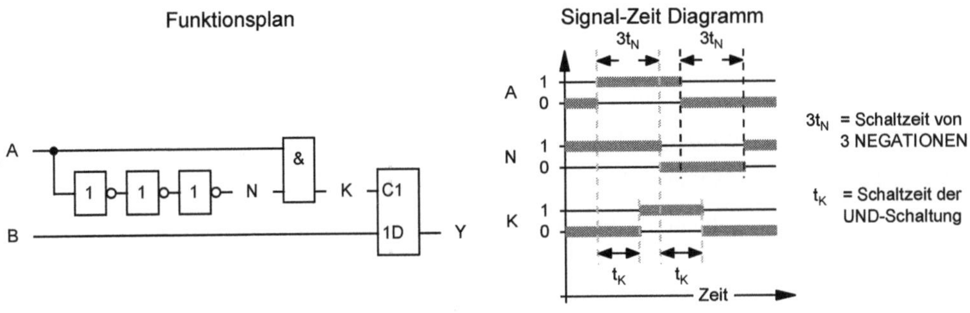

Bild 5.10: Impulsgesteuertes D-Flipflop

Der dynamische Eingang des D-Flipflops Bild 5.9 wird in dem Funktionsplan Bild 5.10 ersetzt durch einen Impuls, der bei dem Wechsel der Variablen A von 0 nach 1 entsteht. Die Dauer des Impulses muss länger als die Schaltzeit der UND-Verknüpfung sein, damit die in dem D-Flipflop ablaufenden Schaltvorgänge abgeschlossen sind. Der Impuls sollte möglichst kurz sein, damit der Wert der Variablen B zeitnah zu dem Wechsel der Variablen A von 0 nach 1 erfasst wird.

- Wechselt der Wert der Variablen A von 0 nach 1, dann hat die Ausgangsvariable K der UND-Schaltung für kurze Zeit den Wert 1. Die Dauer dieses Impulses wird bestimmt durch die Differenz zwischen den Laufzeiten der Variablen A in einer Leitung und in den drei NEGATIONEN.

- Wechselt der Wert der Variablen A von 0 nach 1, dann nimmt nach der Schaltzeit der UND-Verknüpfung die Variable K den Wert 1 an. Die Variable N nimmt nach der Schaltzeit der drei NEGATIONEN den Wert 0 an. Dadurch nimmt verzögert um die Schaltzeit der UND-Verknüpfung die Variable K den Wert 0 an.

- Die Variable K hat also während einer Zeitspanne die der Schaltzeit der drei NEGATIONEN entspricht den Wert 1.

Abhängigkeitsnotation

In DIN 40900 Teil 12 werden graphische Symbole für mit Binärsignalen arbeitende Schaltelemente vorgestellt. Durch Schaltzeichen werden Schaltfunktionen abstrakt beschrieben. Durch die abstrakten Funktionsbeschreibungen bleibt die technische Ausführung der Schaltfunktionen offen.

Durch die Abhängigkeitsnotation lassen sich Schaltzeichen für kleine Schaltsysteme bilden, die als Bausteine in grösseren Schaltsystemen eingesetzt werden.

Es wurde vorgestellt:

- in Bild 5.1 die Rücksetzabhängigkeit eines Ausgangs von einem Eingang.

- in Bild 5.4 die Setzabhängigkeit eines Ausgangs von einem Eingang.

- in Bild 5.5 die UND-Abhängigkeit eines Eingangs von einem anderen Eingang.

- in Bild 5.8 die Steuerabhängigkeit eines Eingangs von einem anderen Eingang.

In Bild 5.11 wird ein Flipflop in Abhängigkeitsnotation vorgestellt, das zur Speicherung von Daten geeignet ist.

Ein Datenspeicher besteht aus mehreren dieser Flipflops. Er muss folgende Eigenschaften haben:

- Jedes Flipflop des Datenspeichers muss über eine Adresse aufgewählt werden können.

- In jedes Flipflop muss der Wert einer Variablen geschrieben werden können.

- Der in dem Flipflop gespeicherte Wert einer Variablen muss ausgelesen werden können.

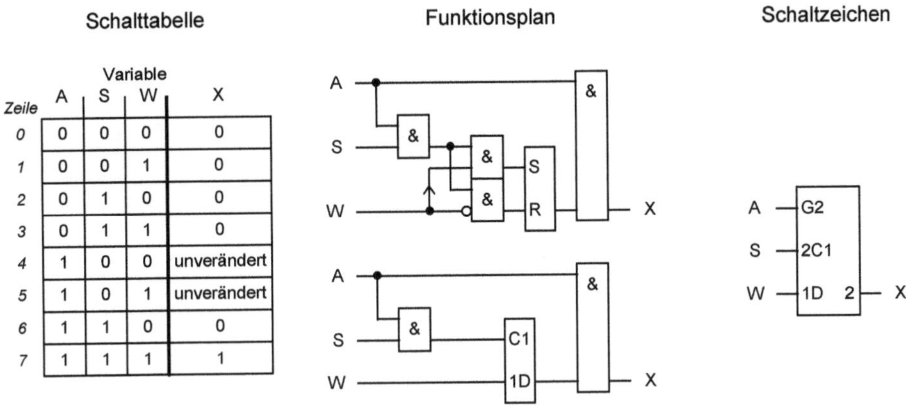

Bild 5.11: Speicherzelle, Beispiel für die Abhängigkeitsnotation

Die Funktion des Flipflops wird in Bild 5.11 mit einer Schalttabelle, mit Funktionsplänen und einem Schaltzeichen in Abhängigkeitsnotation beschrieben. In den Funktionsplänen wird zum Speichern ein D-Flipflop verwendet.

Dem Steuereingang des D-Flipflops ist ein UND-Element vorgeschaltet, in dem die Variable A, wie Adresse, und die Variable S, wie Schreiben, verknüpft werden. Nur wenn die Variablen A und S gleichzeitig den Wert 1 haben, wird der Wert der Variablen W in das D-Flipflop übernommen. Hat auch nur eine der Variablen A oder S den Wert 0, dann wird der letzte übernommene Wert der Variablen W gespeichert.

Dem Ausgang des D-Flipflops ist ein UND-Element nachgeschaltet, in dem die Ausgangsvariable mit der Variablen A verknüpft wird.

- Hat die Variable A den Wert 1, dann entspricht der Wert der Variablen X dem Wert, der in dem D-Flipflop gespeichert ist.

- Hat die Variable A den Wert 0, dann hat auch die Variable X den Wert 0.

In dem Schaltzeichen wird die UND-Abhängigkeit des C-Eingangs und des Ausgangs von dem Wert der Variablen A am G-Eingang durch die Kennziffer 2 dargestellt. Die Steuerabhängigkeit des D-Eingangs von dem Wert der Variablen am C-Eingang wird durch die Kennziffer 1 angegeben.

6 Schaltwerke

Von Schaltfunktionen werden Eingangsvariablen zu Ausgangsvariablen verarbeitet. Bild 6.1 erläutert Beziehungen zwischen Schaltfunktionen.

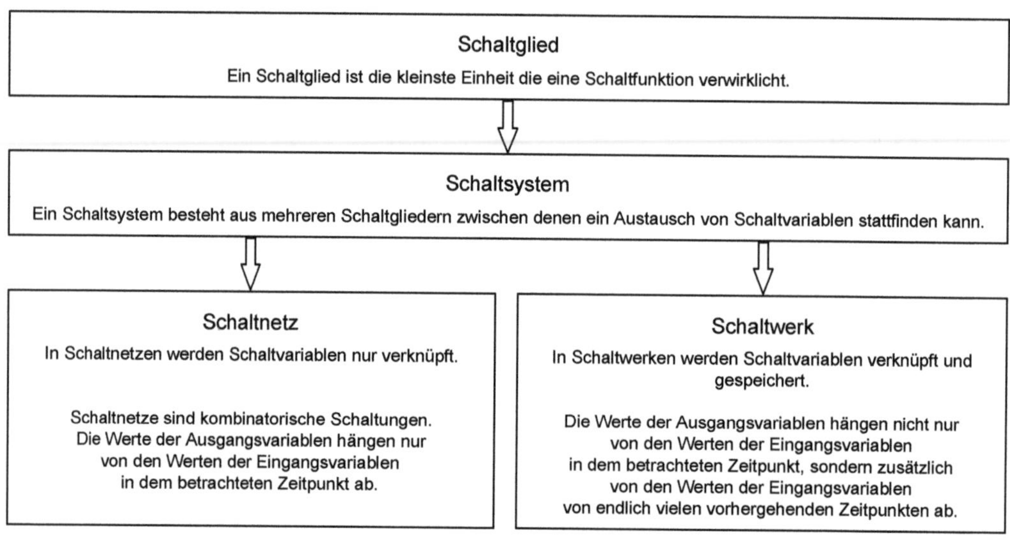

Bild 6.1: Gliederung von Schaltfunktionen

In Schaltwerken werden Flipflops zur Speicherung von Werten benötigt, die Variablen vor dem aktuellen Zeitpunkt hatten.

Beispiele:

- Der Wert der in einem RS-Flipflops gespeicherten Variablen wird davon bestimmt, ob vor einer speichernden Eingangsbelegung eine setzende oder eine rücksetzende Eingangsbelegung vorhanden war.

- Der Wert der in einem D-Flipflops gespeicherten Variablen entspricht dem Wert, den die Variable am D-Eingang vor dem letzten Übergang des Werts der Variablen am C-Eingang von 1 nach 0 hatte. Solange die Variable am C-Eingang den Wert 0 hat, kann die Variable am D-Eingang mehrfach Ihren Wert ändern, ohne dass sich der Wert der in dem D-Flipflop gespeicherten Variablen ändert.

Mit RS- und D-Flipflops können komplexe speichernde Schaltfunktionen aufgebaut werden. Die Ausgangsbelegungen dieser Schaltwerke können von den aktuellen und den Werten von Variablen in mehreren vorhergehenden Zeitpunkten abhängig sein.

Die Funktion von Schaltwerken ist leicht zu verstehen, wenn den Folgen der Ausgangsbelegungen Gesetzmässigkeiten in Form von einfachen Codes zugrunde liegen. Dies ist bei schrittweise arbeitenden Schaltwerken, wie beispielsweise Ablaufketten, Schieberegistern und Zählschaltungen, der Fall. In diesen sequentiellen Schaltwerken erfolgen Wechsel zwischen Ausgangsbelegungen nach festen Bedingungen. Jeder Steuerungsschritt kann beginnende, andauernde oder zu beendende Aktionen und Vorgänge umfassen. Diese Schaltwerke sind zum Aufbau von Schaltungen geeignet, die Aktionen und andere Vorgänge schrittweise steuern.

Ablaufketten

Sollen die Aktionen einer gesteuerten Einrichtung schrittweise nacheinander ablaufen, dann kann die Folge der Aktionen von einer schrittweise arbeitenden Ablaufkette gesteuert werden. Eine Transition oder ein Übergang zwischen Schritten erfolgt, wenn die Transitions- oder Übergangsbedingungen erfüllt sind. Die Bedingungen hängen von Vorgabe- und Ereignissignalen ab.

- Vorgabesignale werden von Menschen oder von anderen Steuerungssystemen vorgegeben.

- Ereignissignale sind beispielsweise die Ausgangssignale von Sensoren welche die Zustände der gesteuerten Einrichtung erfassen und steuerungsinterne zeitverzögerte Signale.

Ablaufkette mit selbsthaltenden Flipflops
Die Ablaufkette in Bild 6.2 hat vier Steuerungsschritte. Jede Schaltung für einen Schritt besteht aus einem RS-Flipflop und einer UND-Verknüpfung.

Das Setzen und Rücksetzen der Schritte erfolgt in Abhängigkeit von den Ausgangsvariablen der Schritte $AS1$, $AS2$, $AS3$ und $AS4$ und den Transitions- oder Übergangs-Variablen A, B, C und D.

- Ein Schritt wird nur gesetzt, wenn der vorhergehende Schritt gesetzt und die Transitions-Bedingung erfüllt ist.

- Ist der Schritt gesetzt, dann wird der vorhergehende Schritt rückgesetzt.

Im einzelnen:

- Der 1. Schritt wird gesetzt, wenn die Variablen $AS1$, $AS2$, $AS3$ und $AS4$ den Wert 0 haben und die Variable A den Wert 1 hat. Die Variablen $AS1$, $AS2$, $AS3$ und $AS4$ haben den Wert 0 nach dem Einschalten der Energieversorgung. Sie haben auch den Wert 0, wenn der 4. Schritt gesetzt war und durch die Variable A rückgesetzt wurde.

- Der 2. Schritt wird gesetzt, wenn die Variablen $AS1$ und B den Wert 1 haben. Hat die Variable $AS2$ den Wert 1, dann wird der 1. Schritt rückgesetzt.

- Der 3. Schritt wird gesetzt, wenn die Variablen $AS2$ und C den Wert 1 haben. Hat die Variable $AS3$ den Wert 1, dann wird der 2. Schritt rückgesetzt.

- Der 4. Schritt wird gesetzt, wenn die Variablen *AS3* und *D* den Wert 1 haben.
  Hat die Variable *AS4* den Wert 1, dann wird der 3. Schritt rückgesetzt.
  Der 4. Schritt wird rückgesetzt, wenn eine der Variablen *AS3* oder *D* den Wert 0 und die Variable *A* den Wert 1 hat.

Haben die Transitions-Variablen von zwei aufeinander folgenden Schritten gleichzeitig den Wert 1, dann bleibt das Flipflop des ersten der beiden Schritte nur während seiner Schaltzeit gesetzt. Es wird Flipflop übersprungen. Zu dem schrittweisen Ablauf trägt der erste der beiden Schritte nicht bei und kann entfallen.

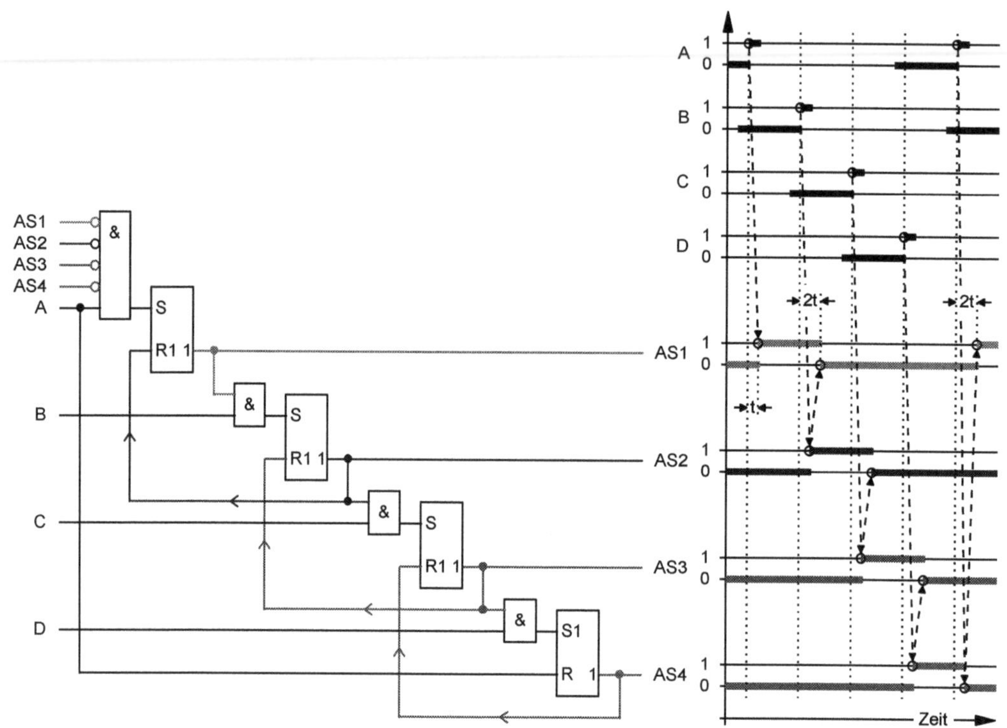

Bild 6.2 Funktionsplan und Signal-Zeit-Diagramm einer vierschrittigen Ablaufkette mit RS-Flipflops

Das Signal-Zeit-Diagramm in Bild 6.2 zeigt die Folge der Ausgangsvariablen *AS1* bis *AS4*. Vereinfachend wurde angenommen, dass alle Teilschaltungen die gleiche Zeit "t" zum Schalten benötigen. In der Schaltung, Bild 6.2, überschneidet sich bei jedem Schrittwechsel die Ausgangsvariable des vorhergehenden Schritts mit der Ausgangsvariablen des Folgeschritts während der Zeit "t". Mit dieser Ausnahme hat immer nur eine der Ausgangsvariablen den Wert 1. Praktisch handelt es sich um einen 1-aus-4 Code.

Ablaufkette mit rückgekoppelten Flipflops
Die Ablaufkette, Bild 6.3, besteht aus vier in Reihe geschalteten RS-Flipflops. Die Speicherung der Variablen in den Flipflops erfolgt über Rückkopplung. Neben dem Aufbau unterscheidet sich diese Ablaufkette von der Ablaufkette in Bild 6.2 auch in der Codierung.

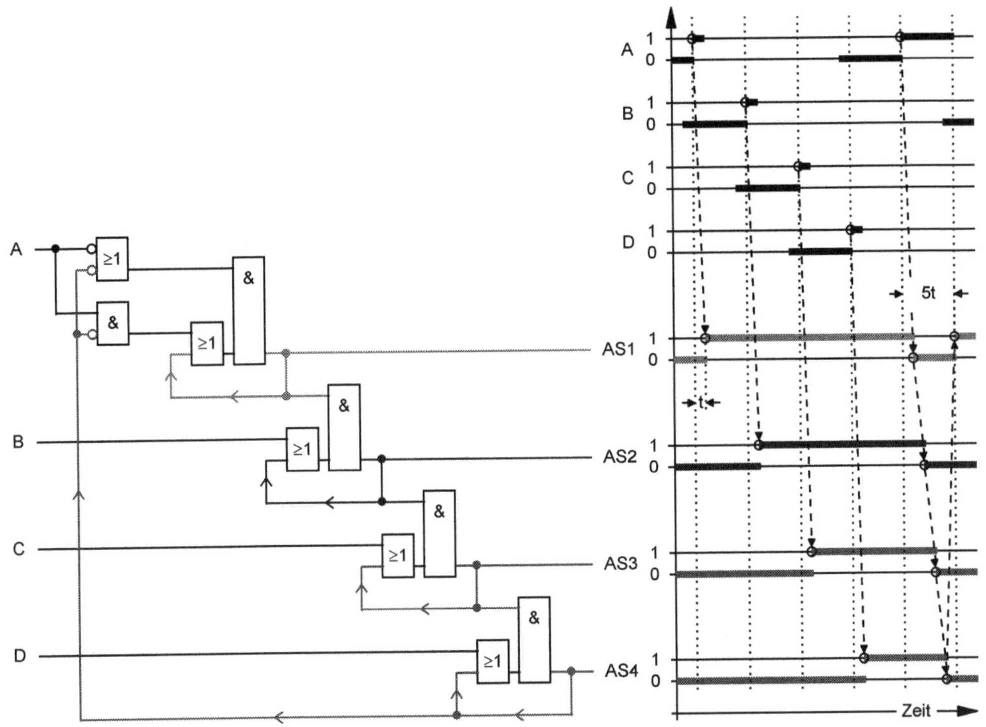

Bild 6.3: Funktionsplan und Signal-Zeit-Diagramm einer vierschrittigen Ablaufkette mit Rückkopplungs-Flipflops

Das Setzen und Rücksetzen der Schritte erfolgt in Abhängigkeit von den Ausgangsvariablen der Schritte $AS1$, $AS2$, $AS3$ und $AS4$ und den Transitions-Variablen A, B, C und D.

- Der 1. Schritt wird gesetzt, wenn die Variable $AS4$ den Wert 0 hat und die Variable A den Wert 1 hat. Die Variable $AS4$ hat den Wert 0 nach dem Einschalten der Energieversorgung, wenn noch nicht alle Schritte gesetzt sind, oder wenn alle Schritte rückgesetzt sind.

- Der 2. Schritt wird gesetzt, wenn die Variablen $AS1$ und B den Wert 1 haben.

- Der 3. Schritt wird gesetzt, wenn die Variablen $AS2$ und C den Wert 1 haben.

- Der 4. Schritt wird gesetzt, wenn die Variablen $AS3$ und D den Wert 1 haben.

- Beginnend mit dem ersten Schritt werden die Schritte nacheinander rückgesetzt:
  Der 1. Schritt der Ablaufkette wird rückgesetzt, wenn die Variable $AS4$ den Wert 1 hat und die Variable A den Wert 1 annimmt.
  Nach dem Rücksetzen des 1. Schritts hat die Variable $AS1$ den Wert 0. Dies bewirkt, dass der 2. Schritt rückgesetzt wird.
  Hat die Variable $AS2$ den Wert 0, wird Schritt 3 rückgesetzt.
  Wenn die Variable $AS3$ den Wert 0 hat, wird Schritt 4 rückgesetzt.

Verallgemeinert gilt für das Schaltverhalten von Ablaufkette nach Bild 6.3: Ein Schritt wird nur gesetzt, wenn der vorhergehende Schritt gesetzt und die Transitions-Bedingung erfüllt ist.

Strukturen von Ablaufketten

Die Bilder 6.2 und 6.3 zeigen die prinzipielle Struktur und Arbeitsweise von einkettigen Ablaufketten. Der Aufbau von Ablaufketten ist in DIN 40719 Teil 6, die weitgehend der IEC 848 entspricht, beschrieben. Für die Lösung von Steuerungsaufgaben können Strukturen mit mehreren Ablaufketten notwendig sein, die einzeln oder parallel durchlaufen werden können.

Folgende Begriffe sind festgelegt:

- **Verzweigung und Zusammenführung**

  Bei einer verzweigten Ablaufkette wird nur eine von mehreren Ablaufketten für Steuerungszwecke genutzt.

  Von einer Zusammenführung werden mehrere verzweigte Ablaufketten zusammengefasst.

- **Aufspaltung und Sammlung**

  Bei einer aufgespaltenen Ablaufkette werden mehrere Ablaufketten gleichzeitig für Steuerungszwecke genutzt.

  Parallele Ablaufketten werden über eine Sammlung zu einer Ablaufkette zusammengefasst.

Schieberegister

Ein Schieberegister besteht aus in Reihe geschalteten Flipflops. Die in ein Schieberegister eingegebenen Daten werden in dem Schieberegister durch ein Weiterschalt- oder Takt-Signal von einem zu dem folgenden Flipflop weitergeschoben.

Einflankengesteuertes D-Flipflop mit Rücksetzeingang

Der Aufbau eines Schieberegisters ist mit einflankengesteuerten D-Flipflops möglich. Ein derartiges Flipflop wurde in Kap. 5, Bild 5.9, vorgestellt. In der Schaltung, Bild 6.4, ist dieses Flipflop um einen R-Eingang zum Rücksetzen erweitert.

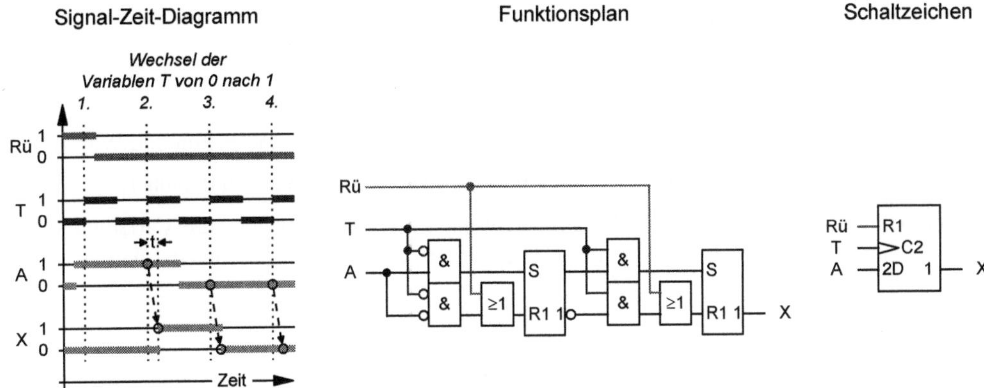

Bild 6.4: Einflankengesteuertes D-Flipflop mit Rücksetzeingang

Funktion des D-Flipflops mit Rücksetzeingang in Bild 6.4:

Hat die Variable *Rü* den Wert 1,

- dann hat die von dem R-Eingang abhängige Ausgangsvariable *X* den Wert 0.
  Dieser Wert wird gespeichert.

Hat die Variable *Rü* den Wert 0 und wechselt der Wert der Variablen *T* von 0 nach 1,

- dann nimmt die Ausgangsvariable *X* den Wert an, den die Variable *A* bei dem Wechsel der
  Variablen *T* von 0 nach 1 hatte.

Die Variable *X* nimmt den Wert der Variablen *A* erst nach der Schaltzeit "t" des einflankengesteuerten D-Flipflops an. Der Wert der Ausgangsvariablen *X* wird bis zu dem nächsten Wechsel der Variablen *T* von 0 nach 1 gespeichert.

Aufbau eines Schieberegisters
In Bild 6.5 wird ein Funktionsplan für die ersten drei Schritte eines Schieberegisters vorgestellt. Es besteht aus drei der in Bild 6.4 vorgestellten einflankengesteuerten D-Flipflops.

In dem Signal-Zeit-Diagramm werden die Abhängigkeiten zwischen den Variablen *A*, *T*, *Rü*,
AS1, *AS2* und *AS3* beschrieben.

Vereinfachend wird angenommen, dass alle einflankengesteuerten D-Flipflops die gleiche Zeit
"t" zum Schalten benötigen.

Funktion des Schieberegisters:

Hat die Variable *Rü* den Wert 1,

- dann sind alle Flipflops rückgesetzt. Die Variablen *AS1*, *AS2* und *AS3* haben den Wert 0.

Hat die Variable *Rü* den Wert 0 und wechselt der Wert der Variablen *T* von 0 nach 1,

- dann nehmen die Ausgangsvariablen der Flipflops die Werte an, welche die Variablen an den D-Eingängen der Flipflops bei dem Wechsel der Variablen *T* von 0 nach 1 hatten.

Die Ausgangsvariablen nehmen die Werte der Variablen an den D-Eingängen erst nach der Schaltzeit "t" an. Der Wechsel der Variablen *T* von 0 nach 1 ist nach dieser Schaltzeit bereits abgeschlossen! Die Werte der Ausgangsvariablen werden bis zu dem nächsten Wechsel der Variablen *T* von 0 nach 1 gespeichert.

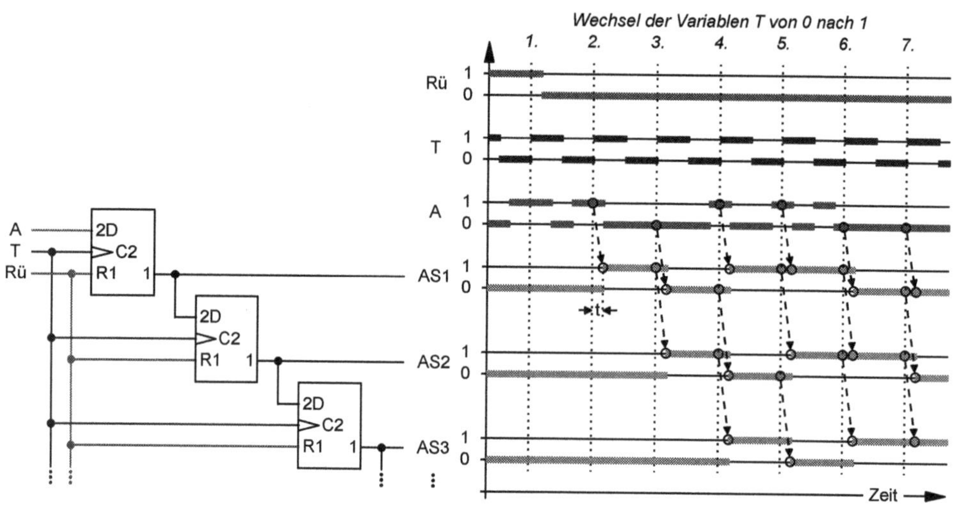

Bild 6.5: Funktionsplan und Signal-Zeit-Diagramm für ein Schieberegister

In dem Signal-Zeit-Diagramm, Bild 6.5, sind sieben Wechsel der Variablen *T* von 0 nach 1 dargestellt. Die ersten vier Wechsel sind im folgenden beschrieben:

- Bei dem ersten Wechsel des Werts der Variablen *T* von 0 nach 1 behalten die Variablen *AS1*, *AS2* und *AS3* den Wert 0, weil die Variable *Rü* den Wert 1 hat.
  Nur wenn die Variable *Rü* den Wert 0 hat, können sich die Werte der Variablen *AS1* bis *AS3* ändern.

- Während des zweiten Wechsels des Werts der Variablen T von 0 nach 1 haben die Variablen $AS1$, $AS2$ und $AS3$ den Wert 0. Die Variable A hat den Wert 1.
  Nach der Schaltzeit t hat die Variable $AS1$ den Wert 1, weil die Variable A den Wert 1 hatte. Die Variablen $AS2$ und $AS3$ haben den Wert 0, weil die Variablen $AS1$ und $AS2$ den Wert 0 hatten.

- Während des dritten Wechsels des Werts der Variablen T von 0 nach 1 haben die Variablen A, $AS2$ und $AS3$ den Wert 0. Die Variable $AS1$ hat den Wert 1.
  Nach der Schaltzeit t hat die Variable $AS1$ den Wert 0, weil die Variable A den Wert 0 hatte.
  Die Variable $AS2$ hat den Wert 1, weil die Variable $AS1$ den Wert 1 hatte. Die Variable $AS3$ hat den Wert 0, weil die Variable $AS2$ den Wert 0 hatte.

- Während des vierten Wechsels des Werts der Variablen T von 0 nach 1 haben die Variablen $AS1$ und $AS3$ den Wert 0. Die Variablen A und $AS2$ haben den Wert 1. Nach der Schaltzeit t hat die Variable $AS1$ den Wert 1, weil die Variable A den Wert 1 hatte. Die Variable $AS2$ hat den Wert 0, weil die Variable $AS1$ den Wert 0 hatte. Die Variable $AS3$ hat den Wert 1, weil die Variable $AS2$ den Wert 1 hatte.

Schieberegister mit Ausgangsbelegungsfolge im 1aus4-Code

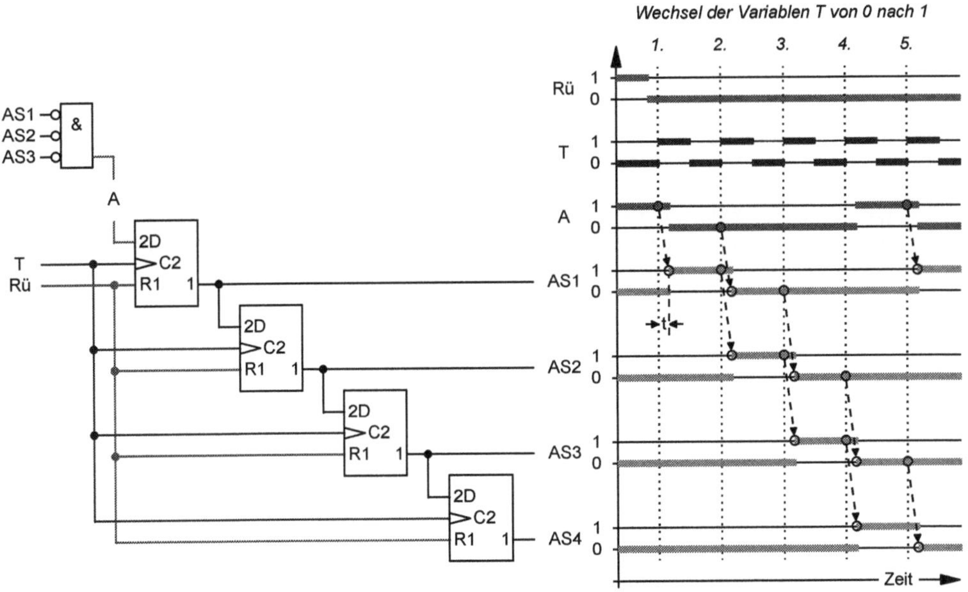

Bild 6.6: Funktionsplan und Signal-Zeit-Diagramm
eines Schieberegisters mit 4 Schritten

In Bild 6.6 wird der Funktionsplan und das Signal-Zeit-Diagramm eines Schieberegisters vorgestellt. Da immer nur eine der Ausgangsvariablen den Wert 1 hat, handelt es sich um einen
1aus4-Code. Vereinfachend wird angenommen, dass alle vier einflankengesteuerten D-Flipflops die gleiche Schaltzeit "t" haben.

- Hat die Variable $Rü$ den Wert 1, dann haben auch bei diesem Schieberegister die Variablen
  $AS1$ bis $AS4$ den Wert 0.

Nur wenn die Variable $Rü$ den Wert 0 hat können sich die Werte der Variablen $AS1$ bis $AS4$
ändern.

- Haben die Variablen $AS1$, $AS2$ und $AS3$ den Wert 0, dann hat die Variable A den Wert 1.
  Nach dem ersten Wechsel des Werts der Variablen T von 0 nach 1 hat nach der Schaltzeit t
  die Variable $AS1$ den Wert 1, weil die Variable A den Wert 1 hatte. Die Variablen $AS2$, $AS3$
  und $AS4$ haben den Wert 0 weil die Variablen $AS1$, $AS2$ und $AS3$ den Wert 0 hatten.

- Nach dem zweiten Wechsel des Werts der Variablen T von 0 nach 1 hat nach der Schaltzeit
  t die Variable $AS2$ den Wert 1, weil die Variable $AS1$ den Wert 1 hatte. Die Variablen $AS1$,
  $AS3$ und $AS4$ haben den Wert 0 weil die Variablen A, $AS2$ und $AS3$ den Wert 0 hatten.

- Nach dem dritten Wechsel des Werts der Variablen T von 0 nach 1 hat nach der Schaltzeit t
  die Variable $AS3$ den Wert 1, weil die Variable $AS2$ den Wert 1 hatte. Die Variablen $AS1$,
  $AS2$ und $AS4$ haben den Wert 0 weil die Variablen A, $AS1$ und $AS3$ den Wert 0 hatten.

- Nach dem vierten Wechsel des Werts der Variablen T von 0 nach 1 hat nach der Schaltzeit t
  die Variable $AS4$ den Wert 1, weil die Variable $AS3$ den Wert 1 hatte. Die Variablen $AS1$,
  $AS2$ und $AS3$ haben den Wert 0 weil die Variablen A, $AS1$ und $AS2$ den Wert 0 hatten.

- Der fünfte Wechsel des Werts der Variablen T von 0 nach 1 entspricht dem ersten Wechsel
  der Variablen T von 0 nach 1, weil die Variablen $AS1$, $AS2$ und $AS3$ den Wert 0 haben und
  dadurch die Variable A den Wert 1 hat.

Schieberegister können in Schaltungen eingesetzt werden, die sequentielle Vorgänge überwachen und steuern.

Bei der in Bild 6.6 vorgestellten Schaltung findet ein Schrittwechsel statt, wenn der Wert der
Variablen T von 0 nach 1 wechselt. In zusätzlichen Schaltungen können die Transitions-
Bedingungen mit den Ausgangsvariablen verknüpft werden. Dadurch lässt sich die Variable T
so steuern, dass ein Schrittwechsel nur erfolgt, wenn die für den Wechsel notwendige Transitions-Bedingung erfüllt ist.

Zähler

Mit Vor- und Rückwärtszählern werden Zählaufgaben in Steuerungen gelöst. Zähler können aber auch, wie Schieberegister, in Schaltungen eingesetzt werden, die sequentielle Vorgänge überwachen und steuern.

Bei Binärzählern wird der Zählerstand an den Ausgängen im Binärkode dargestellt. Jede Ausgangsbelegung entspricht einer Binärzahl. Jeder Zählimpuls verändert die Ausgangsbelegung so, dass bei einem Vorwärtszähler der Wert der Binärzahl um 1 erhöht und bei einem Rückwärtszähler der Wert der Binärzahl um 1 erniedrigt wird.

T-Flipflop mit Rücksetzeingang

Binärzahler können mit T-Flipflops aufgebaut werden. Die Schaltung für das T-Flipflop in Bild 6.7 besteht aus dem einflankengesteuerten D-Flipflop mit Rücksetzeingang, Bild 6.4. Die Ausgangsvariable X wird NEGIERT als Eingangsvariable über den D-Eingang rückgeführt.

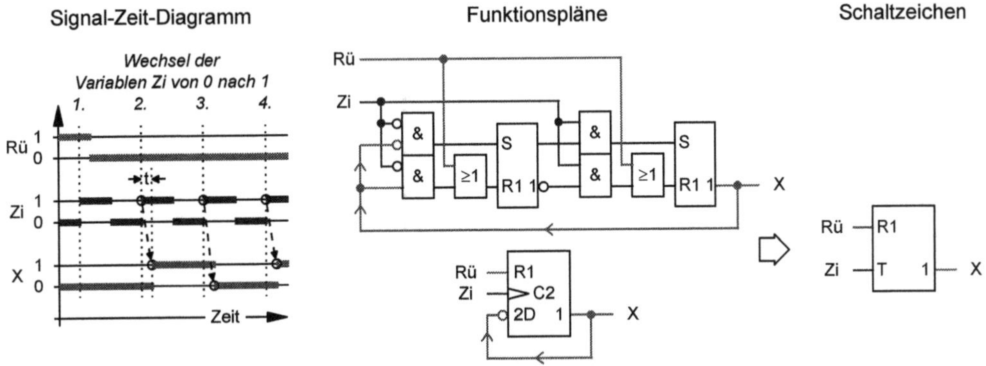

Bild 6.7: Schaltzeichen, Funktionspläne und Signal-Zeit-Diagramm für das T-Flipflop

Das Schaltzeichen des T-Flipflops in Bild 6.7 stellt die Funktion einer Zählstufe abstrakt dar. Das Signal-Zeit-Diagramm und die beiden Funktionspläne dienen zur Erläuterung der Funktion von T-Flipflops.

- Wie bei dem einflankengesteuerten D-Flipflop hat die Ausgangsvariable X des T-Flipflops, Bild 6.7, den Wert 0, wenn die Variable *Rü* den Wert 1 hat.

- Nur wenn die Variable *Rü* den Wert 0 hat, dann wechselt bei jedem Wechsel des Werts der Variablen *Zi* von 0 nach 1 auch die Ausgangsvariable X ihren Wert.

Die Variable X hat also den gleichen Wert nur bei jedem zweiten Wechsel des Werts der Variablen *Zi* von 0 nach 1. Diese Wirkung der Eingangsvariablen *Zi* auf die Variable X ist in dem Schaltzeichen durch den Buchstaben T dargestellt. Aufgrund des Schaltverhaltens werden T-Flipflops als Binäruntersetzer oder Zählstufen bezeichnet.

Asynchroner Binärzähler

Die Zählschaltung in Bild 6.8 besteht aus vier in Reihe geschalteten T-Flipflops. Da das Schalten der T-Flipflops nicht in Abhängigkeit von oder synchron zu einem Taktsignal erfolgt, arbeitet der Binärzähler asynchron. Es handelt sich um einen Rückwärts- oder Abwärts-Zähler. Die Funktion der Zählschaltung zeigt das Signal-Zeit-Diagramm. Vereinfachend wird angenommen, dass alle vier T-Flipflops die gleiche Schaltzeit "t" haben.

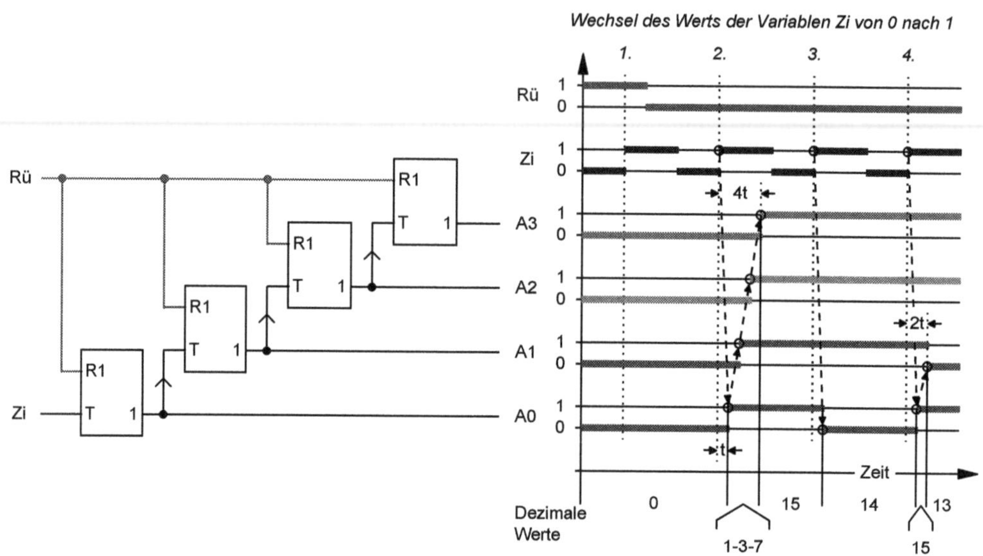

Bild 6.8: Asynchroner Binärzähler aus 4 in Reihe geschalteten T-Flipflops

Hat die Variable $Rü$ den Wert 1, dann haben die Ausgangsvariablen $A0$ bis $A3$ den Wert 0. Die Ausgangsbelegung entspricht der Binärzahl mit dem dezimalen Wert 0. Ein Wechsel des Werts der Variablen Zi von 0 nach 1 verursacht keine Änderung des Werts 0 der Ausgangsvariablen.

Nur wenn die Variable $Rü$ den Wert 0 hat ändern sich die Werte der Variablen $A0$ bis $A3$ bei einem Wechsel der Variablen Zi von 0 nach 1.

- Durch den ersten Wechsel des Werts der Variablen Zi von 0 nach 1 hat nach der Schaltzeit t die Ausgangsvariable $A0$ den Wert 1. Die Ausgangsbelegung der Binärzahl entspricht dem dezimalen Wert 1.
  Nach der Zeit 2t hat durch den Wechsel des Werts der Ausgangsvariablen $A0$ von 0 nach 1 auch die Ausgangsvariable $A1$ den Wert 1. Die Ausgangsbelegung der Binärzahl entspricht dem dezimalen Wert 3.

Nach der Zeit 3t hat durch den Wechsel des Werts der Ausgangsvariablen *A1* von 0 nach 1 auch die Ausgangsvariable *A2* den Wert 1. Die Ausgangsbelegung der Binärzahl entspricht dem dezimalen Wert 7.
Nach der Zeit 4t hat durch den Wechsel des Werts der Ausgangsvariablen *A3* von 0 nach 1 auch die Ausgangsvariable *A3* den Wert 1. Die Ausgangsbelegung der Binärzahl entspricht dem dezimalen Wert 15. Diese Ausgangsbelegung entspricht dem endgültigen Wert. Sie ändert sich erst, wenn der Wert der Variablen *Zi* das zweite Mal von 0 nach 1 wechselt.

- Durch den zweiten Wechsel des Werts der Variablen *Zi* von 0 nach 1 hat nach der Schaltzeit t die Ausgangsvariable *A0* den Wert 0. Die Ausgangsbelegung der Binärzahl entspricht dem dezimalen Wert 14.

- Durch den dritten Wechsel des Werts der Variablen *Zi* von 0 nach 1 hat nach der Schaltzeit t die Ausgangsvariable *A0* den Wert 1. Die Ausgangsbelegung der Binärzahl entspricht dem dezimalen Wert 15.
  Nach der Zeit 2t hat durch den Wechsel des Werts der Ausgangsvariablen A0 von 0 nach 1 die Ausgangsvariable *A1* den Wert 0. Die Ausgangsbelegung der Binärzahl entspricht dem dezimalen Wert 13.

Die Funktionsbeschreibung zeigt, dass durch die asynchrone Arbeitsweise Ausgangsbelegungen auftreten, die nicht dem tatsächlichen Zählergebnis entsprechen. Dieses liegt erst vor, wenn alle Schaltvorgänge eines Zählschritts abgeschlossen sind.

T-Flipflop mit Steuereingang für synchron arbeitende Binärzähler
Die Nachteile von asynchron arbeitenden werden von synchron arbeitenden Binärzählern vermieden. Bei diesen wird allen Zählstufen der Zählimpuls gleichzeitig zugeführt. Die Zählstufen arbeiten parallel und nicht hintereinander wie bei asynchronen Zählern.

Mit der Annahme, dass die Schaltzeiten der Zählstufen nur wenig um eine Schaltzeit "t" streuen, liegt bei synchronen Zählern das Zählergebnis nach der Zeit t vor und es können fehlerhafte Ausgangsbelegungen nur in dem Streubereich der Schaltzeit t auftreten.

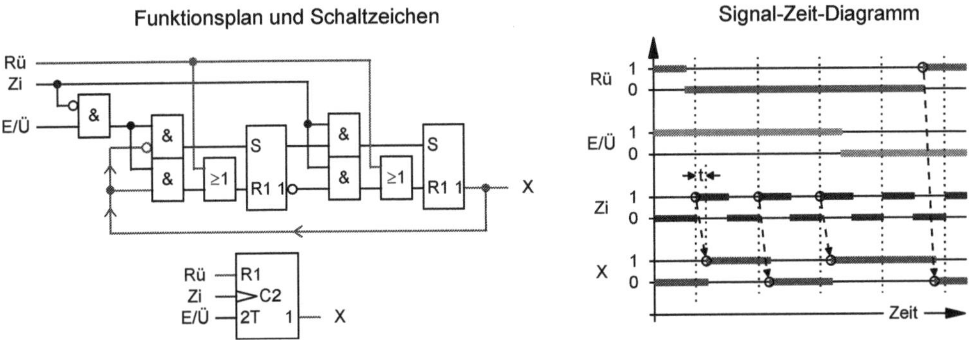

Bild 6.9: Einflankengesteuertes T-Flipflop mit zusätzlichem Steuereingang

Bei synchron arbeitenden Binärzählern werden die einzelnen Zählstufen in Abhängigkeit von dem Zählerstand vor dem Zählimpuls gesteuert. In Bild 6.9 wird ein, zum Aufbau von synchron arbeitenden Binärzählern geeignetes, einflankengesteuertes T-Flipflop mit Steuereingang vorgestellt. Es handelt sich um eine Erweiterung des einflankengesteuerten T-Flipflops aus Bild 6.7. Die Erweiterung besteht aus einer UND-Verknüpfung der NEGIERTEN Variablen Zi mit der zusätzlichen Variablen $E/Ü$ für Entlehnung oder Übertrag. Diese UND-Verknüpfung steuert das Flipflop oder die Zählstufe.

- Die Ausgangsvariable X der Zählstufe hat den Wert 0, wenn die Variable $Rü$ den Wert 1 hat.

- Hat während des Wechsels des Werts der Variablen Zi von 0 nach 1 die Variable $Rü$ den Wert 0 und die Variable $E/Ü$ den Wert 1, dann wechselt nach der Schaltzeit t die Ausgangsvariable X ihren Wert.
  Der um die Schaltzeit t verzögerte Wechsel des Werts der Ausgangsvariablen X nach dem Wechsel des Werts der Variablen Zi von 0 nach 1 hat auf die Funktion der synchron arbeitenden Zähler entscheidenden Einfluss.

Vorwärtszähler

Wird in dem Binärkode, Bild 3.13, vorwärts gezählt, dann wechselt bei einem Zählimpuls ein Bit einer höherwertigen Binärzahl seinen Wert von 0 nach 1 nur, wenn alle niederwertigeren Bits den Wert 1 haben. Das nächste höherwertige Bit wird gesetzt und gleichzeitig werden alle niederwertigeren Bits rückgesetzt.

Jedes Bit einer Binärzahl wird nach dem gleichen Verfahren gesetzt und rückgesetzt. Entsprechend kann ein binärer Vorwärtszähler aus Schaltungen aufgebaut werden, die für jedes Bit gleich sind.

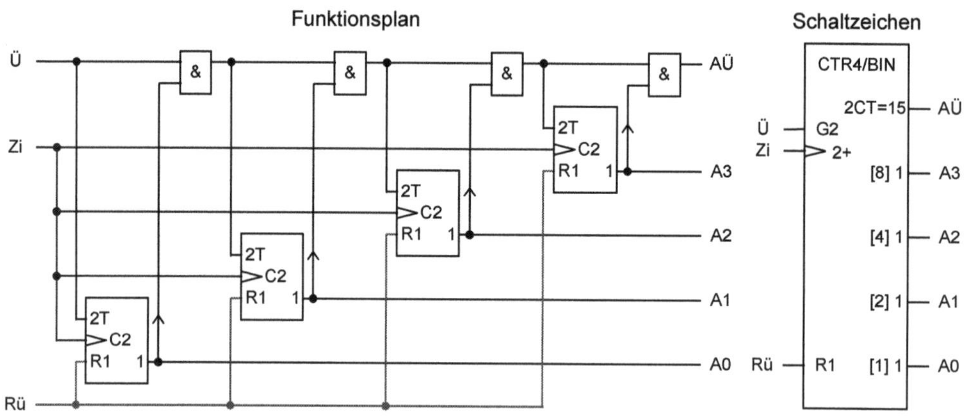

Bild 6.10: Funktionsplan und Schaltzeichen für einen Vorwärts- oder Aufwärtszähler mit 4 parallel geschalteten T-Flipflops

In dem Funktionsplan, Bild 6.10, wird ein binärer Vorwärts- oder Aufwärtszähler für eine vierstellige Binärzahl beschrieben. Der Zähler ist aus vier gleichen Schaltungen aufgebaut. Diese bestehen für jedes Bit aus einer Zählstufe nach Bild 6.9 und einem zusätzlichen UND-Element. Der vierstufige Vorwärtszähler kann aufgrund des modularen Aufbaus verkleinert oder erweitert werden. Er kann auch wie in Bild 6.14 mit gleichartigen Vorwärtszählern gekoppelt werden.

Der Zähler in Bild 6.10 hat drei Ein- und fünf Ausgänge.

Über vier Ausgänge wird das Zählergebnis als Binärzahl durch die Variablen $A0$ bis $A3$ dargestellt. Die Variable $A0$ ist das niedrigstwertige und die Variable $A3$ das höchstwertige Bit der Binärzahl. Über den fünften Ausgang wird ein anfallender Übertrag durch die Variable $A\ddot{U}$ ausgegeben.

Der Eingang der Variablen $R\ddot{u}$ ist mit den vier R-Eingängen und der Eingang der Variablen Zi mit den vier C-Eingängen der Zählstufen verbunden.

In den vier UND-Schaltungen werden die Variable $\ddot{U}$ und die Variablen $A0$ bis $A3$ stufenweise verknüpft. So wird das Ergebnis der UND-Verknüpfung der Variablen $\ddot{U}$ und $A0$ mit der Variablen $A1$ UND-verknüpft. Danach wird das Ergebnis dieser Verknüpfung mit der Variablen $A2$ UND-verknüpft. Dieses Verknüpfungsergebnis wird mit der Variablen $A3$ UND-verknüpft zu der Ausgangsvariablen $A\ddot{U}$.

Der Ausgang eines UND-Elements ist mit dem T-Eingang der Zählstufe des nächsten höherwertigen Bits verbunden. Die Ausgangsvariable des UND-Elements entspricht der Variablen Übertrag für die Zählstufe des nächsten höherwertigen Bits. Über die T-Eingänge der Zählstufen wird der Vorwärts-Zählvorgang in den vier Schaltungen gesteuert.

Funktion des Vorwärtszählers:

Hat die Variable $R\ddot{u}$ den Wert 1, dann haben alle Ausgangsvariablen den Wert 0. Die Ausgangsbelegung entspricht der Binärzahl mit dem dezimalen Wert 0. Solange wie die Variable $R\ddot{u}$ den Wert 1 hat, verursacht ein Wechsel des Werts der Variablen Zi von 0 nach 1 keine Änderung des Werts 0 der Ausgangsvariablen der Zählstufen.

Der Wechsel des Werts der Ausgangsvariablen einer Zählstufe wird ausgelöst, wenn drei Bedingungen erfüllt sind:

- Die Variable $R\ddot{u}$ hat den Wert 0.

- Der Wert der Variablen Zi wechselt von 0 nach 1.

- Während des Wechsels des Werts der Variablen Zi von 0 nach 1 hat die Variable am T-Eingang den Wert 1. Dies ist der Fall, wenn die Variable $\ddot{U}$ den Wert 1 hat und die Ausgangsvariablen aller niederwertigeren Zählstufen den Wert 1 haben.

Der Wechsel des Werts der Ausgangsvariablen einer Zählstufe erfolgt verzögert um die Zeit t nach dem Wechsel des Werts der Variablen Zi von 0 nach 1.

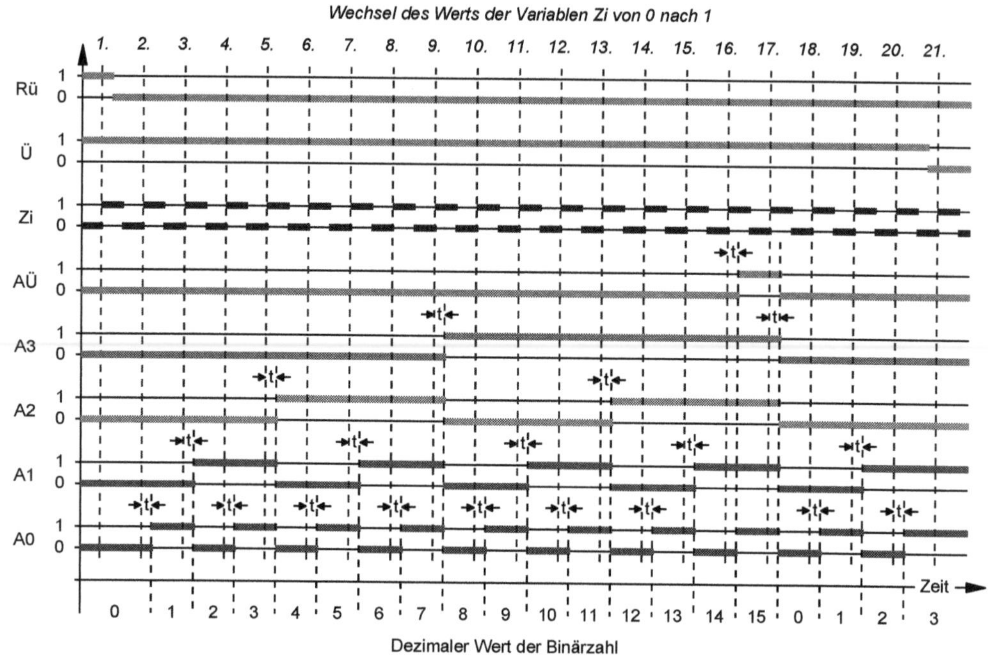

Bild 6.11: Signal-Zeit-Diagramm des Vorwärtszählers

Haben die Variablen $A0$ und $A1$ den Wert 1 und die Variablen $A2$ und $A3$ den Wert 0, dann hat die Binärzahl den dezimalen Wert 3. Durch einen Wechsel des Werts der Variablen Zi von 0 nach 1 haben nach der Schaltzeit t die Ausgangsvariablen $A0$ und $A1$ den Wert 0 angenommen. Die Ausgangsvariablen $A2$ hat den Wert 1 angenommen. Die Ausgangsvariablen $A3$ hat den Wert 0 behalten. Die Binärzahl hat den dezimalen Wert 4.

Haben die Variablen $A0$ bis $A3$ den Wert 1 und hat die Variable $Ü$ den Wert 1, dann hat auch die Variable $AÜ$ den Wert 1 und der dezimale Wert der Binärzahl beträgt 15.

- Ausgelöst durch einen ersten Wechsel des Werts der Variablen Zi von 0 nach 1, haben nach der Schaltzeit t die Variablen $A0$ bis $A3$ und AE den Wert 0. Der Wert der Binärzahl ist 0.

- Ausgelöst durch einen zweiten Wechsel des Werts der Variablen Zi von 0 nach 1, hat nach der Schaltzeit t die Variable $A0$ den Wert 1. Die Variablen $A1$ bis $A3$ behalten den Wert 0. Der dezimale Wert der Binärzahl ist 1.

- Ausgelöst durch den dritten Wechsel des Werts der Variablen Zi von 0 nach 1, hat nach der Schaltzeit t die Variable $A0$ den Wert 0. Die Variable $A1$ hat den Wert 1. Die Variablen $A2$ und $A3$ behalten den Wert 0. Der dezimale Wert der Binärzahl ist 2.

Rückwärtszähler

Wird in dem Binärkode, Bild 3.13, rückwärts gezählt, dann wechselt bei einem Zählimpuls ein Bit einer höherwertigen Binärzahl seinen Wert von 1 nach 0 nur, wenn alle niederwertigeren Bits den Wert 0 haben. Da der Wert der niederwertigeren Bits nicht weiter verringert werden kann erfolgt die Entlehnung von dem nächsten höherwertigen Bit. Es wird also das nächste höherwertige Bit rückgesetzt und es werden gleichzeitig alle niederwertigeren Bits gesetzt.

Jedes Bit einer Binärzahl wird nach dem gleichen Verfahren gesetzt und rückgesetzt. Entsprechend kann ein binärer Rückwärtszähler aus Schaltungen aufgebaut werden, die für jedes Bit gleich sind.

Die Schaltungen des Rückwärtszählers unterscheiden sich von den Schaltungen des Vorwärtszählers dadurch, dass bei dem Rückwärtszähler in den vier UND-Schaltungen die Variable E mit den NEGIERTEN Variablen $A0$ bis $A3$ stufenweise verknüpft werden.

Der Ausgang eines UND-Elements ist mit dem T-Eingang der Schaltung des nächsten höherwertigen Bits verbunden. Die Ausgangsvariable des UND-Elements entspricht der Variablen *Entlehnung* für die Schaltung des nächsten höherwertigen Bits.

Über die T-Eingänge wird der Rückwärts-Zählvorgang in den vier Zählstufen gesteuert.

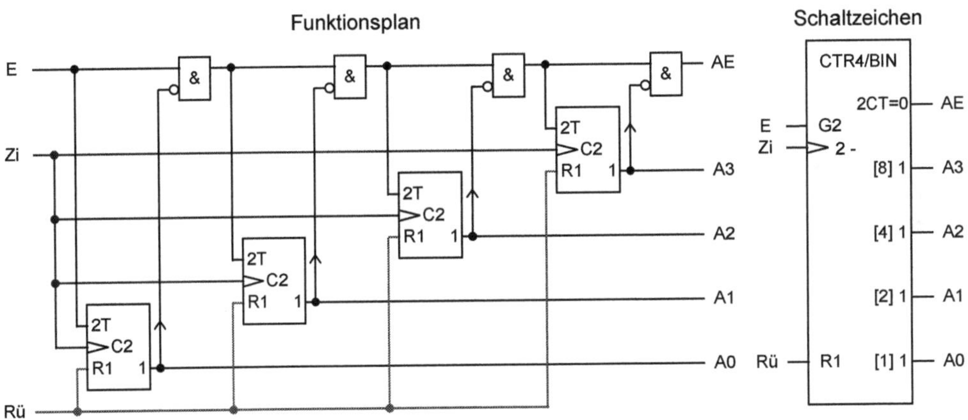

Bild 6.12: Rückwärts- oder Abwärtszähler mit 4 T-Flipflops

Funktion des Rückwärtszählers:

- Hat die Variable *Rü* den Wert 1, dann haben die Variablen $A0$ bis $A3$ den Wert 0. Die Ausgangsbelegung entspricht der Binärzahl mit dem dezimalen Wert 0. Ein Wechsel des Werts der Variablen *Zi* von 0 nach 1 bewirkt keine Änderung der Ausgangsbelegung.

Der Wechsel des Werts der Ausgangsvariablen einer Zählstufe wird ausgelöst, wenn drei Bedingungen erfüllt sind:

- Die Variable $Rü$ hat den Wert 0.

- Der Wert der Variablen Zi wechselt von 0 nach 1.

- Während des Wechsels des Werts der Variablen Zi von 0 nach 1 hat die Variable am T-Eingang den Wert 1. Dies ist der Fall, wenn die Variable E den Wert 1 hat und die Ausgangsvariablen aller niederwertigeren Zählstufen den Wert 0 haben.

Der Wechsel des Werts der Ausgangsvariablen einer Zählstufe erfolgt verzögert um die Zeit t nach dem Wechsel des Werts der Variablen Zi von 0 nach 1.

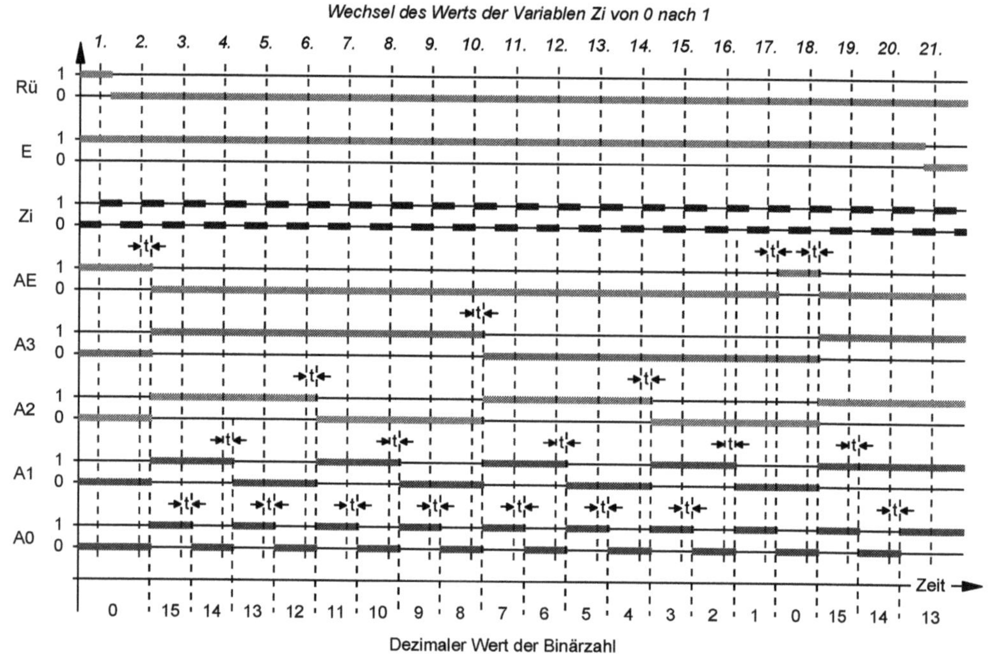

Bild 6.13: Signal-Zeit-Diagramm des Rückwärtszählers

Hat die Binärzahl den dezimalen Wert 12, dann haben die Variablen $A0$ und $A1$ den Wert 0 und die Variablen $A2$ und $A3$ den Wert 1.

Durch einen Wechsel des Werts der Variablen Zi von 0 nach 1 haben nach der Schaltzeit t die Variablen $A0$ und $A1$ den Wert 1 und die Variable $A2$ hat den Wert 0 angenommen. Die Variable $A3$ hat den Wert 1 behalten.

Haben die Ausgangsvariablen $A0$ bis $A3$ den Wert 0 und hat die Variable E den Wert 1, dann hat die Variable AE den Wert 1. Der dezimale Wert der Binärzahl ist 0.

- Ausgelöst durch den 1. Wechsel des Werts der Variablen Zi von 0 nach 1, haben nach der Schaltzeit t die Variablen $A0$ bis $A3$ den Wert 1 angenommen. Die Variable AE hat den Wert 0. Der dezimale Wert der Binärzahl ist 15.

- Ausgelöst durch den 2. Wechsel des Werts der Variablen Zi von 0 nach 1, hat nach der Schaltzeit t die Variable $A0$ den Wert 0 angenommen. Die Variablen $A1$ bis $A3$ behalten den Wert 1. Der dezimale Wert der Binärzahl ist 14.

- Ausgelöst durch den 3. Wechsel des Werts der Variablen Zi von 0 nach 1, hat nach der Schaltzeit t die Variable $A0$ den Wert 1. Die Variable $A1$ hat den Wert 0. Die Variablen $A2$ und $A3$ haben den Wert 1. Der dezimale Wert der Binärzahl ist 13.

Reihenschaltungen von Zählern

Für die vierstufigen Vorwärts- und Rückwärts-Zähler werden in Bild 6.14 abstrakte Schaltzeichen vorgestellt.

Die Zähler können, wie in Bild 6.14, mit gleichartigen Zählern gekoppelt werden.

Die Zähler können aber auch aufgrund ihres modularen Aufbaus verkleinert oder erweitert werden.

Über den R-Eingang kann der Zähler rückgesetzt werden. Die Kennziffer 1 beschreibt die Abhängigkeit der Ausgangsvariablen $A0$ bis $A3$ von der Eingangsvariablen $Rü$. Hat die Eingangsvariable $Rü$ den Wert 1, dann haben die Ausgangsvariablen $A0$ bis $A3$ den Wert 0.

Die Kennziffer 2 beschreibt die UND-Abhängigkeit des Zähleingangs und der $A\ddot{U}$- oder AE-Ausgänge von dem G-Eingang. Nur wenn die Variable am G-Eingang den Wert 1 hat, kann der Wechsel der Variablen Zi von 0 nach 1 einen Wechsel bei den Ausgangsvariablen $A0$ bis $A3$ und $A\ddot{U}$ oder AE bewirken. Die Variable $A\ddot{U}$ hat bei dem Zählerstand 15 und die Variable AE bei dem Zählerstand 0 den Wert 1.

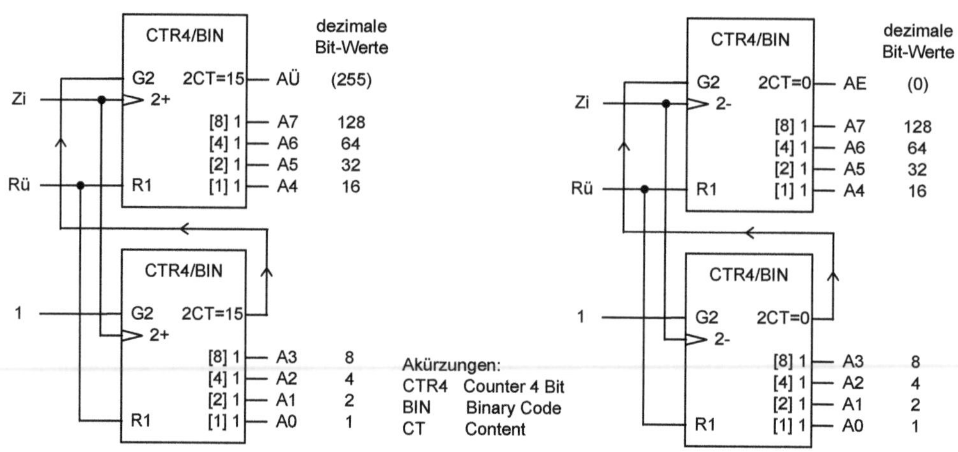

Bild 6.14: Reihenschaltung von binär arbeitenden Vor- und Rückwärts-Zählern

Die vorgestellten Vor- und Rückwärtszähler dienten zur Erläuterung des binären Zählprinzips. Viele universell einsetzbare Zähler haben weitere Eigenschaften.

- Die Zähler können Vor- und Rückwärtszählen.

- Der Zähler kann rückgesetzt werden. Dabei wird der Zählerstand auf den Wert 0 gebracht.

- Der Zähler kann gesetzt werden. Dabei wird der Zählerstand auf einen von 0 verschiedenen Wert gebracht.

- Der Zählerstand 0 wird über eine zusätzliche Variable ausgegeben.

- Der Zählerstand kann steuerungstechnisch ausgewertet oder visuell gelesen werden.

7 Verzögerungselemente

Mit Verzögerungselementen lassen sich zeitabhängige Steuerungsvorgänge ausführen, bei denen Aktionen ganz oder teilweise von dem Ablauf bestimmter Zeiten abhängig sind.

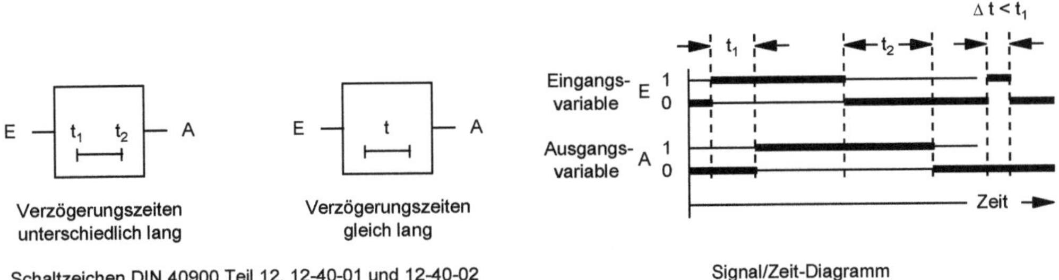

Bild 7.1: Digitale Verzögerungselemente

Die Schaltzeichen von digitalen Verzögerungselementen sind in Bild 7.1 dargestellt. Für t_1 und t_2 werden in die Schaltzeichen die tatsächlichen Verzögerungszeiten mit Wert und Einheit eingetragen. Sind die beiden Verzögerungszeiten t_1 und t_2 gleich lang, wird die gemeinsame Verzögerungszeit t mittig angegeben. Es handelt sich dann um eine Ein- und Ausschaltverzögerung.

Bei kontakttechnischen oder pneumatisch arbeitenden Verzögerungselementen werden Ein- und Ausschaltverzögerungen unterschieden.

Einschaltverzögerungen

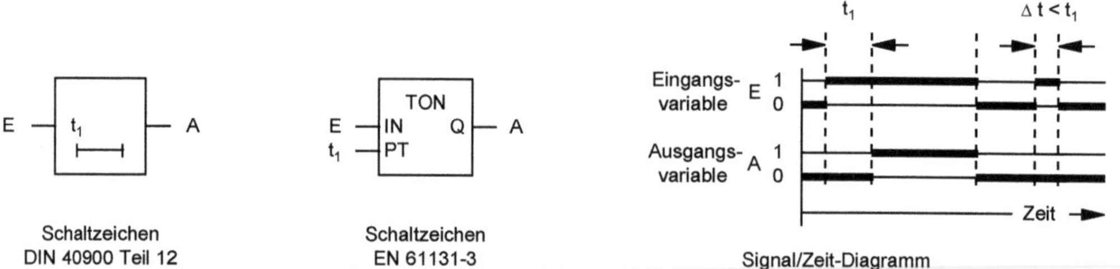

Bild 7.2: Schaltzeichen und Signal/Zeit-Diagramm für Einschaltverzögerungen

Die Schaltzeichen für Einschaltverzögerungen und deren Signal/Zeit-Diagramm zeigt Bild 7.2. Eine Einschaltverzögerung verkürzt die zeitliche Dauer eines Signals um die Zeitdauer t_1.

Funktion der Einschaltverzögerung:

- Die Ausgangsvariable einer Einschaltverzögerung hat immer den Wert 0, wenn die Eingangsvariable den Wert 0 hat.

- Die Ausgangsvariable einer Einschaltverzögerung nimmt den Wert 1 nur an, wenn die Eingangsvariable während der Verzögerungszeit ständig den Wert 1 hatte und die Verzögerungszeit abgelaufen ist. Danach behält die Ausgangsvariable einer Einschaltverzögerung den Wert 1 so lange, bis die Eingangsvariable den Wert 0 annimmt.

Die Bilder 7.3 und 7.4 zeigen das Schaltzeichen der kontakttechnischen und die Schaltung einer pneumatischen Einschaltverzögerung.

Kontakttechnisch wird für eine Einschaltverzögerung der Schliesserkontakt eines anzugsverzögerten Relais genutzt. Der Anker zieht bei derartigen Relais zeitverzögert an, weil der Elektromagnet des Relais zeitverzögert erregt wird. Die Zeitverzögerung wird über mechanisch oder pneumatisch arbeitende Geräte realisiert. Mittlerweile sind mechanisch arbeitende, kontakttechnische Zeitverzögerungen von elektronisch arbeitenden Geräten verdrängt.

Das Relais in Bild 7.3 wird als Anzugverzögerung bezeichnet. Es besitzt einen Schliesser- und einen Öffner-Kontakt. Wird der Schliesser verwendet, dann ergibt sich bezogen auf das Eingangssignal eine Einschaltverzögerung. Wird das Eingangssignal NEGIERT und der Öffner verwendet, dann ergibt sich bezogen auf das Eingangssignal eine Ausschaltverzögerung

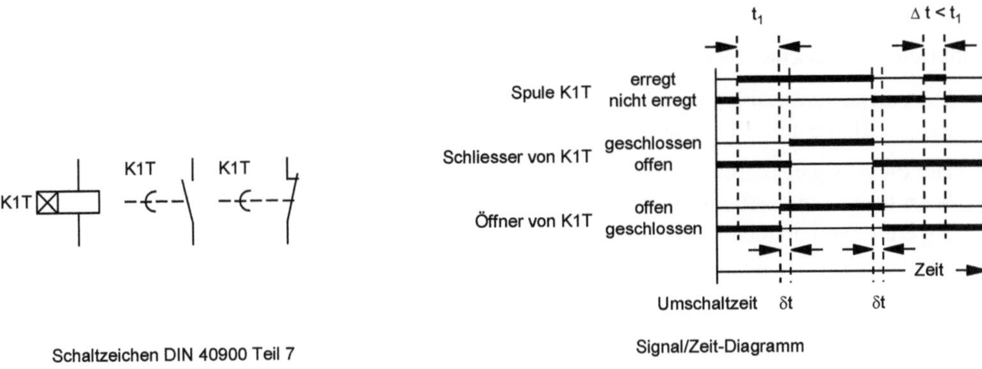

Bild 7.3: Kontakttechnische Anzugverzögerung

Bild 7.4 zeigt die Schaltung einer pneumatisch arbeitenden Einschaltverzögerung. Das zeitlich verzögerte Umschalten des Ventils wird durch den langsamen Aufbau des zum Umschalten des Ventils notwendigen Drucks erreicht. Hierzu wird über eine einstellbare Drossel die Luftmenge beeinflusst, die in das vor dem Steuereingang des Ventils befindliche Volumen fliesst. Neben der Einstellung der Drossel wird die Verzögerungszeit von dem Druck der Luftversorgung, der Grösse des Volumens und den im Ventil auftretenden Kräften beeinflusst.

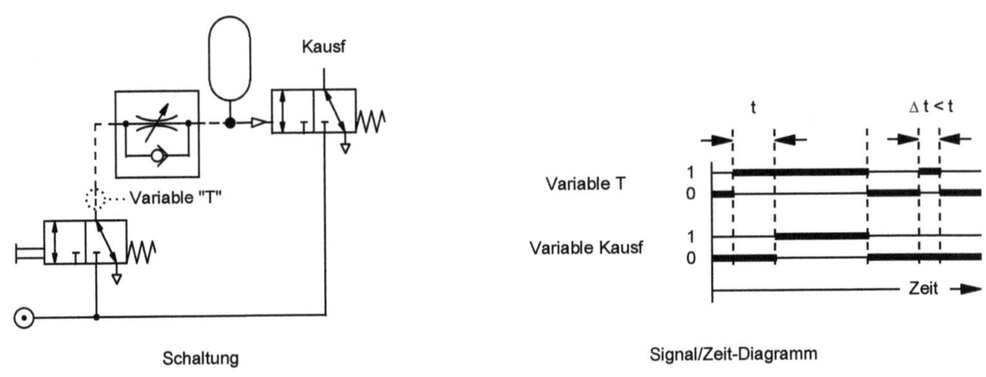

Bild 7.4: Pneumatische Einschaltverzögerung

Ausschaltverzögerungen

Das Schaltzeichen der Ausschaltverzögerung und deren Signal/Zeit-Diagramm zeigt Bild 7.5. Eine Ausschaltverzögerung verlängert die zeitliche Dauer eines Signals.

Funktion der Ausschaltverzögerung:

- Die Ausgangsvariable einer Ausschaltverzögerung hat immer den Wert 1, wenn die Eingangsvariable den Wert 1 hat.

- Hat die Ausgangsvariable einer Ausschaltverzögerung den Wert 1, dann nimmt sie den Wert 0 an, wenn seit dem Wechsel des Werts der Eingangsvariablen von 1 nach 0 die Verzögerungszeit abgelaufen ist und die Eingangsvariable während der Verzögerungszeit ständig den Wert 0 beibehalten hatte. Danach behält die Ausgangsvariable einer Ausschaltverzögerung den Wert 0 so lange bei, bis die Eingangsvariable den Wert 1 annimmt.

Bild 7.5: Ausschaltverzögerung

Das kontakttechnische Schaltzeichen der Ausschaltverzögerung zeigt Bild 7.6. Sie wird als Abfallverzögerung bezeichnet. Der Anker eines Relais "fällt" zeitverzögert ab, weil der Elektromagnet des Relais zeitverzögert ausgeschaltet wird.

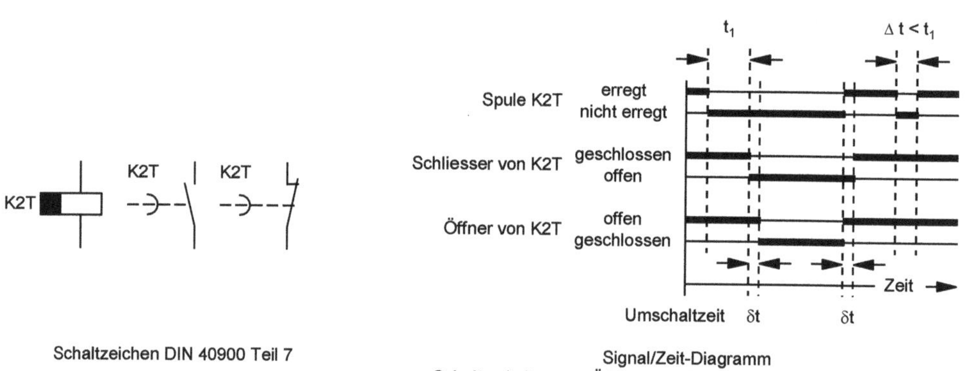

Bild 7.6: Elektrische Abfallverzögerung

Schaltungen mit Zeitverhalten

Beispiel: Monostabiles Element

Ein monostabiles Element verkürzt oder verlängert die Dauer eines Signals auf eine zeitlich bestimmte Signaldauer. In Bild 7.7 sind das Schaltzeichen und das Signal/Zeit-Diagramm eines monostabilen Elements oder Monoflops dargestellt.

Funktion:

Wechselt die Eingangsvariable E ihren Wert von 0 nach 1, dann wechselt auch die Ausgangsvariable I ihren Wert von 0 nach 1. Nach der Zeit "t" wechselt die Ausgangsvariable I des Monoflops ihren Wert von 1 nach 0, unabhängig von dem Wert der Eingangsvariablen E in diesem Zeitpunkt.

Die Ziffer "1" in dem Schaltzeichen kennzeichnet, dass die Dauer des Impulses der Ausgangsvariablen I nicht verlängert wird, wenn während des Ausgangsimpulses weitere Wechsel des Werts der Eingangsvariable E von 0 nach 1 auftreten.

Die beiden Ersatzschaltungen zeigen beispielhaft die Dualität zwischen Ein- und Ausschaltverzögerung. Anstelle einer Einschaltverzögerung kann eine Ausschaltverzögerung verwendet werden, wenn die Ein- und Ausgangsvariablen NEGIERT werden.

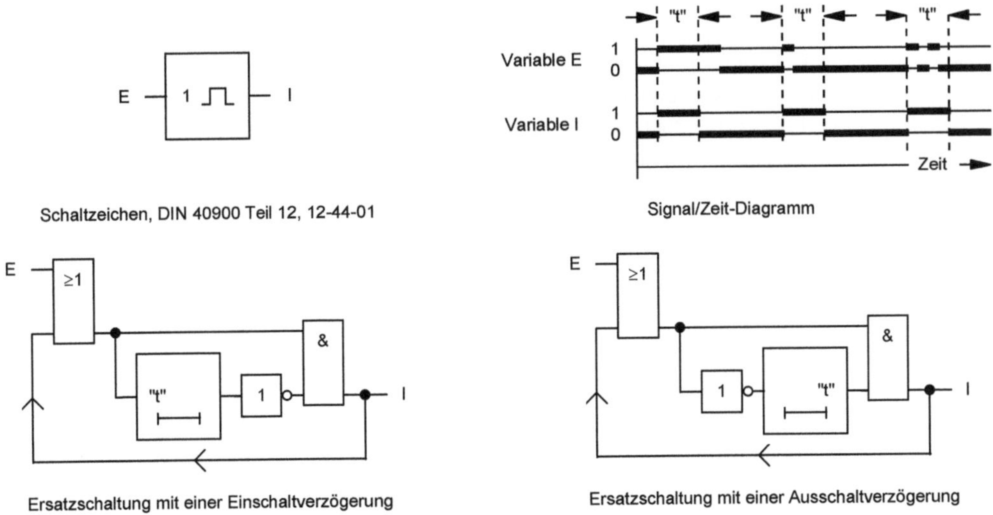

Bild 7.7: Schaltzeichen und Signal/Zeit-Diagramm eines Monostabilen Elements

Beispiel: Taktgenerator

Ein Taktgenerator ist ein astabiles Element, dessen Ausgangsvariable in steter Folge die Werte 0 und 1 abwechselnd annimmt. In Bild 7.8 werden das Schaltzeichen und das Signal/Zeit-Diagramm eines Taktgenerators vorgestellt.

Die Schaltung in Bild 7.8 besteht aus zwei in Reihe geschalteten Einschaltverzögerungen mit der gleichen Verzögerungszeit t/2.

Die Eingangsvariable der ersten Einschaltverzögerung ist die NEGIERTE Ausgangsvariable der zweiten Einschaltverzögerung. Die Variable T ist die Ausgangsvariable der ersten Einschaltverzögerung.

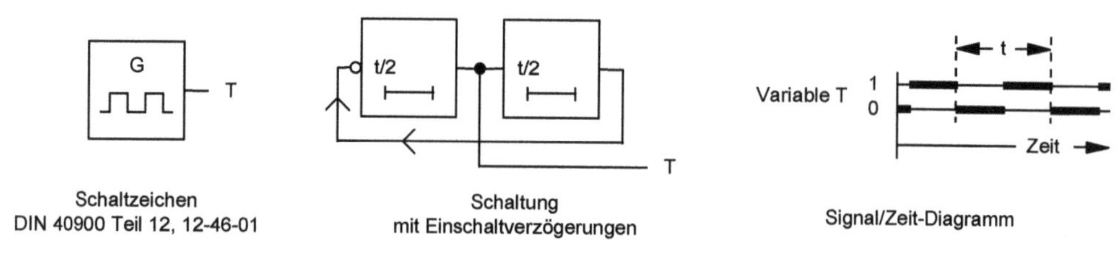

Bild 7.8: Taktgenerator

Funktion:

Wechselt der Wert der Ausgangsvariablen der zweiten Einschaltverzögerung von 1 nach 0, dann nimmt die Eingangsvariable der ersten Einschaltverzögerung den Wert 1 an. Nach der Zeit t/2 hat die Ausgangsvariable T der ersten Einschaltverzögerung den Wert 1. Die Variable T behält den Wert 1 bei, bis nach einer weiteren Zeit t/2, der Wert der Ausgangsvariablen der zweiten Einschaltverzögerung von 0 nach 1 wechselt.

Durch den Wechsel nimmt die Eingangsvariable der ersten Einschaltverzögerung den Wert 0 an, wodurch auch die Ausgangsvariablen der beiden Einschaltverzögerungen den Wert 0 annehmen. Nach dem Wechsel des Werts der Ausgangsvariablen der zweiten Einschaltverzöge-rung von 1 nach 0 beginnt ein neuer Takt.

Beispiel: Blinkgeber

Auf dem Bedienfeld einer Produktionseinrichtung soll bei dem Ablauf eines besonderen Ar-beitsschritts eine Meldeleuchte blinken.

Die Meldeleuchte soll blinken, solange die Variable *Blinken* den Wert 1 hat. Wenn der Wert der Variablen *Blinken* von 0 nach 1 wechselt, soll die erste Hellphase der Meldeleuchte begin-nen. Die Hellphase soll 1,0 und die Dunkelphase 0,5 Sekunden lang sein. Die Meldeleuchte ist hell, wenn die Variable *Meldeleuchte* den Wert 1 hat und dunkel, wenn die Variable *Melde-leuchte* den Wert 0 hat.

Das Signal/Zeit-Diagramm in Bild 7.9 beschreibt die Aufgabenstellung des Blinkgebers für den Fall, dass die Variable *Blinken* fünf Sekunden lang den Wert 1 hat.

In dem Funktionsplan 1 sind zwei Einschaltverzögerungen in Reihe geschaltet.

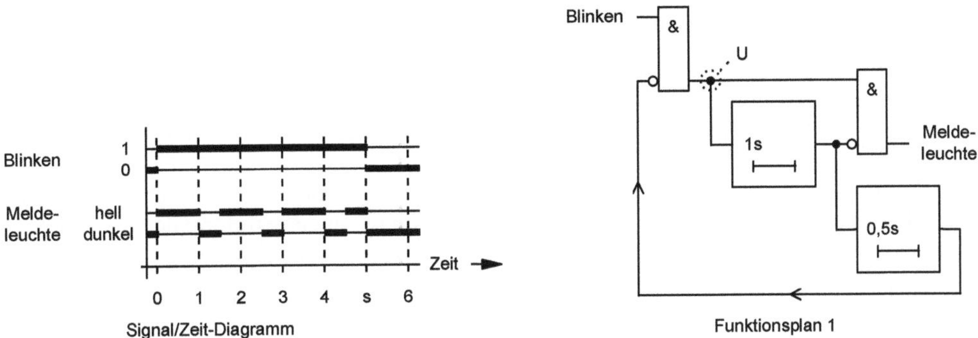

Bild 7.9: Blinkgeber

Arbeitsweise Funktionsplan 1:

- Hat die Variable *Blinken* den Wert 0, dann haben auch die Ausgangsvariablen der beiden Einschaltverzögerungen und die Variable Meldeleuchte den Wert 0.

- Wechselt die Variable *Blinken* Ihren Wert von 0 nach 1, dann hat die Variable *Meldeleuchte* den Wert 1, weil die Variable *U* den Wert 1 und die Ausgangsvariable der ersten Einschaltverzögerung den Wert 0 hat.

  Nach 1 Sekunde nimmt die Ausgangsvariable der ersten Einschaltverzögerung den Wert 1 an. Dadurch hat die Variable *Meldeleuchte* den Wert 0 und die Eingangsvariable der zweiten Einschaltverzögerung den Wert 1.

  Nach weiteren 0,5 Sekunden hat auch die Ausgangsvariable der zweiten Einschaltverzögerung den Wert 1 und die Variable *U* den Wert 0. Dadurch nehmen die Ausgangsvariablen der beiden Einschaltverzögerungen den Wert 0 an.

- Nach dem Wechsel der Ausgangsvariablen der zweiten Einschaltverzögerung von 1 nach 0 nehmen die Variablen *U* und *Meldeleuchte* den Wert 1 an, wenn die Variable *Blinken* weiter den Wert 1 hat.

In Bild 7.10 werden für den Blinkgeber ein weiterer Funktionsplan und ein Stromlaufplan vorgestellt. Anders als in Funktionsplan 1 sind die beiden Einschaltverzögerungen nicht in Reihe sondern parallel geschaltet. Bei dem Funktionsplan 2 ist die zweite Einschaltverzögerung unabhängig von der ersten Einschaltverzögerung. Entsprechend beträgt die Verzögerungszeit der zweiten Einschaltverzögerung 1,5 Sekunden.

Funktionsbeschreibung Stromlaufplan:

- Wenn in dem Stromlaufplan der Schliesser von Relais Blinken geschlossen ist, dann sind in den Strompfaden 2 und 5 die Schliesser von Relais K1 geschlossen.
  In Strompfad 5 wird die Meldeleuchte über den Schliesser von K1 und den Öffner von K3 mit Strom versorgt.
  In Strompfad 2 wird der Magnet von Relais K2 über den Schliesser von K1 und den Öffner von K4 erregt. Dadurch sind die beiden Schliesser von K2 in den Strompfaden 3 und 4 geschlossen und die Verzögerungszeiten der anzugsverzögerten Relais K3 und K4 starten.

- Nach 1 Sekunde schaltet das Relais K3, wodurch sich der Öffner in Strompfad 5 öffnet und die Stromversorgung der Meldeleuchte unterbricht.

- Nach 1,5 Sekunden schaltet das Relais K4, wodurch sich der Öffner in Strompfad 2 öffnet und die Stromversorgung der Spule von Relais K2 unterbricht.

- Dadurch öffnen sich die Schliesser von K2 in den Strompfaden 3 und 4. Die anzugsverzögerten Relais K3 und K4 werden ausgeschaltet. Die Öffner von K3 und K4 in den Strompfaden 2 und 5 schliessen sich wieder und eine neue Hell-Dunkel-Folge der Meldeleuchte kann beginnen.

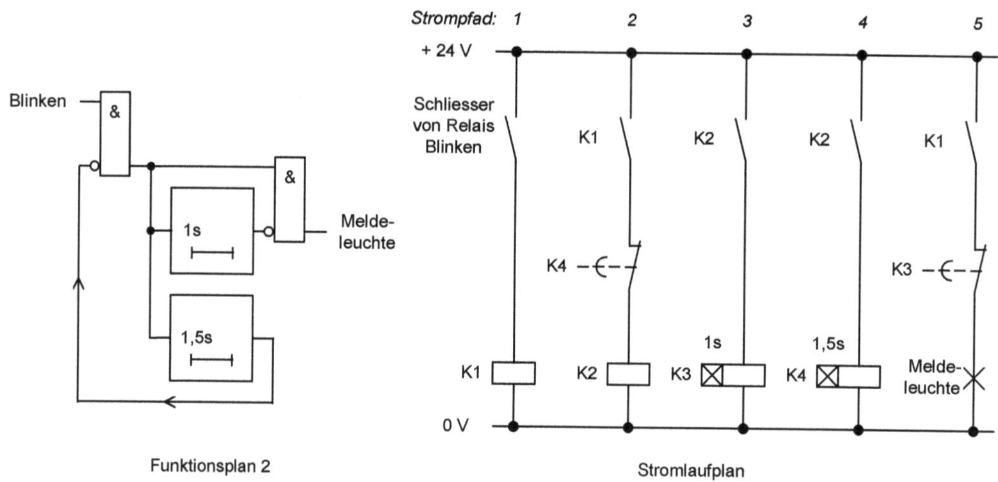

Bild 7.10: Funktionsplan 2 und Stromlaufplan für einen Blinkgeber

Beispiel: Schaltung für einen pneumatisch arbeitenden Klopfer
An den Wänden von Silos oder in Leitungen für Schüttgüter können sich Ablagerungen bilden, die ständig grösser werden und zu Störungen des Betriebsablaufs führen. Mit Hammerschlägen auf die Silowände lassen sich Ablagerungen ablösen oder vermeiden. Die vorgestellte Schaltung automatisiert dieses Verfahren.

Der Schaltungsaufbau für den pneumatisch arbeitenden Klopfer erfolgt in Anlehnung an den Funktionsplan des Blinkgebers in Bild 7.9. Es werden zwei pneumatisch arbeitende Einschaltverzögerungen eingesetzt die in Reihe geschaltet sind.

Funktion:

Wird die Steuerung über das Handhebelventil eingeschaltet, dann beginnt ein Steuerungszyklus für einen Hammerschlag auf die Behälterwand. Die Kolbenstange des Pneumatikzylinders fährt aus. Der Hammerschlag wird ausgeführt. Nach 5 Sekunden fährt die Kolbenstange wieder ein. Nach weiteren 3 Minuten aus beginnt ein weiterer Steuerungszyklus.

Die Hammerschläge können durch Ein- und Ausschalten der Steuerung über das Handhebelventil auch manuell vorgegeben werden.

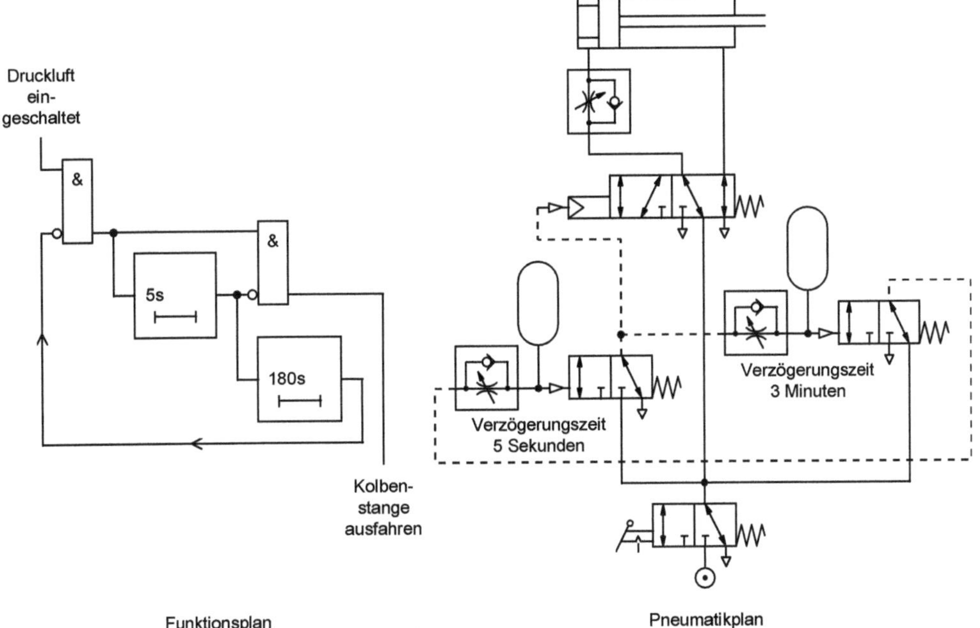

Bild 7.11: Pneumatisch arbeitender Klopfer.

Beispiel: Störungsanzeige:
Die Störung einer Produktionseinrichtung soll durch eine auf der Produktionseinrichtung montierte Rundumleuchte signalisiert werden. Zur Signalgabe besitzt diese eine grüne, eine gelbe und eine rote Meldeleuchte.

Aufgabenstellung:

- Liegt keine Störung vor, dann hat die Variable *Störung* den Wert 1.
  Die grüne Meldeleuchte ist eingeschaltet.

- Liegt eine Störung vor, dann hat die Variable *Störung* den Wert 0.
  In diesem Fall ist die grüne Meldeleuchte ausgeschaltet.
  Zuerst soll nur die gelbe und nach 20 Sekunden nur die rote Meldeleuchte blinken.
  Das Blinken der gelben oder der roten Meldeleuchte endet, wenn das Signal Störung den Wert 1 annimmt. Die grüne Meldeleuchte ist dann eingeschaltet.

- Bei dem Blinken der gelben und der roten Meldeleuchte sind die Hellphasen 2 Sekunden und die Dunkelphasen 1 Sekunde lang.
  Das Blinken der gelben Meldeleuchte beginnt mit der Hellphase.

- Die Meldeleuchten werden gesteuert über die Ausgangsvariablen *grüne Meldeleuchte, gelbe Meldeleuchte* und *rote Meldeleuchte*.
  Eine Anzeige leuchtet, wenn die zugeordnete Variable den Wert 1 hat.

Das Signal/Zeit-Diagramm in Bild 7.12 beschreibt die Aufgabenstellung der Störungsanzeige in dem Fall, dass die Dauer der Störung 30 Sekunden beträgt.

Für den Aufbau der Schaltung in Bild 7.12 wird ein Blinkgeber nach Funktionsplan 2 aus Bild 7.10 verwendet. Von dem Blinkgeber wird sowohl die gelbe als auch die rote Meldeleuchte gesteuert. Eine weitere Einschaltverzögerung bewirkt, dass nach einer Stördauer von 20 Sekunden von der gelben auf die rote Anzeige umgeschaltet wird.

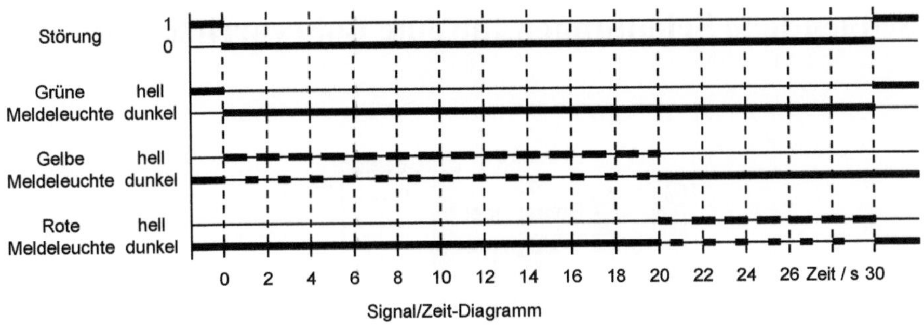

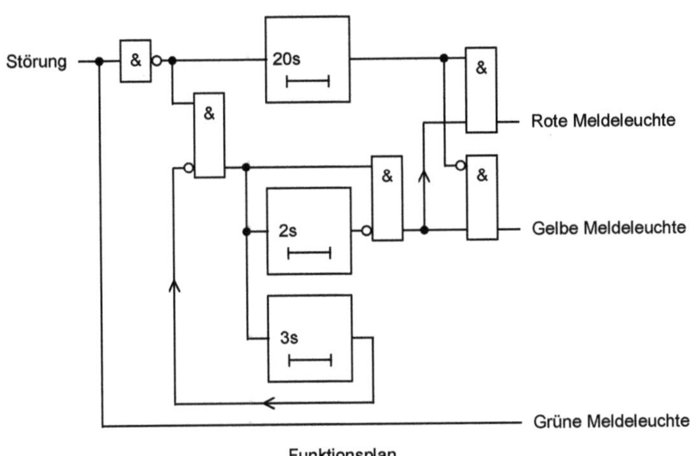

Bild 7.12: Signal/Zeit-Diagramm und Funktionsplan für die Störungsanzeige

8 Sequentielle Schaltungen für eine Bohrvorrichtung

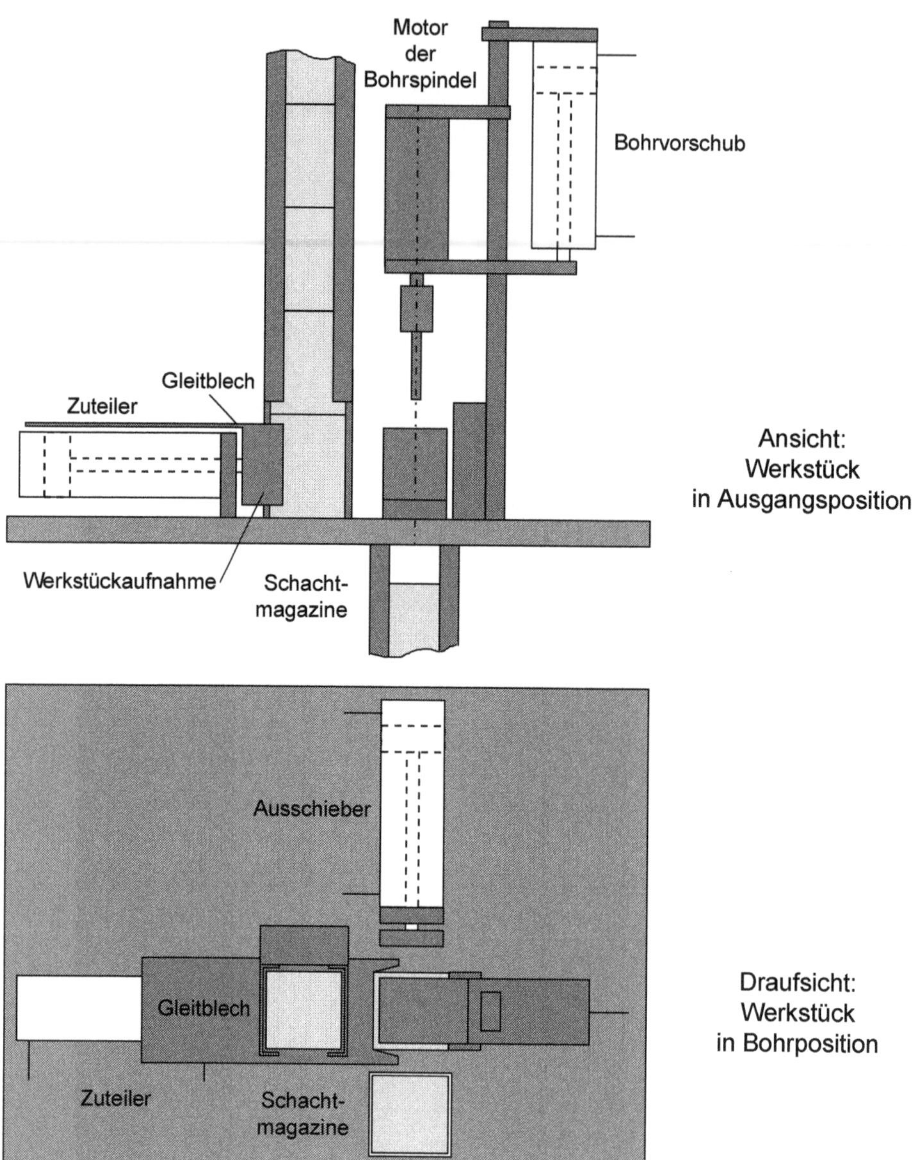

Bild 8.1: Skizze des mechanischen Aufbaus der Bohrvorrichtung

Beschreibung der Bohrvorrichtung

Die Bohrvorrichtung in Bild 8.1 besteht aus mehreren Baugruppen, die auf einer Trägerplatte montiert sind. Dies sind zwei Schachtmagazine für zu bohrende und gebohrte Werkstücke, der Zuteiler, der Ausschieber und die Bohreinheit.

Der Zuteiler ist eine Vorschubeinheit die von einem Pneumatikzylinder angetrieben wird. Der Zuteiler ist ausgerüstet mit einer an das Werkstück angepassten Aufnahme und einem Gleitblech. Dieses hält während des Zuteilvorgangs die aus dem Schachtmagazin nachrutschenden Werkstücke zurück. Von dieser Einheit werden die zu bohrenden Werkstücke

- aus dem Schachtmagazin für ungebohrte Werkstücke vereinzelt,
- in die Bohrposition geschoben und
- in der Bohrposition gespannt.

Die Bohreinheit besteht aus dem Bohrvorschub, auf dem die Bohrspindel montiert ist. Der Bohrvorschub wird von einem Pneumatikzylinder und die Bohrspindel von einem Elektromotor angetrieben. Die Bohrspindel ist mit einer Aufnahme für den Bohrer ausgerüstet. Von der Bohreinheit wird die Bohrung in den Werkstücken ausgeführt.

Der Ausschieber ist eine Vorschubeinheit die von einem Pneumatikzylinder angetrieben wird. Von dieser Einheit werden gebohrte Werkstücke aus der Bohrpostion in das Schachtmagazin für gebohrte Werkstücke geschoben.

Funktion der Bohrvorrichtung

Die beim Bohren eines Werkstücks ausgeführte Folge von Aktionen ist ein Bohrzyklus. Die Aktionen der Vorschubeinheiten gliedern den Bohrzyklus in sechs Schritte.

Schritt	Aktion
1:	Mit dem Zuteiler ein Werkstück aus dem Schachtmagazin für zu bohrende Werkstücke vereinzeln, in die Bohrposition schieben und in der Bohrposition spannen.
2:	Mit dem Bohrvorschub die Bohrspindel verfahren und dabei das Werkstück bohren.
3:	Den Bohrvorschub mit der Bohrspindel in die Ausgangsposition zurückfahren.
4:	Das Werkstück entspannen und den Zuteiler in die Ausgangsposition zurückfahren.
5:	Mit dem Ausschieber das bearbeitete Werkstück in das Schachtmagazin für gebohrte Werkstücke eingeben.
6:	Den Ausschieber in die Ausgangsposition zurückfahren.

Im automatischen Betrieb werden von der Bohrvorrichtung mehrere Werkstücke nacheinander gebohrt. Der Bohrmotor wird zu Beginn des ersten Bohrzyklus eingeschaltet und erst nach dem Bohrvorgang des letzten Bohrzyklus ausgeschaltet. In jedem Schritt verfährt immer nur eine Vorschubeinheit. Erst wenn die Aktion einer Vorschubeinheit und damit der Schritt beendet ist, wird die nächste Aktion gestartet.

Die Antriebe der vier Aktoren der Bohrvorrichtung werden einzeln gesteuert:

- Der Bohrmotor wird vereinfacht über einen Schütz ein- und ausgeschaltet. Häufig wird zum Aus- und Einschalten ein Motorschutzschalter verwendet, der den Elektromotor vor zu hoher Stromaufnahme schützt.

- Das Aus- und Einfahren der Kolbenstangen der Pneumatikzylinder in den Vorschubeinheiten wird über 5/2-Wege-Ventile gesteuert. Es werden Ventile mit Federrückstellung, also Umschaltventile, eingesetzt.

Der Motorschutzschalter und die drei Umschaltventile werden von binären Variablen gesteuert. Die Zusammenhänge zwischen den Werten der Variablen und den Aktionen sind in der Zuordnungstabelle, Bild 8.2, dargestellt.

	Zuordnung der Aktion zu dem Wert der Variablen:		
Signalempfänger: Motorschutzschalter zur Steuerung des	Der Bohrmotor ist ausgeschaltet.	eingeschaltet.	Variable
Bohrspindelmotors	0	1	Motorein
Signalempfänger: Magnet des 5/2-Wege Umschaltventils zur Steuerung des Pneumatikzylinders des	Die Kolbenstange fährt ein oder ist eingefahren	aus oder ist ausgefahren	Variable
Bohrvorschubs	0	1	KVorausf
Zuteilers	0	1	KZutausf
Ausschiebers	0	1	KSchiausf

Bild 8.2: Zuordnungstabelle: Bezeichnungen und Werte der Variablen zur Steuerung der vier Aktoren der Bohrvorrichtung

Manuelle Steuerungen für die Bohrvorrichtung

Beispiel: Elektropneumatische Steuerung

Bild 8.3 zeigt eine elektro-pneumatische Schaltung, bei der über Taster die Bohrvorrichtung von Hand gesteuert wird. Die notwendigen Schaltungen zur Stromversorgung und der Motorschutzschalter sind nicht dargestellt.

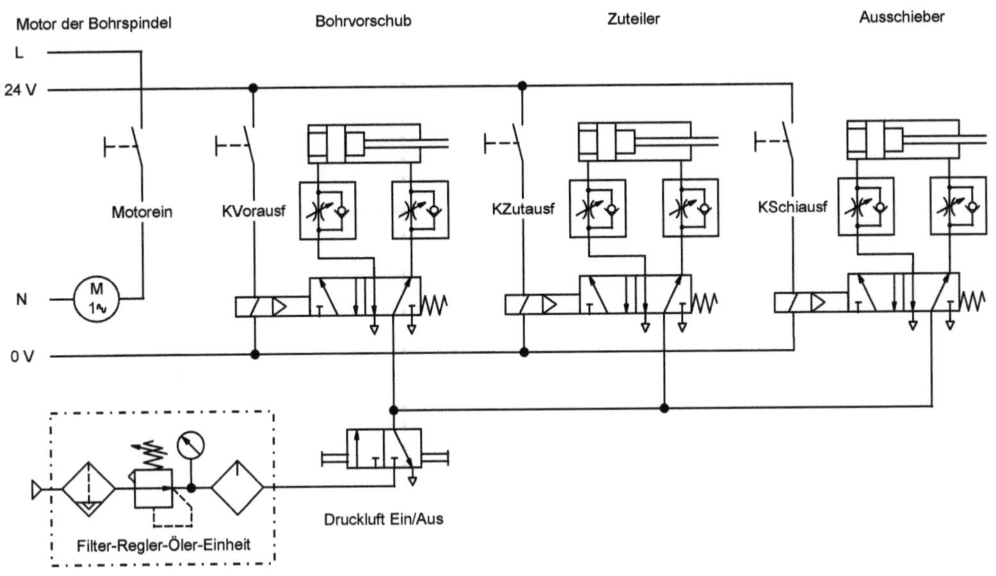

Bild 8.3: Schaltung zur manuellen Steuerung der vier Aktoren der Bohrvorrichtung

Über die Tastern mit Schliesser-Kontakten werden die Stellsignale zur Steuerung des Motors der Bohrspindel und der Magnetventile der Vorschubeinheiten vorgegeben. In welchen Schritten eines Bohrzyklus die Stellsignale den Wert 1 haben sollen, die Taster also betätigt werden müssen, ist aus Bild 8.4 ersichtlich.

Bild 8.4 zeigt die Werte der als Stellsignale wirksamen Variablen und das Verhalten der Aktoren in den sechs Schritten eines Bohrzyklus.

In einem Bohrzyklus hat

- die Variable *Motorein* den Wert 1 in den Schritten 1 bis 6,

- die Variable *KVorausf* den Wert 1 in Schritt 2,

- die Variable *KZutausf* den Wert 1 in den Schritten 1 bis 3 und

- die Variable *KSchiausf* den Wert 1 in Schritt 5.

Die Taster in der Schaltung, Bild 8.3, sind zu betätigen, wenn die zugeordnete Variable den Wert 1 hat. Das Bedienen einer derartigen Steuerung erfordert hohe Konzentration. Über einen längeren Zeitraum lassen sich bei dem manuellen Bedienen der Taster und visuellen Überwachen der Bohrvorgänge Fehler nicht vermeiden. Die Fehler lassen sich teilweise durch Mechanisieren des Bohrvorgangs ausschliessen. Dazu können beispielsweise mechanisch arbeitende Programmspeicher eingesetzt werden, welche die Werte, der die Aktoren steuernden Variablen, schrittweise vorgeben.

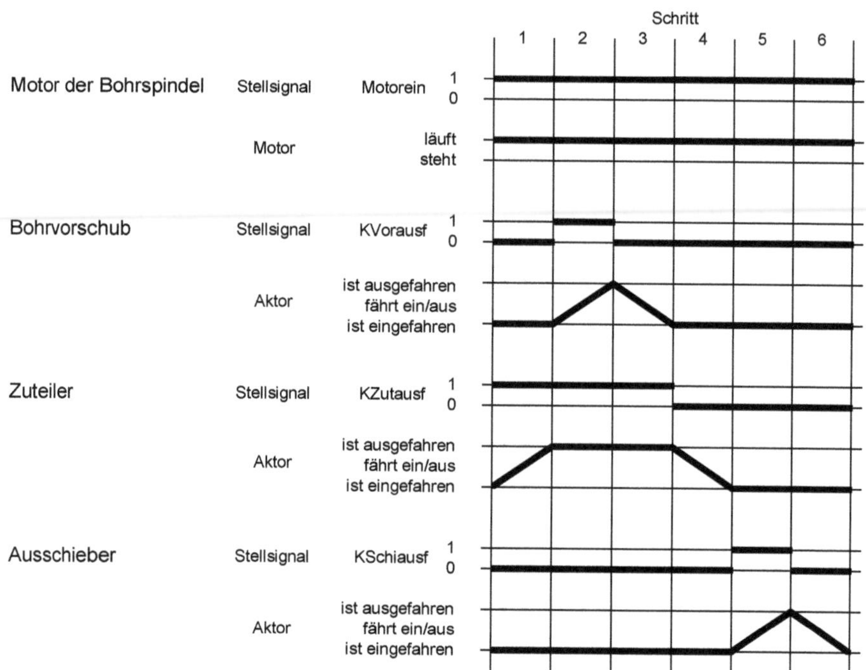

Bild 8.4: Variable/Aktion-Schritt-Diagramm eines Bohrzyklus

Beispiel: Steuerung mit einem schrittweise angetriebenen Nockenschaltwerk
Bild 8.5 zeigt eine Steuerung für die Bohrvorrichtung bei der ein Nocken-Schaltwerk als mechanischer Programmspeicher eingesetzt wird. Das vorgestellte Nocken-Schaltwerk arbeitet schrittweise. Es entspricht einem Wahlschalter mit sechs Schaltstellungen und drei Schaltkreisen. Der Motor der Bohrspindel wird nicht von dem Nocken-Schaltwerk, sondern über einen Druckschalter zusammen mit der Druckluft ein- und ausgeschaltet.

Das Nocken-Schaltwerk ist aus dem Antrieb und drei Nockenrädern aufgebaut.

Der Antrieb zum schrittweisen Weiterschalten des Programmspeichers besteht aus einem Klinkenrad. Dieses kann manuell mit einem Betätigungshebel mit Klinke schrittweise um Winkel von 60 Grad weitergedreht werden. Durch eine Sperrklinke lässt sich das Klinkenrad nur im Uhrzeigersinn drehen.

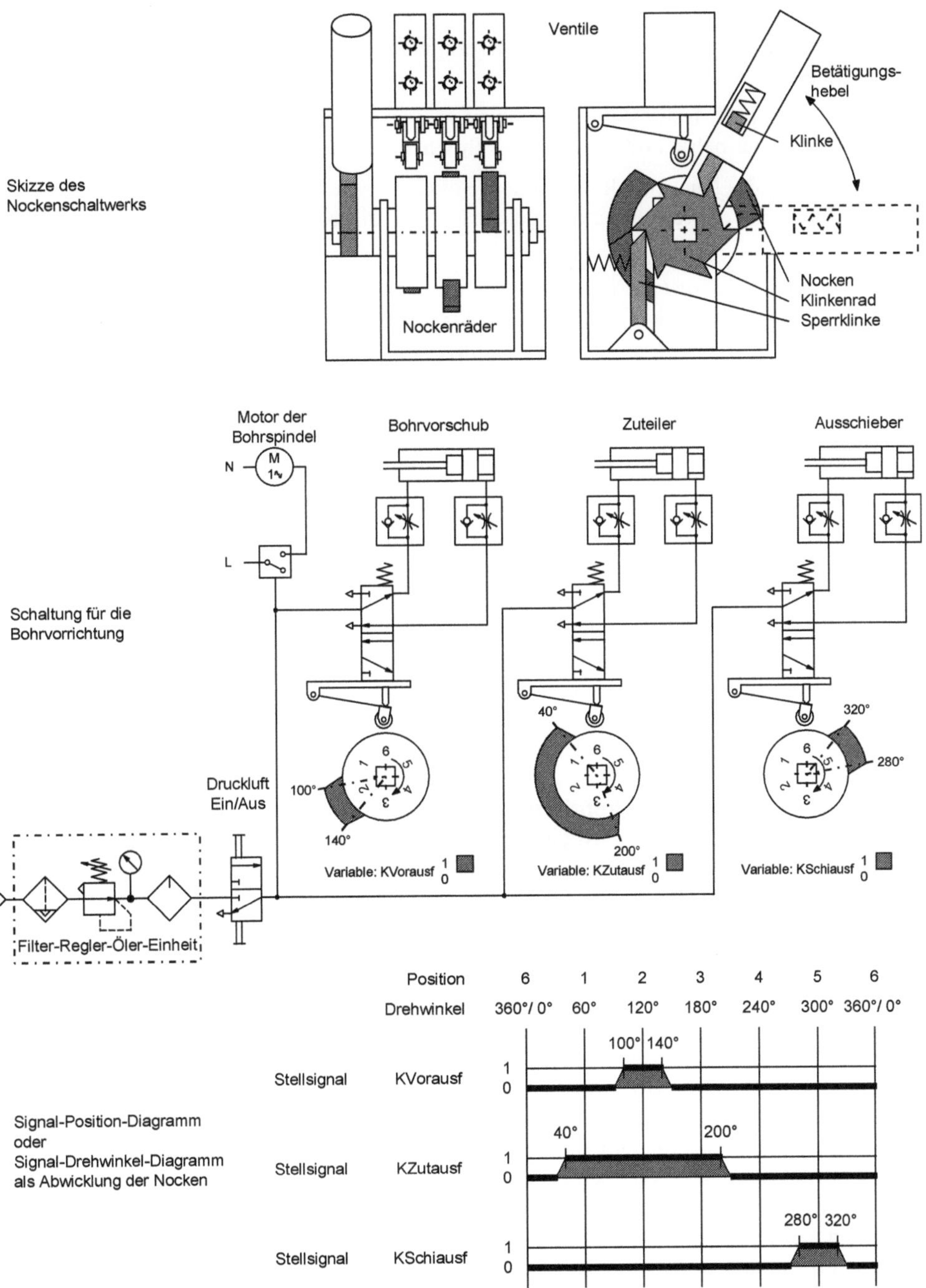

Bild 8.5: Steuerung mit einem manuell angetriebenen Nocken-Schaltwerk

Jedes der drei Nockenräder in Bild 8.5 speichert das Steuerungsprogramm einer Vorschubeinheit. Ein Nocken entspricht dem Wert 1 der zugeordneten Variablen. Die Nocken betätigen direkt die Stellventile der Vorschubeinheiten.

Der durch den Antrieb festgelegte Drehwinkel zwischen zwei aufeinander folgenden Stellungen der Nockenräder beträgt 60 Grad. Der Drehwinkel 0° oder 360° entspricht der Position 6.

Eine Abwicklung der Nockenräder ist in dem Signal-Drehwinkel-Diagramm in Bild 8.5 dargestellt. Die Flanken der Nocken sind angeschrägt. Für die Nocken auf den Nockenrädern gilt folgendes:

- Die Variable *KVorausf* hat den Wert 1 in Position 2 oder bei dem Drehwinkel von 120°. Der entsprechende Nocken ist zwischen 100° und 140° Drehwinkel erhaben.

- Die Variable *KZutausf* hat den Wert 1 in Position 1 bis 3 oder bei dem Drehwinkel von 60° bis 180°. Der entsprechende Nocken ist zwischen 40° und 200° Drehwinkel erhaben.

- Die Variable *KSchiausf* hat den Wert 1 in Position 5 oder bei dem Drehwinkel von 300°. Der entsprechende Nocken ist zwischen 280° und 320° Drehwinkel erhaben.

Zeitabhängige Steuerungen für die Bohrvorrichtung

Das Betätigen des Weiterschalthebels des Nocken-Schaltwerks in Bild 8.5 ist einfacher als das Betätigen der Taster in der Schaltung, Bild 8.3. Zum Weiterschalten von einem Schritt des Bohrzyklus auf den nächsten ist der Abschluss der aktuellen Aktion zu beobachten. Die Steuerung der Bohrvorrichtung mit einem Nocken-Schaltwerk kann automatisiert werden. Hierzu wird der manuelle Schrittantrieb der das Programm speichernden Nockenräder durch einen motorischen Antrieb ersetzt wird.

Beispiel: Steuerung mit einem kontinuierlich angetriebenen Nockenschaltwerk
In Bild 8.7 wird eine Anordnung vorgestellt, bei der ein Elektromotor ein Nocken-Schaltwerk antreibt.

Der Elektromotor zum Antrieb des Nockenschaltwerks dreht mit der konstanten Geschwindigkeit von zwei Umdrehungen pro Minute die Nockenräder. Für einen Bohrzyklus stehen damit 30 Sekunden zur Verfügung.

Das Steuerungsprogramm wird von Nockenrädern gespeichert. Ein Nocken entspricht dem Wert 1 der zugeordneten Variablen. Zur Dimensionierung des Nockens eines Nockenrads werden der zeitliche Beginn und die Dauer des Werts 1 der entsprechenden Variablen in Drehwinkel umgerechnet. Damit eine laufende Aktion sicher vor dem Beginn der nächsten Aktion beendet ist, steht für jede Aktion mehr Zeit zur Verfügung, als benötigt wird. Durch die zusätzlichen Zeiten werden Störungen, die beispielsweise aufgrund von Verschleiss oder zu niedrigem Versorgungsdruck der Druckluft auftreten können, vermieden.

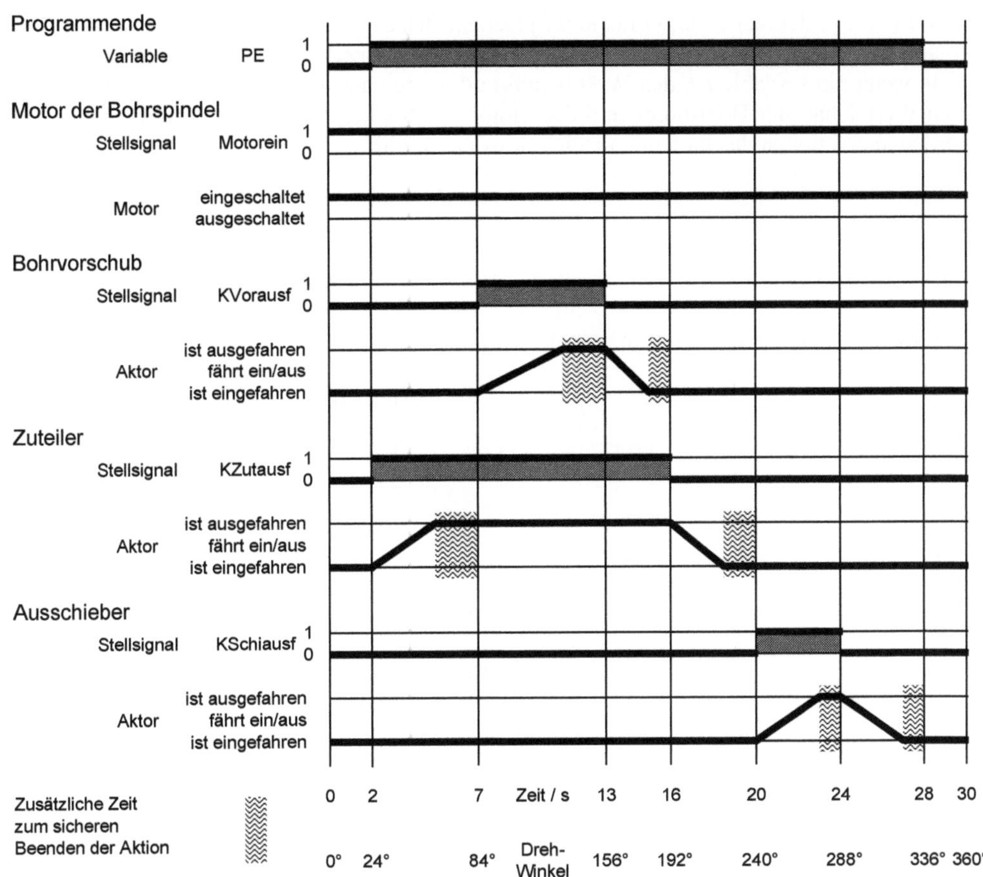

Bild 8.6: Variable/Aktion-Zeit-Diagramm eines Bohrzyklus

Die zeitliche Folge der Variablen und Aktionen zeigt Bild 8.6. Neben den Nockenrädern für die Variablen Motorein, *KVorausf*, *KZutausf* und *KSchiausf* ist ein weiteres Nockenrad für die Variable *PE* vorhanden. Über die zusätzliche Variable *PE* wird das Ende eines Bohrzyklus erkannt. Von den Nocken werden elektrische Schnappschalter mit Schliesser-Kontakten betätigt. Deren Schaltzustände werden elektrisch erfasst und als Stellsignale ausgegeben.

Der automatische Ablauf von Bohrzyklen wird bei der Steuerung der Bohrvorrichtung in Bild 8.7 über den Ein/Aus-Taster mit Raste gestartet. Dabei wird sowohl der Bohrmotor als auch der Motor des Nocken-Schaltwerks eingeschaltet, und ein Zyklus des Bohrprogramms beginnt. So lange wie der Ein/Aus-Taster eingeschaltet ist, beginnt nach dem Ende eines Bohrzyklus ein neuer Bohrzyklus.

Während eines laufenden Bohrzyklus kann jederzeit der Ein/Aus-Taster betätigt werden. Der automatische Ablauf wird jedoch erst beendet, wenn der Bohrzyklus abgeschlossen ist. Dies ist der Fall, wenn die Variable *PE* den Wert 0 annimmt. Es bleiben also, so lange wie die Variable *PE* den Wert 1 hat, der Bohrmotor und der Motor des Nocken-Schaltwerks eingeschaltet und es werden die Aktionen des laufenden Bohrzyklus ausgeführt.

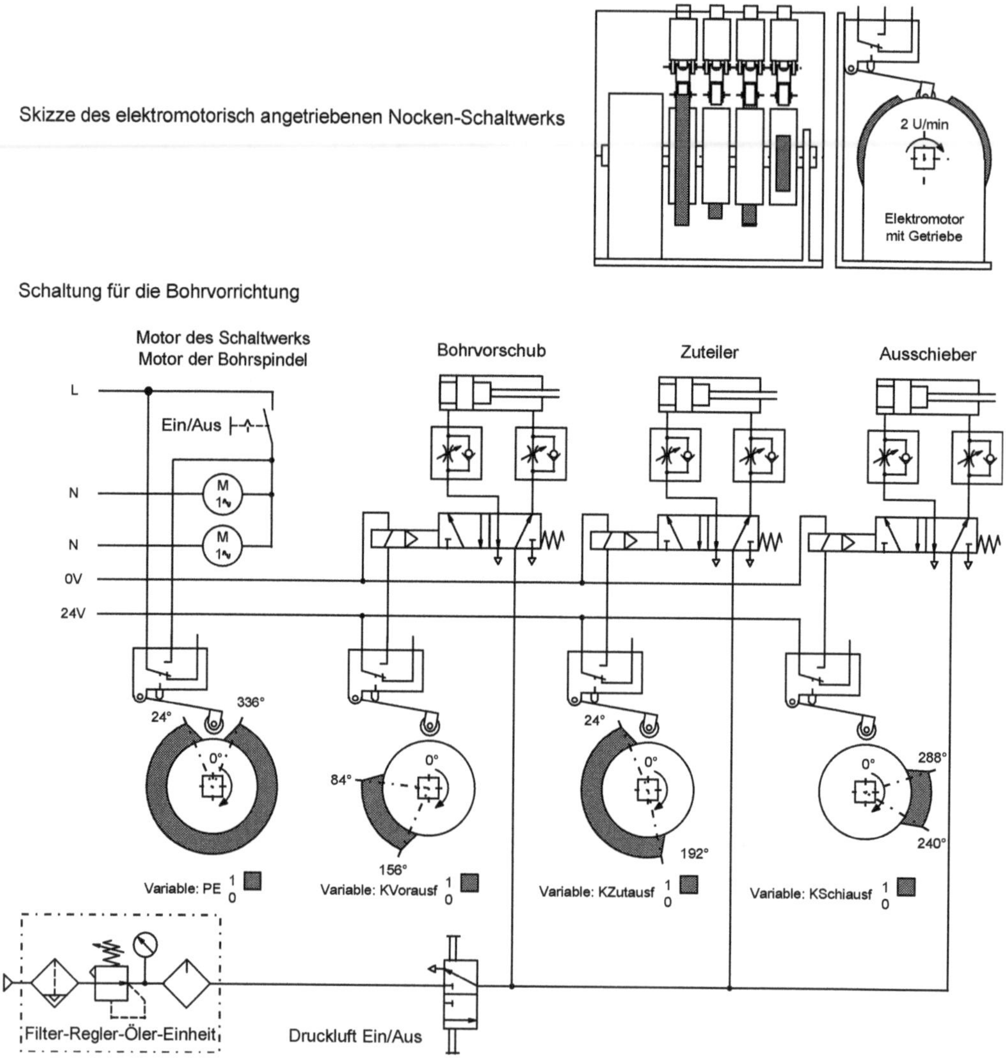

Skizze des elektromotorisch angetriebenen Nocken-Schaltwerks

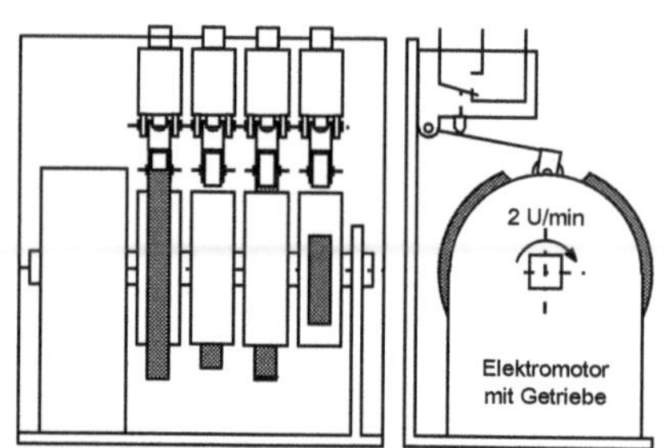

Schaltung für die Bohrvorrichtung

Bild 8.7: Steuerung der Bohrvorrichtung mit einem durch einen Elektromotor angetriebenen Nocken-Schaltwerk

In den Schaltungen in Bild 8.5 und Bild 8.7 werden die Werte der Variablen zum Steuern der Bohrvorrichtung durch die Nockenräder gespeichert. Die Werte der Variablen werden pneumatisch oder elektrisch ausgewertet. Die Steuerungsprogramme können durch eine andere Gestaltung der Nocken und zusätzlich bei der Schaltung, Bild 8.7, durch eine andere Drehzahl des Elektromotors geändert werden.

Neben Nocken- und Kurven-Rädern gibt es weitere mechanisch arbeitende Programmspeicher in Streifen- oder Karten-Form bei denen die Informationen erhaben als Nocken oder vertieft als Löcher gespeichert werden. Aus wirtschaftlichen Gründen haben sie ihre Bedeutung verloren.

Steuerungen mit Einschaltverzögerungen
Rein zeitabhängig arbeitende Steuerungen können auch mit Verzögerungselementen aufgebaut werden. Gegenüber dem kontinuierlich angetriebenem Nockenschaltwerk in Bild 8.7 kann die zeitliche Folge der Signale einfacher verändert werden. Die Steuerung kann besser an sich ändernde Bedingungen angepasst werden.

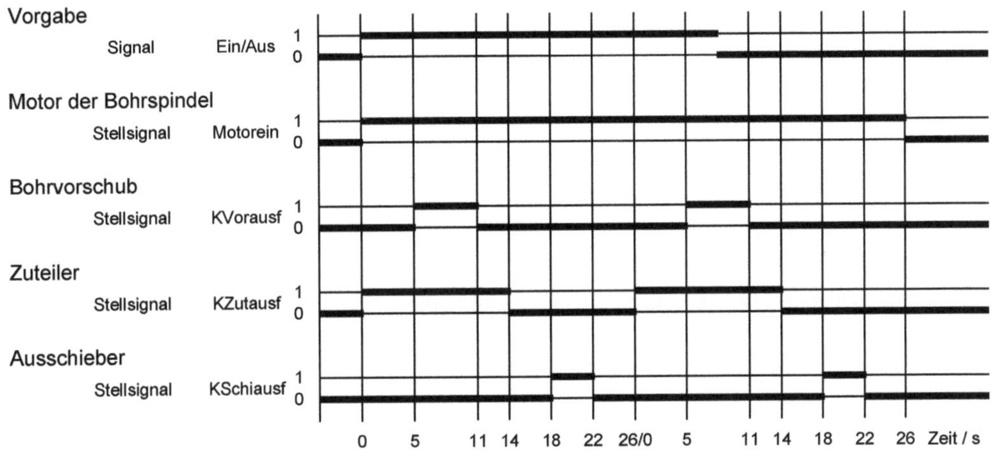

Bild 8.8: Signal-Zeit-Diagramm für die Steuerung der Bohrvorrichtung
mit Einschaltverzögerungen

In dem Signal-Zeit-Diagramm, Bild 8.8, ist der Zeitplan für die Aktionen der Vorschubeinheiten aus Bild 8.6 übernommen. Die Zyklusdauer ist jedoch um vier Sekunden kürzer. Um das Ende des Bohrzyklus zu erkennen wird kein zusätzliches Zeitintervall benötigt.

Das Starten und das Beenden eines Bohrzyklus wird von der Variablen *Ein/Aus* gesteuert. Die Variablen *Ein/Aus* kann über einen Taster mit oder ohne Raste vorgegeben werden. Läuft kein Bohrzyklus oder ist ein Bohrzyklus abgeschlossen und hat die Variable *Ein/Aus* den Wert 1, dann wird ein Bohrzyklus gestartet.

Wird bei den in Bild 8.9 vorgestellten Schaltungen ein Taster ohne Raste eingesetzt, dann muss jeder Bohrzyklus einzeln gestartet werden, nachdem der laufende Zyklus beendet ist. Dies ist bei einem Taster mit Raste nicht notwendig. Über ihn kann der Wert 1 der Variablen *Ein/Aus* dauerhaft vorgegeben werden.

Zum Beenden des laufenden Zyklus kann jederzeit über den Taster der Wert 0 der Variablen *Ein/Aus* vorgegeben werden.

Die beiden Funktionspläne, Bild 8.9, bestehen aus einem Flipflop, bei dem rücksetzen dominiert, den Einschaltverzögerungen T1 bis T6, einer ODER-Verknüpfung und drei beschalteten UND-Verknüpfungen. Bei der ersten Schaltung sind die Einschaltverzögerungen in Reihe und bei der zweiten parallel geschaltet.

Bei beiden Steuerungen in beginnt ein Bohrzyklus wenn die Variable *Ein/Aus* den Wert 1 hat und dadurch das Flipflop gesetzt wird. Ist dies der Fall, dann

- nimmt die Variable *Motorein* den Wert 1 an.
  Erst wenn die Variable *Ein/Aus* und die Ausgangsvariable des Flipflops gleichzeitig den Wert 0 haben, dann nimmt die Variable *Motorein* den Wert 0 an.

- nimmt die Variable *KZutausf* den Wert 1 an.
  Nach 14 Sekunden hat die Ausgangsvariable der Einschaltverzögerung T3 den Wert 1. Dadurch nimmt die Variable *KZutausf* den Wert 0 an.

- haben nach fünf Sekunden die Ausgangsvariable der Einschaltverzögerung T1 und die Variable *KVorausf* den Wert 1.
  Nach 11 Sekunden hat auch die Ausgangsvariable der Einschaltverzögerung T2 den Wert 1. Dadurch nimmt die Variable *KVorausf* den Wert 0 an.

- haben nach 18 Sekunden die Variable *KSchiausf* und die Ausgangsvariable der Einschaltverzögerung T4 den Wert 1.
  Nach 22 Sekunden hat die Ausgangsvariable der Einschaltverzögerung T5 den Wert 1. Dadurch nimmt die Variable *KSchiausf* den Wert 0 an.

- wird nach 26 Sekunden durch die Ausgangsvariable der Einschaltverzögerung T6 das Flipflop unabhängig von dem Wert der Variablen *Ein/Aus* rückgesetzt. Hat also die Ausgangsvariable des Flipflops den Wert 0, dann nehmen die Ausgangsvariablen der Einschaltverzögerungen T1 bis T6 den Wert 0 an.
  Erst wenn die Ausgangsvariable der Einschaltverzögerung T6 den Wert 0 hat, kann das Flipflop durch die Variable *Ein/Aus* wieder gesetzt werden und ein weiterer Bohrzyklus beginnen.

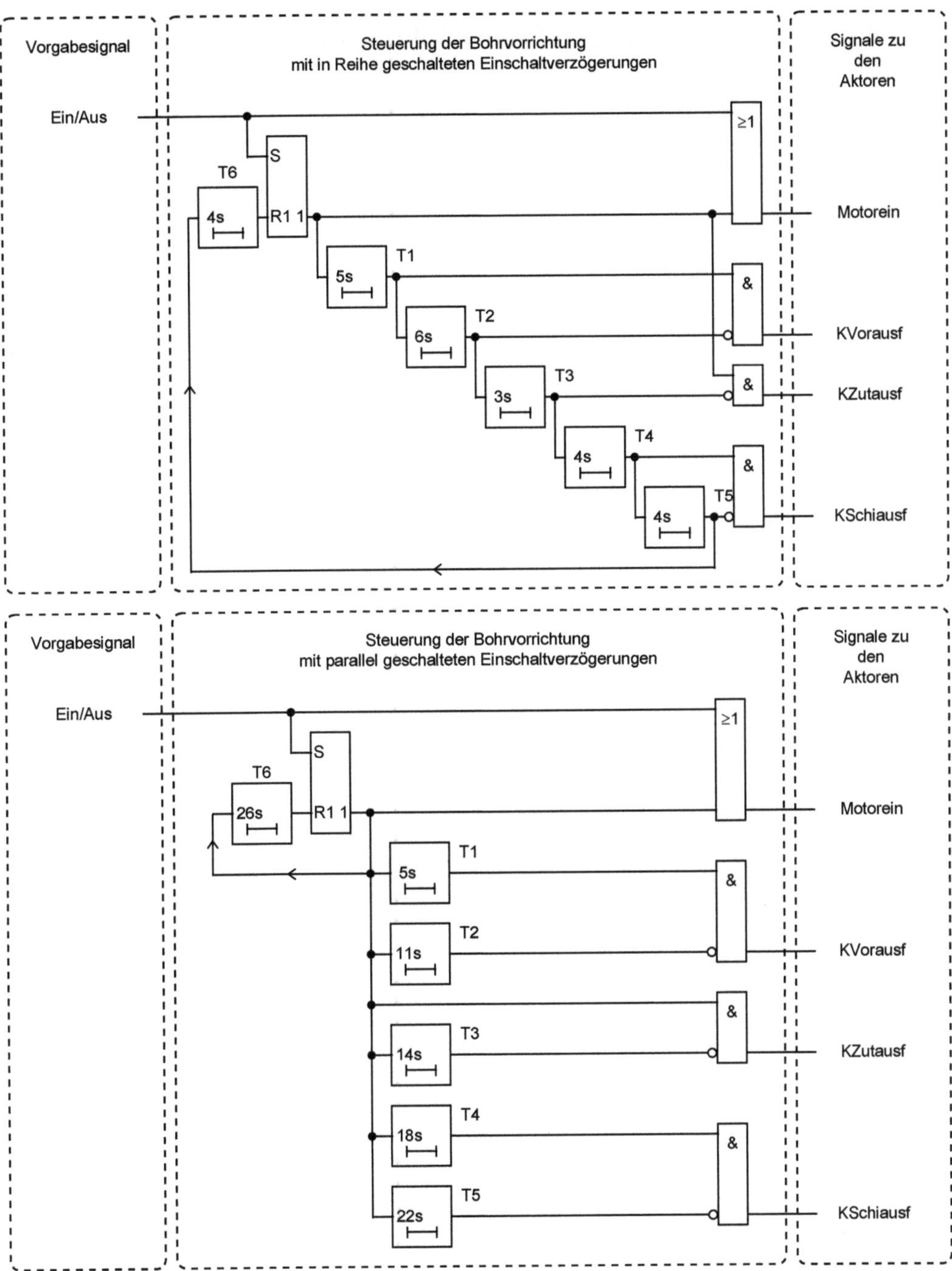

Bild 8.9: Funktionspläne von Steuerungen der Bohrvorrichtung mit Zeitverzögerungen

Ereignisabhängige Steuerungen für die Bohrvorrichtung

Mechanischer Aufbau der Bohrvorrichtung mit Sensoren

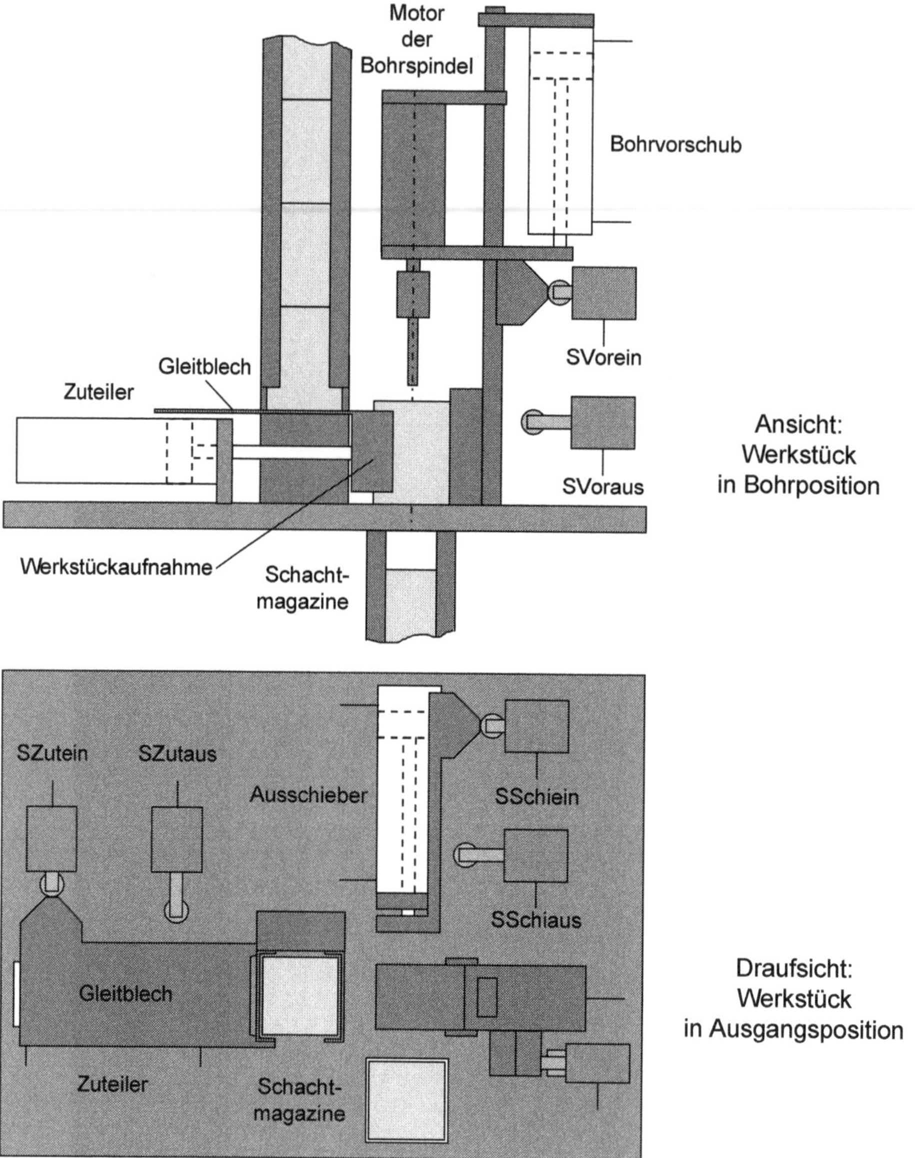

Bild 8.10: Mechanischer Aufbau der Bohrvorrichtung mit Sensoren

In den Schaltungen in den Bildern 8.3, 8.5, 8.7 und 8.9 wurde die Bohrvorrichtung ausschliesslich durch Vorgabesignale gesteuert. Vorgabesignale sind Variablen, die von Menschen oder von technischen Einrichtungen vorgegeben werden und nicht von dem gesteuerten Prozess abhängig sind. Die Ausführung und Überwachung der Steuerungsschritte sind bei den Schaltungen der Bilder 8.3 und 8.5 Aufgabe von Menschen.

Die in den Bildern 8.7 und 8.9 vorgestellten Steuerungen arbeiteten zeitabhängig ohne Rückmeldungen von der Bohrvorrichtung. Um die Funktion eines Bohrzyklus abzusichern werden bei diesen Steuerungen für die Schritte längere Zeiten, als sie für die Ausführung der Aktionen notwendig sind, vorgegeben.

Mit Sensoren kann die Ausführung von Vorgängen überwacht werden. Bei den Vorschubeinheiten kann festgestellt werden, ob eine Aktion ausgeführt und beendet ist. Dadurch lassen sich Fehlfunktionen vermeiden und die Dauer eines Bohrzyklus verkürzen.

In Bild 8.10 ist die Skizze der Bohrvorrichtung, Bild 8.0, um Sensoren ergänzt. Diese erfassen die Endlagen der Verfahrwege der Vorschubeinheiten. In der Skizze sind als Sensoren mechanisch arbeitende Endschalter dargestellt, die durch Nocken betätigt werden. Häufig werden für derartige Zwecke induktiv oder magnetisch arbeitende Sensoren eingesetzt. Die Ausgangsvariablen der Sensoren signalisieren Ereignisse im Arbeitsablauf der Bohrvorrichtung. Es sind Ereignissignale, die in dem Steuerungssystem Bohrvorrichtung erzeugt werden.

Zur Vereinfachung sind keine weiteren Sensoren vorgesehen. Beispielsweise könnte von Sensoren überprüft werden, ob sich in der Bohrposition ein Werkstück befindet, die Bohrspindel sich dreht, der Bohrer abgebrochen ist oder ob die Schachtmagazine leer oder voll sind.

Beschreibung der erweiterten Steuerungsaufgabe
Neben den Sensoren wird die Steuerung der Bohrvorrichtung um zwei Taster zum Ein- und Ausschalten des Bohrzyklus und um eine Meldeleuchte erweitert. Es soll

- der automatische Ablauf von Steuerungszyklen über einen Tasters ein- und über den anderen Tasters ausgeschaltet werden. Ein beim Ausschalten laufender Bohrzyklus soll beendet werden.

- über die Meldeleuchte angezeigt werden, wenn der automatische Ablauf der Steuerung eingeschaltet ist.

- während des Ablaufs von Steuerungszyklen der Bohrmotor eingeschaltet bleiben.

- in jedem Schritt des Bohrzyklus nur eine Aktion der Vorschubeinheiten stattfinden.

- die Aktion des folgenden Schritt ausgelöst werden, wenn die Aktion des vorhergehenden Schrittes abgeschlossen ist.

Bei der Bohrvorrichtung wird der Abschluss der Aktionen der Vorschubeinheiten von Sensoren erfasst. Die in einem Schritt vorgegebene Aktion einer Vorschubeinheit ist beendet, wenn die Vorschubeinheit die von der Aktion vorgegebene Endlage erreicht. Der in dieser Endlage befindlichen Sensor wird betätigt.

In den Bildern 8.11 und 8.12 werden die Bezüge zwischen Aktionen und Variablen dargestellt. Es werden die Variablen definiert, die zwischen der Steuerung, der Bohrvorrichtung und dem Bedien- und Beobachtungsfeld für die Bohrvorrichtung ausgetauscht werden. Die Bezeichnungen der Variablen sind frei gewählt. Sie haben Bezug zu den Funktionen der Variablen.

	Sensor	Zuordnung: Vorgabe oder Ereignis zu Wert der Variablen		Variable
Vorgabesignale	Signalgeber Taster im Bedienfeld der Steuerung	Der Taster ist nicht betätigt	betätigt	
	Automatikbetrieb beenden	1	0	TAus
	Automatikbetrieb starten	0	1	TEin
Ereignissignale	Signalgeber Sensoren in den Endlagen der Verfahreinheiten	Der Sensor ist nicht betätigt	betätigt	
	Bohrvorschub eingefahren	0	1	SVorein
	Bohrvorschub ausgefahren	0	1	SVoraus
	Zuteiler eingefahren	0	1	SZutein
	Zuteiler ausgefahren	0	1	SZutaus
	Ausschieber eingefahren	0	1	SSchiein
	Ausschieber ausgefahren	0	1	SSchiaus

Bild 8.11: Zuordnungstabelle Eingabevariablen

In Bild 8.11 sind für die Eingabevariablen die Bezeichnungen und die funktionsbezogenen Zuordnungen der Werte 0 oder 1 dargestellt.

Wird der Taster "Automatikbetrieb starten" oder einer der Sensoren in den Endlagen der Verfahreinheiten betätigt, dann hat dessen Ausgangsvariable den Wert 1.

Im Gegensatz dazu hat bei der Betätigung des Tasters "Automatikbetrieb beenden" dessen Ausgangsvariable *TAus* den Wert 0. Durch diese Festlegung ergibt sich bei einem Leitungsbruch die gleiche Wirkung, wie bei dem Betätigen des Tasters.

Aktor		Zuordnung: Aktion zu Wert der Variablen		Variable
Statussignal	Signalempfänger Meldeleuchte	Die Meldeleuchte ist		
		dunkel	hell	
	Meldung Automatikbetrieb eingeschaltet	0	1	MAuto
Ausgabesignale	Signalempfänger Schütz, Motorschutzschalter zur	Der Bohrmotor ist		
		ausgeschaltet	eingeschaltet	
	Steuerung des elektrischen Bohrspindelmotors	0	1	Motorein
	Signalempfänger Magnet 5/2-Wege Umschaltventil zur	Die Kolbenstange fährt		
		ein oder ist eingefahren	aus oder ist ausgefahren	
	Steuerung des Pneumatikzylinders des Bohrvorschubs	0	1	KVorausf
	Steuerung des Pneumatikzylinders des Zuteilers	0	1	KZutausf
	Steuerung des Pneumatikzylinders des Ausschiebers	0	1	KSchiausf

Bild 8.12: Zuordnungstabelle Ausgabevariablen

Für die Ausgabevariablen sind in Bild 8.12 die Bezeichnungen und die funktionsbezogenen Zuordnungen der Werte 0 oder 1 dargestellt.

Hat die Variable *MAuto* den Wert 1, dann wird die Meldeleuchte mit Strom versorgt. Gleiches gilt für die Variable *Motorein*. Der Bohrspindelmotor wird mit Strom versorgt, wenn die Variable *Motorein* den Wert 1 hat. Damit eine der drei Vorschubeinheiten ausfährt oder ausgefahren bleibt, muss die entsprechende Variable den Wert 1 haben. Hat die Variable den Wert 0, dann fährt die Vorschubeinheit ein oder bleibt eingefahren.

Bild 8.13 zeigt den Austausch von Variablen in dem Steuerungssystems Bohrvorrichtung. Dieses besteht aus dem Bedien- und Beobachtungsfeld, der Steuerung und der Bohrvorrichtung. Zu Vereinfachung findet kein Signalaustausch zwischen dem Steuerungssystem der Bohrvorrichtung und der Peripherie statt.

- Auf dem Bedien- und Beobachtungsfeld befinden sich zwei Taster und eine Meldeleuchte. Von den Tastern werden Vorgabesignale an die Steuerung abgegeben. Die Meldeleuchte wird von einem Statussignal gesteuert.

- Die Steuerung verarbeitet Vorgabe- und Ereignissignale zu Ausgabe- und Statussignalen.

- Die Vorschubeinheiten der Bohrvorrichtung werden von Ausgabevariablen.
  Die Endlagen der Vorschubeinheiten werden von Sensoren erfasst. Deren Ausgangsvariablen sind Ereignissignale die von der Steuerung verarbeitet werden.

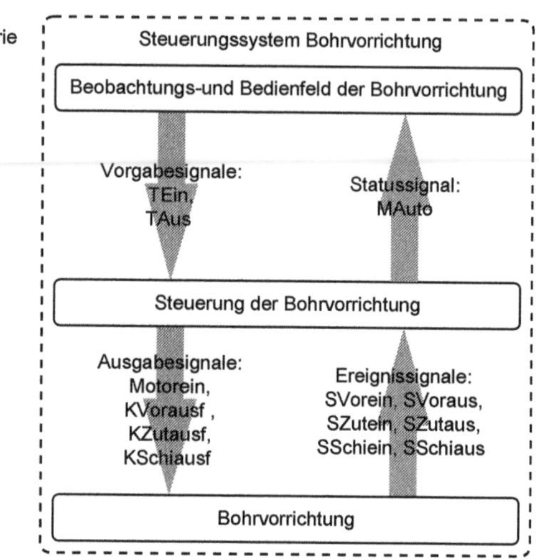

Bild 8.13: Schema des Austauschs von Variablen

Darstellung der Steuerungsaufgabe in einem Schritt-Diagramm

In dem Variable/Aktion-Schritt-Diagramm in Bild 8.14 wird die Funktion einer Steuerung für die Bohrvorrichtung mit Stellsignalen, den von den Stellsignalen ausgelösten Aktionen und den von den Aktionen abhängigen Sensorsignalen beschrieben. Die Steuerung arbeitet in Abhängigkeit von Ereignissen schrittweise.

Aus Bild 8.14 geht hervor, dass die Ausgangsvariablen der Sensoren den Wert 1 bereits in der Nähe der absoluten Endlagen der Vorschubeinheiten annehmen. Durch diese Positionierung oder Einstellung der Sensoren soll die Signalgebung sicherer werden. Würden die Sensoren nur die absoluten Endlagen erfassen, dann könnten kleine mechanische Verschiebungen oder kleine Veränderungen des Schaltverhaltens dazu führen, dass ein Sensor nicht anspricht und dadurch der Bohrzyklus unterbrochen wird. Trotz der Positionierung der Sensoren erreichen die pneumatisch angetriebenen Vorschubeinheiten aufgrund der Schaltzeiten der Stellglieder ihre absoluten Endlagen.

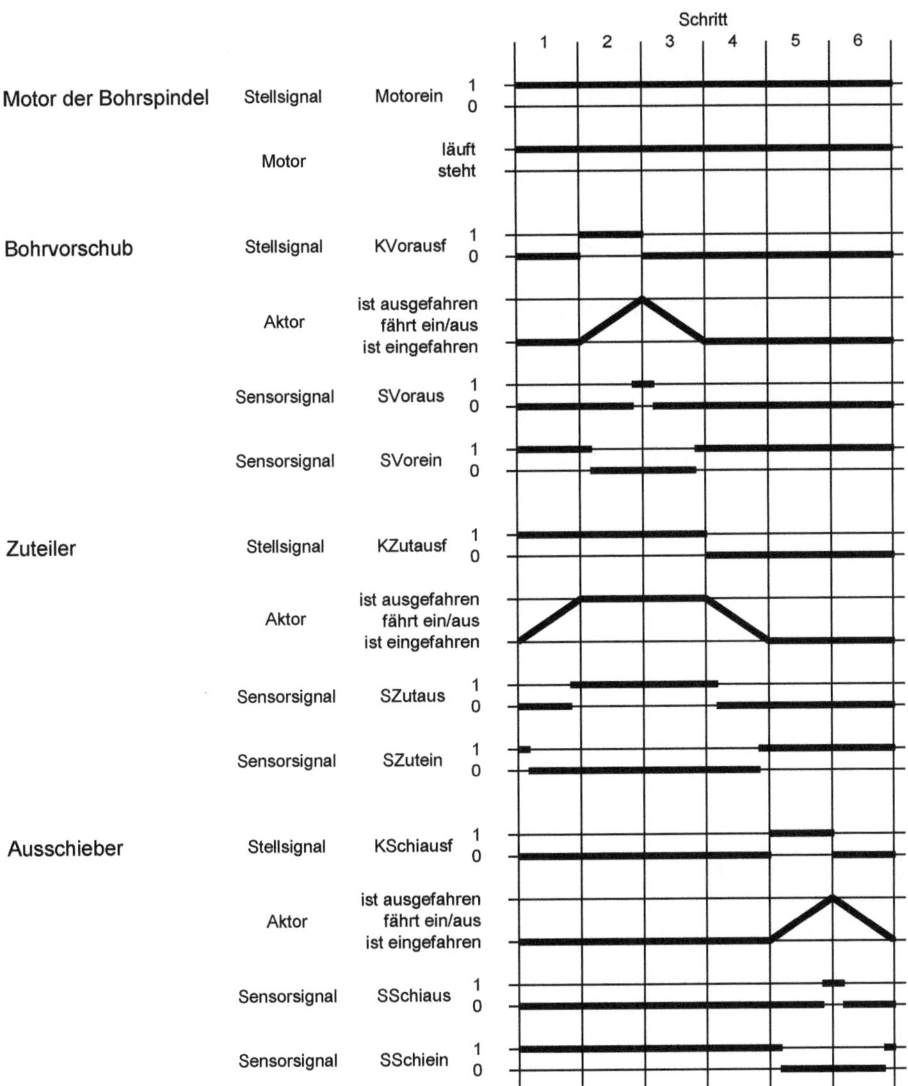

Bild 8.14: Variable/Aktion-Schritt-Diagramm eines Bohrzyklus
mit Sensorsignalen

Funktionspläne

Mit Funktionsplänen kann die Funktion einer Steuerung unabhängig von der gerätetechnischen
Ausführung der Schaltelemente beschrieben werden. In der DIN 40719 Teil 6 (IEC 848) sind

die Regeln für Funktionspläne mit Grobstruktur festgelegt. In diesen Funktionsplänen können die Schaltzeichen oder grafischen Symbole für Schaltungsunterlagen nach DIN 40900 Teil 12 (IEC 617-12) verwendet werden. Mit diesen Schaltzeichen können Funktionspläne in Grobstrukur detailliert oder Funktionspläne in Feinstruktur erstellt werden. Ein Vorteil von Funktionsplänen ist, dass diese Schaltungsunterlagen im Anwendungsbereich der IEC-Normen verstanden werden.

Die Funktionspläne sind ähnlich wie Programmablaufpläne oder Petri-Netze aufgebaut. Sie sind zum Beschreiben von Schaltungen geeignet, die Aktionen in aufeinanderfolgenden Schritten steuern. Für jeden Schritt werden angegeben

- die Bedingungen für den Übergang zwischen Schritten und

- die Befehle und Aktionen, die in dem Schritt abgegeben, ausgelöst oder beeinflusst werden.

Funktionspläne mit Schritt 6 als Anfangsschritt

Funktionsplan Grobstruktur

Bild 8.15 zeigt einen Funktionsplan in Grobstruktur für die Bohrvorrichtung. Als Anfangsschritt wurde Schritt 6 ausgewählt. Es kann, wie in Bild 8.18 Schritt 1 oder jeder andere Schritt als Anfangsschritt ausgewählt werden. Kernstück des Funktionsplans in Bild 8.15 ist eine Ablaufkette mit sechs Schritten, dargestellt durch Rechtecke mit den Ziffern 1 bis 6. Für die Funktion dieser unverzweigten Ablaufkette gilt:

- Ein Schritt wird gesetzt, wenn der vorhergehende Schritt gesetzt ist und die Transitions- oder Übergangsbedingung erfüllt ist.

- Ist der Schritt gesetzt, dann wird der vorhergehende Schritt rückgesetzt.

Bei dem Einschalten der Energieversorgung der Steuerung ist kein Schritt der Ablaufkette gesetzt. Damit ein Schritt durch eine Übergangsbedingung gesetzt werden kann, muss ein Schritt der Ablaufkette gesetzt sein. Zur Inbetriebnahme der Ablaufkette muss also ein Anfangsschritt gesetzt werden.

In Bild 8.15 ist Schritt 6 der Anfangsschritt. Er ist durch die doppelte Linienführung des den Schritt darstellenden Rechtecks gekennzeichnet. Die in diesem Schritt vorgegebenen Aktionen bewirken, dass die Bohrvorrichtung in ihrem Ausgangszustand bleibt oder in diesen gebracht wird. Der Anfangsschritt kann über den zusätzlichen mit S gekennzeichneten Eingang durch die Variable *AkStart* gesetzt werden.

Für die Variable *AkStart* sind in Bild 8.15 mehrere Schaltungen angegeben. Eine der Schaltungsvarianten nutzt aus, dass nach dem Einschalten der Energieversorgung die Ausgangsvariable eines RS-Flipflops den Wert 0 hat. Durch NEGATION der Ausgangsvariablen des Flipflops ergibt sich die Variable *AkStart*. Diese hat zunächst den Wert 1 und setzt Schritt 6. Die Variable *AS6* nimmt den Wert 1 an und setzt das RS-Flipflop. Dadurch nimmt die Variable *AkStart* den Wert 0 an und behält diesen Wert, solange die Energieversorgung eingeschaltet ist.

Bei der UND- und der ODER-Verknüpfung der anderen Schaltungsvarianten hat die Variable *AkStart* den Wert 1, wenn kein Schritt der Ablaufkette gesetzt ist. Dies ist nach dem Einschalten der Energieversorgung der Fall. Beide Verknüpfungen können mit der DeMorganschen Regel ineinander überführt werden.

Bei allen drei Varianten hat nach dem Einschalten der Energieversorgung die Variable *AkStart* so lange den Wert 1 bis die Variable *AS6* den Wert 1 hat, also Schritt 6 gesetzt ist.

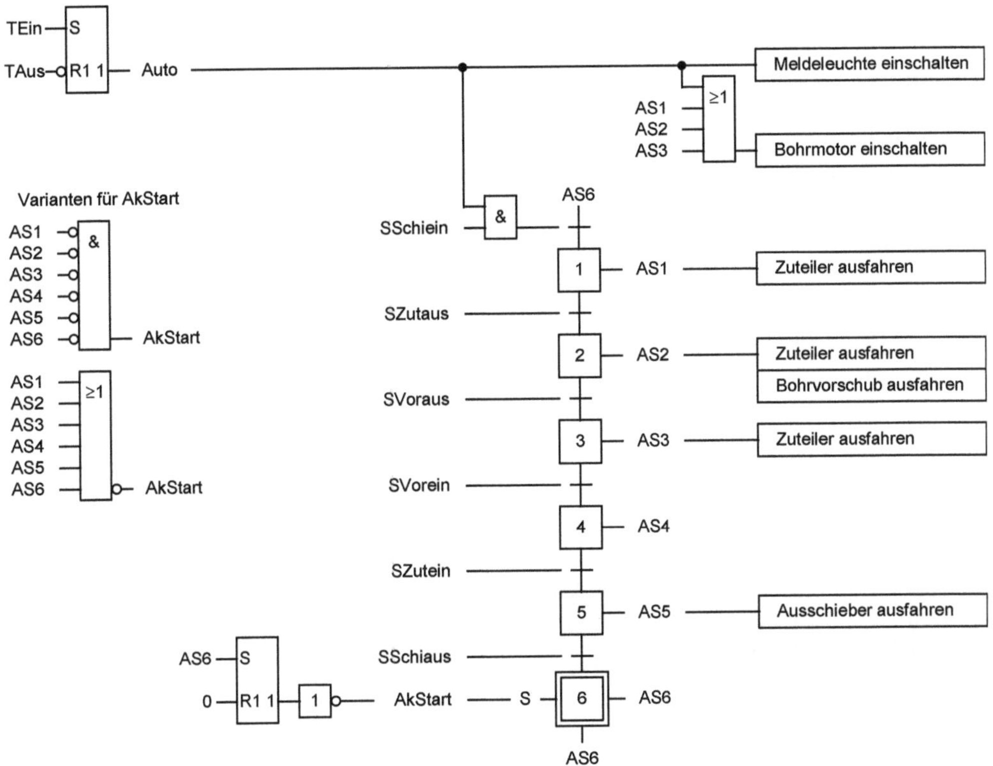

Bild 8.15: Funktionsplan Grobstruktur mit Schritt 6 als Anfangsschritt

Der automatische Betrieb der Steuerung wird durch Setzen oder Rücksetzen des Flipflops mit der Ausgangsvariablen *Auto* ein- und ausgeschaltet. Das Flipflop wird rückgesetzt, wenn die Variable *TAus* den Wert 0 hat. Das Flipflop wird gesetzt, wenn die Variablen *TAus* und *TEin* gleichzeitig den Wert 1 haben. Ist das Flipflop gesetzt, dann hat die Variable *Auto* den Wert 1.

Hat die Variable *Auto* den Wert 1, dann wird die Meldeleuchte und der Bohrmotor eingeschaltet. Die beiden Aktionen sind in dem Funktionsplan in einem Rechteck mit Worten angegeben.

Funktion der Ablaufkette:

- Wenn die Variablen *AS6*, *Auto* und *SSchiein* den Wert 1 haben, dann ist die Bedingung für den Übergang von Schritt 6 nach Schritt 1 erfüllt und es wird Schritt 1 gesetzt.

- Hat die Variable *AS1* den Wert 1, wird Schritt 6 rückgesetzt und es wird die Aktion "Zuteiler ausfahren" ausgeführt. Erreicht der Zuteiler seine vordere Endlage, dann hat die Variable *SZutaus* den Wert 1. Damit ist die Bedingung für den Übergang von Schritt 1 nach Schritt 2 erfüllt und Schritt 2 wird gesetzt.

- Hat die Variable *AS2* den Wert 1, wird Schritt 1 rückgesetzt. Die Aktion "Zuteiler ausfahren" wird weiter ausgeführt. Die Aktion "Bohrvorschub ausfahren" wird zusätzlich vorgegeben.
  Erreicht der Bohrvorschub seine untere Endlage, dann ist die Bohrung ausgeführt und die Variable *SVoraus* hat Wert 1. Der folgende Schritt 3 wird gesetzt und danach Schritt 2 rückgesetzt.

- Hat die Variable *AS3* den Wert 1, dann wird die Aktion "Zuteiler ausfahren" weiter ausgeführt und die Aktion "Bohrvorschub ausfahren" nicht mehr vorgegeben. Dadurch fährt der Bohrvorschub ein. Wenn der Bohrvorschub seine obere Endlage erreicht, hat die Variable *SVorein* den Wert 1. Es wird Schritt 4 gesetzt und danach Schritt 3 rückgesetzt.

- Hat die Variable *AS4* den Wert 1, dann wird die Aktion "Zuteiler ausfahren" nicht mehr vorgegeben. Der Zuteiler fährt ein. Wenn die Variable *SZutein* den Wert 1 annimmt, wird Schritt 5 gesetzt und Schritt 4 rückgesetzt.

- Hat die Variable *AS5* den Wert 1, dann wird die Aktion "Ausschieber ausfahren" vorgegeben. Nach Abschluss der Aktion hat die Variable *SSchiaus* den Wert 1, und es wird von Schritt 5 auf Schritt 6 umgeschaltet.

- Hat die Variable *AS6* den Wert 1, dann wird Schritt 5 rückgesetzt und der Ausschieber fährt ein. Ist er eingefahren, dann hat die Variable *SSchiein* den Wert 1. Solange wie die Variable *Auto* den Wert 0 hat, bleibt Schritt 6 gesetzt. Ein neuer Bohrzyklus beginnt nur, wenn die Variable *Auto* den Wert 1 hat.

Wird der automatische Betrieb der Steuerung in einem der 6 Schritte ausgeschaltet, dann werden die restlichen Schritte des Bohrzyklus ausgeführt. Der Bohrmotor wird ab Schritt 4 ausgeschaltet. Die Steuerung bleibt in Schritt 6 stehen.

Der Übersichtlichkeit wegen wurde als Übergangsbedingung von einem Schritt auf den Folgeschritt nur das Ereignissignal verwendet, das den Abschluss der in dem Schritt neu ausgelösten Aktion meldet. Für jede Übergangsbedingung können die Werte aller (sechs) Ereignissignale miteinander verknüpft werden. Die Sicherheit des Steuerungsablaufs wird dadurch erhöht.

Funktionsplan Feinstruktur

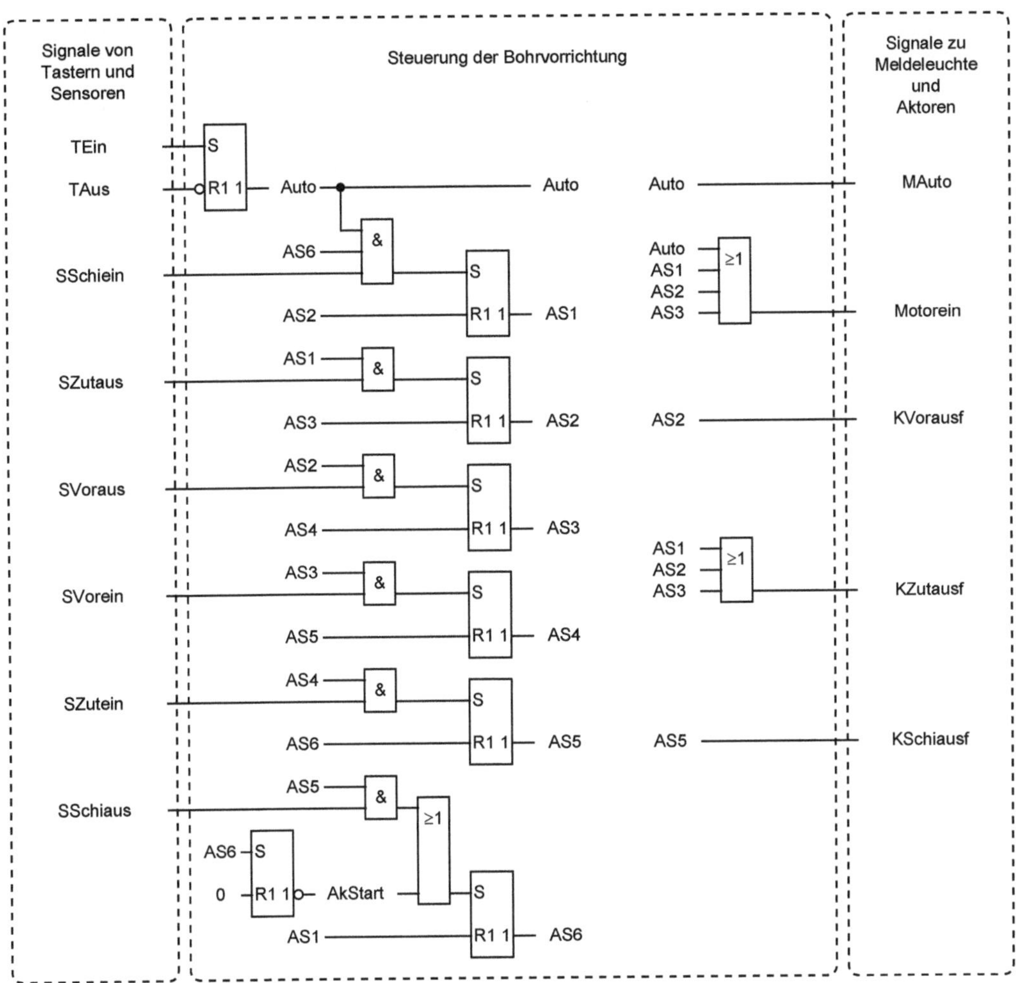

Bild 8.16: Funktionsplan Feinstruktur mit Schritt 6 als Anfangsschritt

In Bild 8.16 ist die Verfeinerung des Funktionsplans Grobstruktur aus Bild 8.15 dargestellt. Als Ablaufkette wird eine Reihenschaltung von beschalteten RS-Flipflops eingesetzt, deren Ausgangssignal-Folge weitgehend einem 1aus 6-Code entspricht.

Jeder der ersten fünf Schritte der Ablaufkette besteht aus einem RS-Flipflop, das über eine UND-Verknüpfung gesetzt werden kann. Das RS-Flipflop des sechsten Schritts kann über eine ODER-Verknüpfung sowohl von der Variablen *AkStart* als auch über die UND-Verknüpfung der Variablen *AS5* und *SSchiaus* gesetzt werden.

Aus den Variablen *Auto* und den Ausgangsvariablen der Schritte werden die Variablen gebildet, welche die Meldeleuchte und die Aktoren steuern.

Die Werte der Variablen *MAuto*, *KVorausf* und *KSchiausf* sind IDENTISCH mit den Werten der zugeordneten Variablen *Auto*, *AS2* und *AS5*.

Die Variable *Motorein* ist das Ergebnis der ODER-Verknüpfung der Variablen *Auto, AS1, AS2* und *AS3*.

Die Variable *KZutausf* wird gebildet durch die ODER-Verknüpfung der Variablen *AS1, AS2* und *AS3*.

Funktionspläne mit Schritt 1 als Anfangsschritt

Funktionsplan Grobstruktur

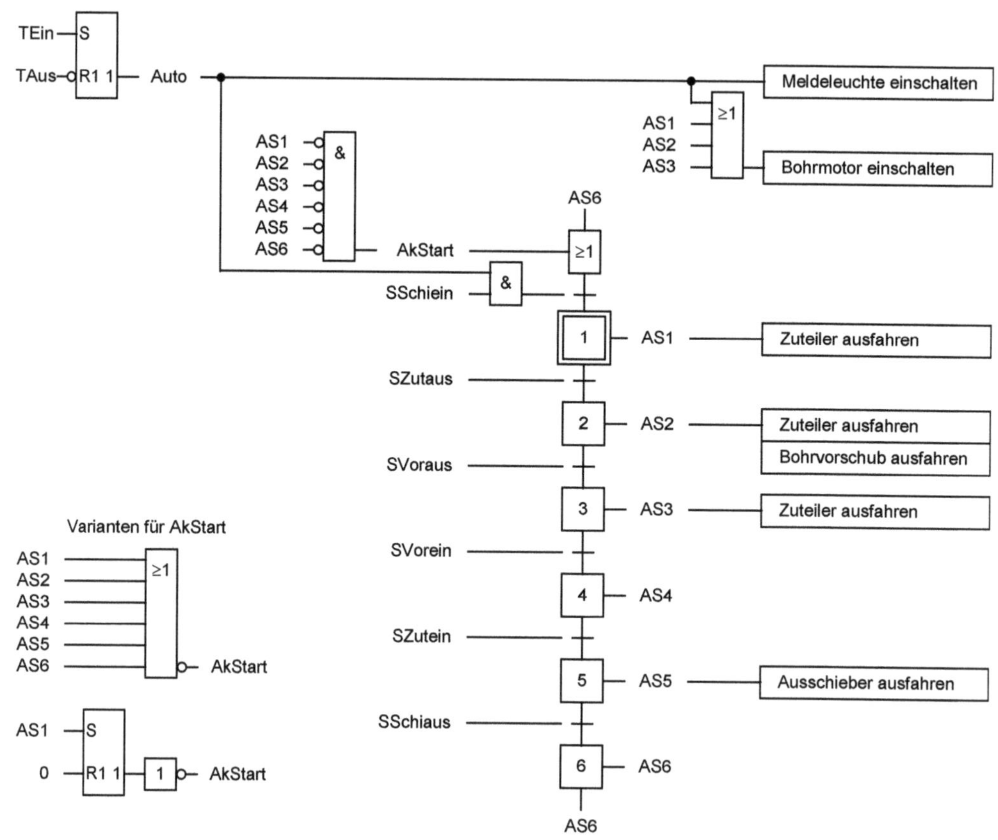

Bild 8.17: Funktionsplan Grobstruktur mit Schritt 1 als Anfangsschritt

In Bild 8.17 wird ein weiterer Funktionsplan in Grobstruktur für die Bohrvorrichtung vorgestellt. Die Zuordnung der Aktionen zu den Schritten entspricht der Zuordnung in dem Funktionsplan, Bild 8.15. Die Bohrvorrichtung erreicht oder befindet sich in Schritt 6 also in ihrem Ausgangszustand.

Im Unterschied zu dem Funktionsplan in Bild 8.15 ist Schritt 1 der Anfangsschritt. In diesem Schritt startet der Bohrzyklus. Die in Schritt 1 ausgelösten Aktionen bringen die Bohrvorrichtung nicht in den Ausgangszustand. Dies könnte bei dem Einschalten der Energieversorgung zu nicht kontrollierten Aktionen führen und Schäden verursachen. Derartige Probleme treten bei der Bohrvorrichtung nicht auf, weil die Vorschubeinheiten von Ventilen mit Federrückstellung gesteuert werden. Diese Ventile sind bei dem Einschalten der Druckluftversorgung in der Ruhestellung, weil alle Stellsignale den Wert 0 haben. Die Bohrvorrichtung bleibt in dem Ausgangszustand oder nimmt ihn ein.

Auch bei dieser Schaltung ist nach dem Einschalten der Energieversorgung der Steuerung kein Schritt der Ablaufkette gesetzt. Sobald der erste Schritt gesetzt ist, beginnt ein Bohrzyklus. Das erstmalige Setzen des Anfangsschritts wird durch die Verknüpfung der Variablen *AkStart* mit den Variablen *Auto* und *SSchein* bewirkt.

Die folgenden Bohrzyklen beginnen, wenn die Variablen *Auto*, *SSchiein* den Wert 1 haben und anstelle der Variablen *AkStart* die Variable *AS6* den Wert 1 hat.

Für den Funktionsplan Grobstruktur mit Schritt 1 als Anfangsschritt werden mehrere Verfeinerungen vorgestellt. Diese unterscheiden sich durch den Aufbau der Ablaufketten.

Funktionsplan mit einer nach dem 1aus6-Code arbeitenden Ablaufkette
Als erste Verfeinerung des Funktionsplan in Bild 8.17 wird der feinstrukturierte Funktionsplan, Bild 8.18, vorgestellt. Zur Steuerung des schrittweisen Ablaufs wird die aus Bild 8.16 bekannte Reihenschaltung von RS-Flipflops eingesetzt. Die Ausgangssignal-Folge dieser Ablaufkette entspricht weitgehend einem 1aus 6-Code.

Die Ablaufkette besteht aus sechs Schritten. Das Kernstück eines jeden Schritts ist ein RS-Flipflop, bei dem Rücksetzen dominiert. Ein Flipflop der Schritte 2 bis 6 wird gesetzt, wenn das Flipflop des vorhergehenden Schritts gesetzt ist und die in dem vorhergehenden Schritt neu vorgegebene Aktion ausgeführt ist. Das Flipflop eines Schritts wird rückgesetzt, wenn das Flipflop des folgenden Schritts gesetzt ist.

Nach dem Einschalten der Energieversorgung ist kein Flipflop der Schritte 1 bis 6 gesetzt. Die Variablen *AS1* bis *AS6* haben den Wert 0 und die Variable *AkStart* den Wert 1. Haben gleichzeitig die Variablen *AkStart*, *Auto* und *SSchiein* den Wert 1, dann wird das Flipflop von Schritt 1 gesetzt.

Nach dem ersten Bohrzyklus wird das Flipflop von Schritt 1 gesetzt, wenn Schritt 6 gesetzt ist, die in Schritt 6 neu vorgegebene Aktion ausgeführt ist und die Variable *Auto* den Wert 1 hat.

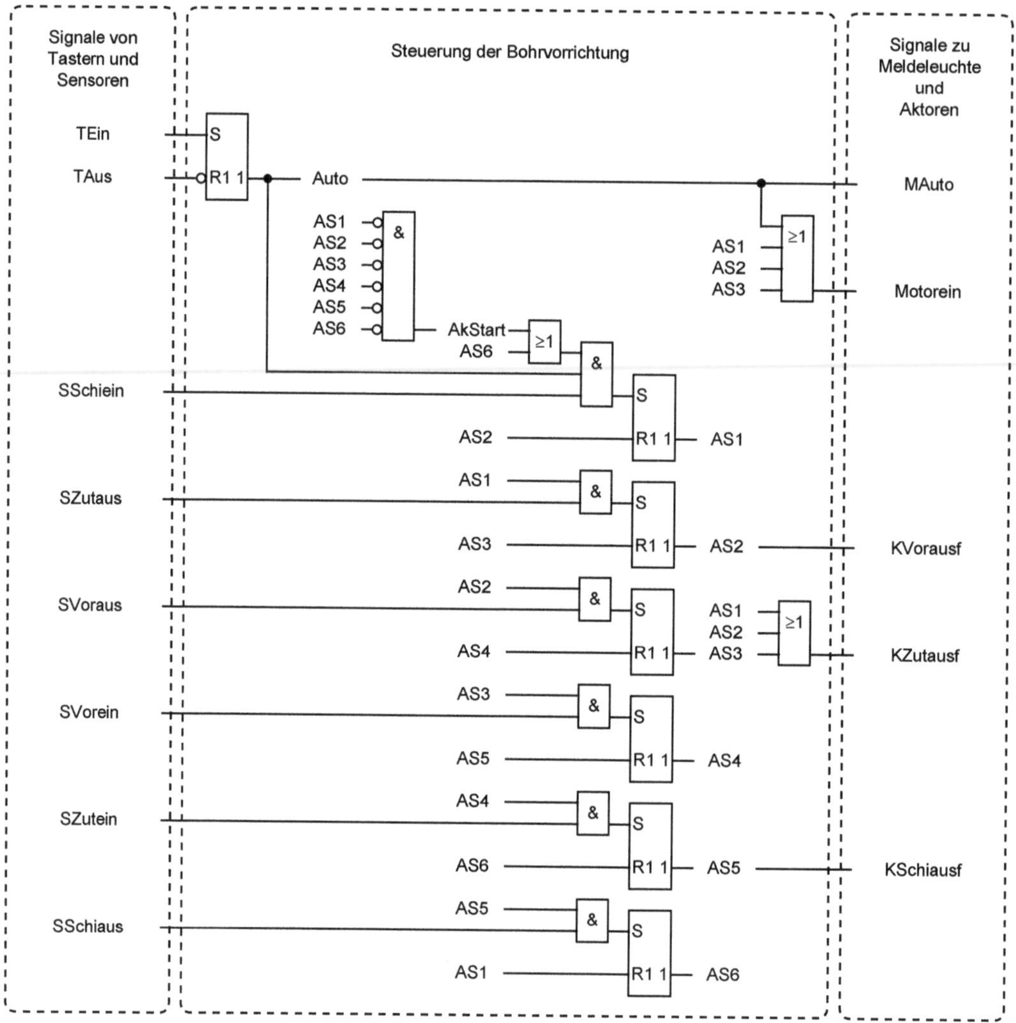

Bild 8.18: Funktionsplan mit einer Ablaufkette die aus RS-Flipflops aufgebaut ist

Funktionsplan mit einer nach dem Zählcode arbeitenden Ablaufkette
Der Funktionsplan mit Feinstruktur, Bild 8.19, ist die zweite Verfeinerung des Funktionsplan in Bild 8.17.

Die Schaltung für die Ablaufkette in Bild 8.19 ist aus sechs selbsthaltenden Flipflops und Schaltelementen aufgebaut. Das Funktionsprinzip dieser Ablaufkette wurde Kap.6 vorgestellt.

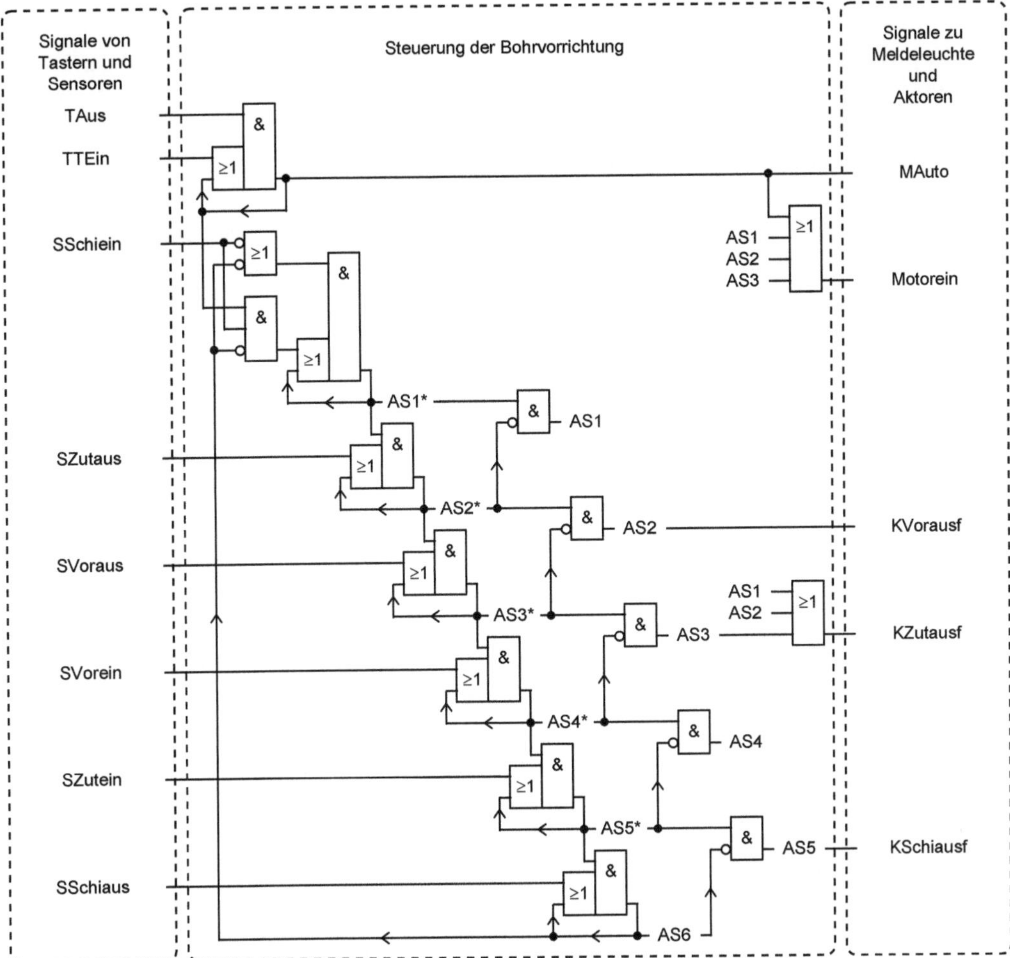

Bild 8.19: Funktionsplan mit einer Ablaufkette aus selbsthaltenden Flipflops

Die sechs selbsthaltenden Flipflops sind in Reihe geschaltet. In einem Bohrzyklus werden nacheinander alle sechs Flipflops gesetzt. Diese Ausgangssignal-Folge entspricht dem Zähl-Code. Damit ein neuer Bohrzyklus beginnen kann, müssen alle Flipflops rückgesetzt werden.

Das erste Flipflop wird gesetzt, wenn die Variable *AS6* den Wert 0 hat und die Variablen *Auto* und *SSchiein* den Wert 1 haben. Das erste Flipflop bleibt gesetzt, so lange wie mindestens eine der Variablen *SSchiein* oder *AS6* den Wert 0 hat.

Das zweite Flipflop wird gesetzt, wenn die Variable *AS1** den Wert 1 hat und die Übergangs-bedingung erfüllt ist, also die Variable *SZutaus* den Wert 1 hat. Ist das zweite Flipflop gesetzt, dann hat die Variable *AS2* also den Wert 1. Das zweite Flipflop bleibt so lange gesetzt, wie die

Variable *AS1** den Wert 1 hat.

Auf die gleiche Weise werden in Abhängigkeit von dem vorangehenden Schritt und der Übergangsbedingung die weiteren Flipflops gesetzt.

Ist das sechste Flipflop gesetzt und die in Schritt 6 vorgegebene Aktion ausgeführt, dann hat die Variable *SSchiein* den Wert 1. Damit ist die Übergangsbedingung für den Wechsel nach Schritt 1 erfüllt.

Vor dem Wechsel müssen alle Flipflops rückgesetzt werden. Haben die beiden Variablen *SSchiein* und *AS6* den Wert 1, dann wird das erste Flipflop rückgesetzt. Die Variable *AS1** nimmt den Wert 0 an. Dadurch wird das zweite Flipflop und nacheinander die weiteren Flipflops rückgesetzt. Zeitlich verzögert durch die Schaltzeiten der Flipflops wird als letztes das sechste Flipflop rückgesetzt. Es sind also alle Flipflops rückgesetzt, wenn die Variable *AS6* den Wert 0 angenommen hat. Danach kann Schritt 1 gesetzt werden. Ein neuer Bohrzyklus kann beginnen.

Die Ausgangsvariablen der Flipflops werden über UND-Schaltungen zu den Schritt-Variablen decodiert. Beispielsweise hat die Variable *AS1* den Wert 1 nur, wenn die Variable *AS1** den Wert 1 und die Variable *AS2** den Wert 0 hat.

Die Ausgangsvariablen der Flipflops könnten jedoch auch direkt zu Ausgabesignalen verknüpft werden. Beispielsweise hat die Variable *KZutausf* den Wert 1, wenn die Variable *AS1** den Wert 1 und die Variable *AS4** den Wert 0 hat. In diesem Fall würde die ODER-Verknüpfung der Variablen *AS1**, *AS2** und *AS3** und die UND-Schaltungen für die Variablen *AS1* und *AS4* wegfallen.

Funktionsplan mit einer aus einem Schieberegister aufgebauten Ablaufkette
Der Funktionsplan mit Feinstruktur, Bild 8.20, ist die dritte Verfeinerung des Funktionsplans, Bild 8.17. Zur Steuerung des Ablaufs wird ein Schieberegister eingesetzt. Dieses wird über zusätzliche Schaltungen so gesteuert, dass die Folge der Ausgangssignale des Schieberegisters dem 1aus6-Code entspricht. Das Funktionsprinzip von Schieberegistern wurde in "6 Schaltwerke" vorgestellt.

Das Schieberegister besteht aus sechs einflankengesteuerten D-Flipflops, bei denen die dynamischen C-Eingänge parallel und die D-Eingänge in Reihe geschaltet sind. Die Ausgangsvariablen der einflankengesteuerten D-Flipflops sind die Schritt-Variablen *AS1* bis *AS6*.

Funktion des Schieberegisters in Abhängigkeit von den Variablen *X* und *Y*
Die Variable *Y* steuert über die dynamischen C-Eingänge die D-Flipflops gleichzeitig. Nach einem Wechsel der Variablen *Y* von 0 nach 1 hat die Ausgangsvariable eines Flipflops den Wert, den die Variable am D-Eingang bei dem Wechsel hatte.

Wenn mindestens die Variablen *AS1* bis *AS5* den Wert 0 haben, dann hat die Variable *X* den Wert 1. An dem D-Eingang des ersten Flipflops liegt der Wert 1 und an den D-Eingängen der anderen fünf Flipflops der Wert 0 an. Wechselt nun der Wert der Variablen *Y* von 0 nach 1, dann hat nach dem Wechsel die Variable *AS1* den Wert 1 während die Variablen *AS2* bis *AS6* den Wert 0 behalten.

Ausser den Variablen *AS2* bis *AS6* hat vor dem nächsten Wechsel des Werts der Variablen *Y* von 0 nach 1 auch die Variable *X* den Wert 0. Nur die Variable *AS1* hat den Wert 1. Es liegt also nur an dem D-Eingang des zweiten Flipflops der Wert 1 an. Nach dem Wechsel des Werts der Variablen *Y* von 0 nach 1 hat die Variable *AS2* den Wert 1. Die Variablen *X*, *AS1* und *AS3* bis *AS6* haben den Wert 0.

Nach dem folgenden Wechsel des Werts der Variablen *Y* von 0 nach 1 hat die Variable *AS3* den Wert 1. Die Variablen *X*, *AS1*, *AS2* und *AS4* bis *AS6* haben den Wert 0.

Die weiteren Wechsel der Variablen *Y* von 0 nach 1 bewirken, dass nacheinander die Variablen *AS4*, *AS5* und *AS6* einzeln den Wert 1 haben.

Wenn die Variable *AS6* den Wert 1 hat, dann hat auch die Variable *X* den Wert 1, weil die Variablen *AS1* bis *AS5* den Wert 0 haben. Bei dem nächsten Wechsel der Variablen *Y* von 0 nach 1 nimmt die Variable *AS1* den Wert 1 an. Die Variablen *AS6* und *X* nehmen den Wert 0 an. Ein neuer Bohrzyklus beginnt.

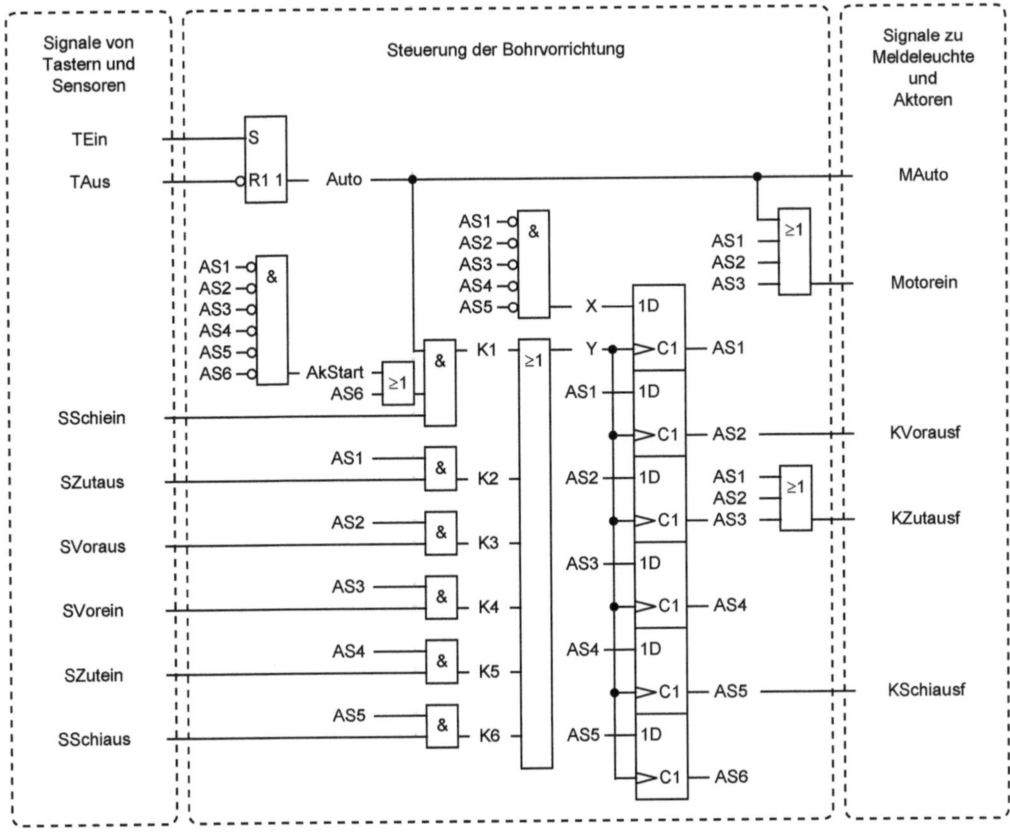

Bild 8.20: Funktionsplan mit einer aus einem Schieberegister aufgebauten Ablaufkette

Steuerung des Schiebevorgangs durch die Variable Y
Der Wechsel von einem Schritt zu dem folgenden Schritt wird ausgelöst durch den Wechsel des Werts der Variablen Y von 0 nach 1. Damit das Schieberegister die Funktion einer Ablaufkette erfüllt, müssen die Wechsel des Werts der Variablen Y von 0 nach 1 gesteuert werden. In Bild 8.20 erfolgt dies durch den Schaltungsteil, der die Ausgangsvariablen der UND-Verknüpfungen $K1$ bis $K6$ über ODER zu der Variablen Y zusammenfasst.

Der erste Schritt soll in zwei Fällen gesetzt werden und zwar entweder nach dem Einschalten der Energieversorgung oder nach dem Ende eines Bohrzyklus.

Der erste Schritt 1 wird gesetzt, wenn die Variable $K1$ den Wert 1 annimmt und dadurch auch der Wert der Variablen Y von 0 nach 1 wechselt. Für den Wechsel des Werts der Variablen $K1$ von 0 nach 1 ist es notwendig, dass bereits entweder die Variable $AkStart$ oder die Variable $AS6$ und zusätzlich eine der Variablen $Auto$ oder $SSchiein$ den Wert 1 haben. Der Wechsel wird ausgelöst, wenn auch die letzte der beiden Variablen $Auto$ oder $SSchiein$ den Wert 1 annimmt.

Die folgenden Schritte werden gesetzt, wenn die in den vorhergehenden Schritten ausgelösten Aktionen abgeschlossen sind.

Hat die Variable $AS1$ den Wert 1 und wechselt der Wert die Variable $SZutaus$ von 0 nach 1, dann nimmt die Variable $K2$ den Wert 1 an. Dadurch wechselt auch der Wert der Variablen Y von 0 nach 1 und Schritt 2 wird gesetzt. Die Variable $AS2$ hat also den Wert 1. Die Variable $AS1$ nimmt den Wert 0 an.

Um Schritt 3 zu setzen und um Schritt 2 rücksetzen muss die Variable $K3$ den Wert 1 annehmen und so den Wechsel des Werts der Variablen Y von 0 nach 1 auslösen. Dies ist der Fall, wenn die Variable $AS2$ den Wert 1 hat und der Wert der Variablen $SVoraus$ von 0 nach 1 wechselt.

Die Schaltungen für die Variablen $K1$ bis $K6$ entsprechen den Schaltungen zum Setzen der Flipflops in der Ablaufkette in Bild 8.18.

Beispiel: Funktionsplan mit einer aus einem Binärzähler aufgebauten Ablaufkette
Der Funktionsplan mit Feinstruktur, Bild 8.21, ist die vierte Verfeinerung des Funktionsplans, Bild 8.17. Zur Steuerung des Ablaufs wird ein binär arbeitender Aufwärtszähler mit einem Zähleingang, einem Rücksetzeingang und drei Ausgängen eingesetzt. Der Zähler zählt aufwärts, kann rückgesetzt werden und gibt den Zählerstand über drei binäre Variablen aus. Die Arbeitsweise derartiger Zähler wurde in "6 Schaltwerke" vorgestellt.

Damit der Binärzähler zur Steuerung des Ablaufs verwendet werden kann, müssen über zusätzliche Schaltungen das Zählen und das Rücksetzen gesteuert und aus den Ausgangssignalen des Zählers die Schritt-Variablen dekodiert werden. Es sind also Schaltungen für die Zähl-Variable Zi, die Rücksetz-Variable $K0$ und die Schritt-Variablen $AS0$ bis $AS7$ notwendig.

Der binärcodierte Zählerstand wird über UND-Verknüpfungen in den 1aus7-Code der Variablen $AS0$ bis $AS7$ umgesetzt. Es hat diejenige der Variablen $AS0$ bis $AS7$ den Wert 1, deren Kennziffer dem dezimalen Wert des Zählerstands entspricht.

Funktion des Binärzählers in Abhängigkeit von den Variablen Zi und $K0$ bis $K6$:

Der Zählerstand hat den Wert 0 nach dem Einschalten der Energieversorgung, oder wenn die Variable $K0$ den Wert 1 hat und den Zähler rücksetzt.
Hat der Zählerstand den Wert 0, dann haben die Werte der drei Ausgangsvariablen auch den Wert 0. Die Variable $AS0$ hat den Wert 1.

Nur wenn die Variable $K0$ den Wert 0 hat, wird bei jedem Wechsel des Werts der Variablen Zi von 0 nach 1 der Zählerstand um 1 erhöht.
Der Wert der Variablen Zi wechselt von von 0 nach 1, wenn der Wert einer der Variablen $K1$ bis $K6$ von 0 nach 1 wechselt.

- Ein Bohrzyklus beginnt, wenn die Variable $AS1$ den Wert 1 annimmt. Dies ist der Fall, wenn die Variable $K1$ den Wert 1 annimmt.
  Der Wert der Variablen $K1$ wechselt von 0 nach 1, wenn die letzte der drei Variablen $Auto$, $AS0$ oder $SSchien$ den Wert 1 annimmt. Dadurch wechselt auch der Wert der Variablen Zi von 0 nach 1. Der Zählerstand des Binärzählers wird von 0 auf 1 erhöht.
  Die Variable $AS1$ hat den Wert 1.

- Beträgt der Zählerstand 1, dann wird er um 1 erhöht, wenn die Variable $K2$ von 0 nach 1 wechselt. Dies ist der Fall, wenn die Variable $SZutaus$ den Wert 1 annimmt.
  Hat der Zählerstand den Wert 2 , dann hat die Variable $AS2$ den Wert 1.

- Hat die Variable $AS2$ den Wert 1 und wechselt der Wert der Variablen $SVoraus$ nach 1, dann nimmt die Variable $K3$ den Wert 1 an.
  Dadurch wird der Zählerstand um 1 auf 3 erhöht. Die Variable $AS3$ hat den Wert 1.

- Die Variablen $AS4$ bis $AS6$ nehmen entsprechend nacheinander den Wert 1 an.

- Hat eine der Variablen $AS0$ bis $AS6$ den Wert 1, dann haben die anderen Variablen den Wert 0.

- Hat die Variable $AS6$ den Wert 1 und ist die in diesem Schritt ausgelöste Aktion abgeschlossen, dann hat auch die Variable $SSchien$ den Wert 1. Die Variable $K0$ hat den Wert 1, der Binärzähler wird rückgesetzt und die Variable $AS0$ nimmt den Wert 1 an.

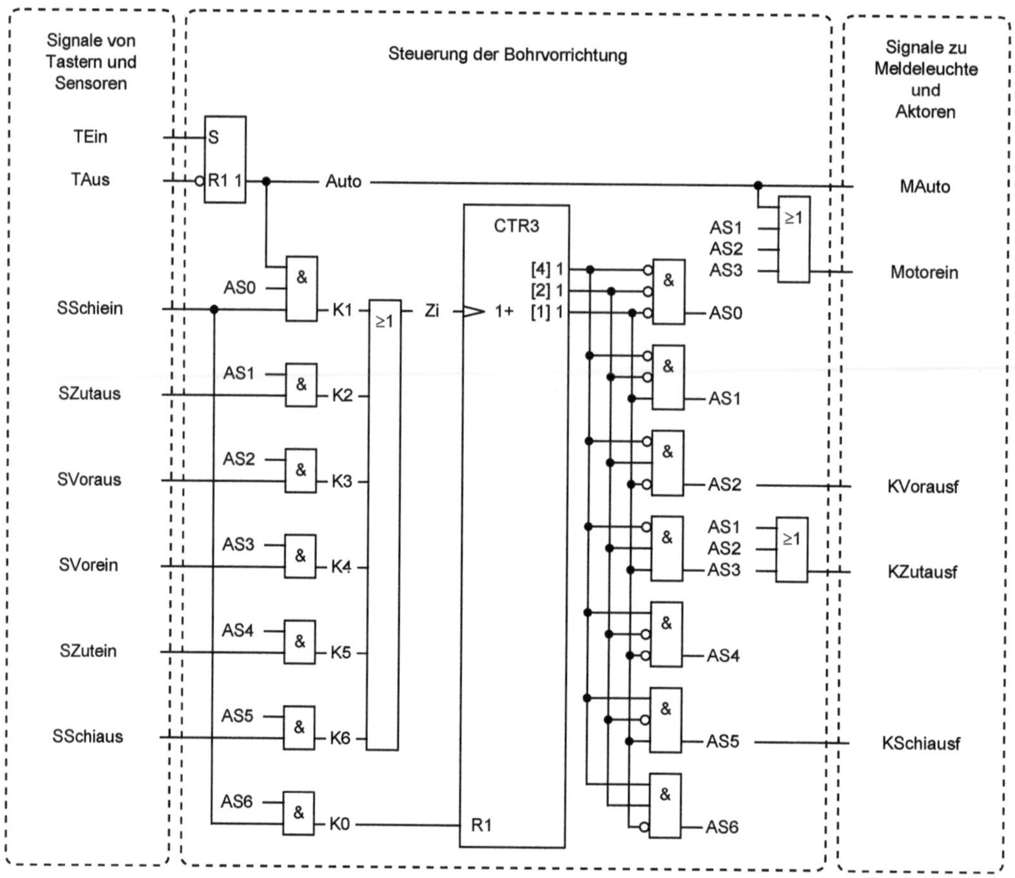

Bild 8.21: Funktionsplan mit einer aus einem Binärzähler aufgebauten Ablaufkette

9   Programmierbare Schaltungen

Bei einer aus einzelnen Schaltelementen aufgebauten Steuerung ist das Steuerungsprogramm festgelegt durch

- die Funktionen, die von den Schaltelementen ausgeführt werden und

- das Zusammenwirken der Schaltelemente.

Das Programmieren einer derartigen Steuerung erfolgt durch das Herstellen von Verbindungsleitungen zwischen den Schaltelementen. Die Steuerungen sind verbindungsprogrammiert.

Bei programmierbaren Steuerungen befindet sich das Steuerungsprogramm in einem Speicher.

In frühen programmierbaren Steuerungen wurden Programmspeicher verwendet, die als Datenträger Karten, Streifen, Walzen und Scheiben mit Nocken, Löchern oder Kurven einsetzten. Die Datenträger wurden mechanisch abgetastet. Das Steuerungsprogramm konnte durch den Austausch der Datenträger geändert werden. Diese austauschprogrammierbaren Steuerungen lösten die unterschiedlichsten Steuerungsaufgaben. Es wurden beispielsweise Werkzeugmaschinen, wie Drehautomaten, durch Kurven- und Nockenscheiben gesteuert. Von austauschbaren Lochkartenspielen wurden sowohl die Musikstücke eines Orchestrions oder eines automatischen Klaviers als auch die Muster der auf Jacquard-Webmaschinen hergestellten Stoffe festgelegt.

Die Steuerungen mit mechanisch arbeitenden Programmspeichern und mechanischen Datenträgern sind heute weitgehend durch Steuerungen verdrängt, die elektronisch arbeiten und elektronische Speichermedien verwenden.

Mit elektronisch arbeitenden programmierbaren Schaltungen lassen sich Schaltungen und kleinere Steuerungen aufbauen. Dies können beispielsweise Funktionsbausteine sein, die den Schaltungsaufbau von umfangreichen Steuerungen vereinfachen. Bei Programmänderungen haben programmierbare Schaltungen den Vorteil, dass ihre Funktionen verändert werden können ohne die Anschlüsse der Eingangs- und Ausgangssignale zu ändern.

Zur Programmierung werden in den Schaltungen Strompfade unterbrochen oder freigegeben. Die Programmierung erfolgt mit den bei Halbleiter-Speicherbausteinen eingesetzten Techniken, beispielsweise

- durch das Durchbrennen von Sicherungen (Fuses) wie bei einem PROM (Programmable Read Only Memory). Die über Sicherungen programmierbaren Bausteine können nicht umprogrammiert werden. Zur Änderung des Programms ist ein neuer Baustein zu programmieren.

- durch Einbringen oder Entfernen von Ladungsträgern in Halbleiterstrukturen wie bei einem EPROM (Erasable Programmable Read Only Memory). Die eingebrachten Ladungsträger bleiben mehrere Jahre gespeichert und bewirken, dass Strompfade unterbrochen oder freigegeben werden. Die Bausteine sind mehrfach umprogrammierbar.

Zum Programmieren der programmierbaren Schaltungen sind spezielle Programmiergeräte erforderlich.

Programmierbare UND-Matrix

Die Schaltung in Bild 9.1 stellt programmierbare UND-Verknüpfungen funktional vor.

Die Schaltung besteht aus Zellen, die in Form einer Matrix angeordnet sind. Eine Zelle besteht aus einer Sicherung, einem ODER- und einem UND-Element.

- Auf alle Zellen in einer Spalte der Matrix wirkt die Eingangsvariablen W.

Die Zellen in einer Zeile der Matrix sind die Elemente der programmierbaren UND-Schaltung mit einer der Ausgangsvariablen K.

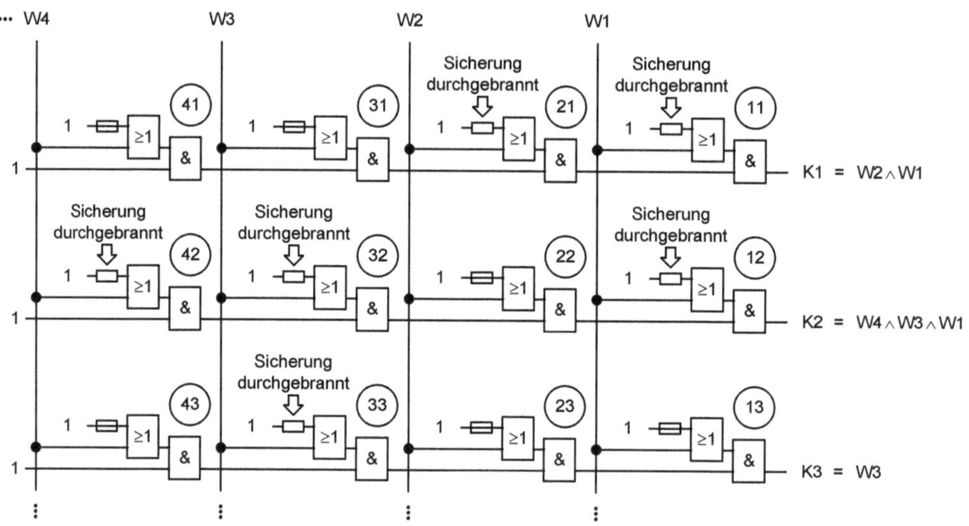

Bild 9.1: Programmierbare UND-Matrix mit Sicherungen zur Programmierung

Die UND-Schaltung, Bild 9.1, ist programmierbar, weil die Eingangsvariablen die UND verknüpft werden sollen auswählbar sind. Bei der programmierten UND-Verknüpfung ist jede Eingangsvariable, die nicht UND-verknüpft werden soll, durch ein Signal mit dem Wert 1 zu ersetzen. Hierzu befindet sich in jeder Zelle der UND-Verknüpfung zum Programmieren eine ausbrennbare Sicherung.

- Ist die Sicherung in einer Zelle nicht durchgebrannt, dann hat die Ausgangsvariable der ODER-Verknüpfung in der Zelle dauerhaft den Wert 1 und ist unabhängig von dem Wert der Variablen W.

- Ist die Sicherung durchgebrannt, dann entspricht der Wert der Ausgangsvariablen der ODER-Verknüpfung in der Zelle dem Wert der Variablen W.

Die Ausgangsvariablen der ODER-Elemente in den Zellen einer Zeile werden über die in Reihe geschalteten UND-Elemente zu einer der Ausgangsvariablen K verknüpft. Die Ausgangsvariable K einer der programmierbaren UND-Verknüpfungen hat den Wert 1 nur, wenn die Ausgangsvariablen aller UND-Elemente in einer Zeile den Wert 1 haben. Dies ist der Fall, wenn die Eingangsvariablen W der Zellen, in denen die Sicherung durchgebrannt ist, den Wert 1 haben.

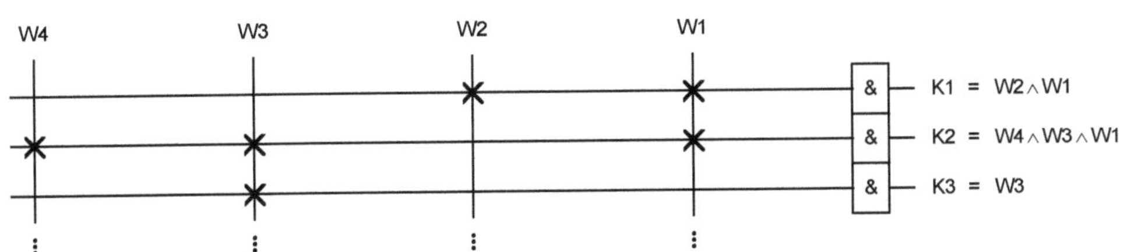

Bild 9.2: Symbolische Darstellung einer programmierbaren UND-Matrix

Ein vereinfachter Funktionsplan der programmierten UND-Matrix aus Bild 9.1 ist in Bild 9.2 dargestellt.. Jede Zeile stellt eine programmierbare UND-Verknüpfung dar. Unabhängig von gerätetechnischen Aspekten bedeutet ein Kreuz in den Schnittpunkten der Zeilen mit den Spalten, dass die Eingangsvariable der Spalte in der Zeile UND verknüpft werden soll.

Programmierbare ODER-Matrix

Der in Bild 9.3 vorgestellte Funktionsplan einer programmierbaren ODER-Matrix besteht wie die programmierbare UND-Matrix aus Zellen, die in Form einer Matrix angeordnet sind. Ebenso besteht eine Zelle aus einer Sicherung, einem ODER- und einem UND-Element, wobei jedoch die Reihenfolge dieser Verknüpfungen vertauscht ist.

Die ODER-Schaltung ist programmierbar, weil die Eingangsvariablen, die ODER verknüpft werden sollen, auswählbar sind..

Die Eingangsvariablen, die über ODER verknüpft werden sollen, werden bei den in Bild 9.1 vorgestellten programmierten ODER-Verknüpfungen durch Signale mit dem Wert 1 ausgewählt. Zum Programmieren kann über Sicherungen in jeder Zelle ein konstantes Signal mit dem Wert 0 oder 1 vorgegeben werden.

- Ist die Sicherung in einer Zelle durchgebrannt, dann hat die Ausgangsvariable der UND-Verknüpfung dieser Zelle dauerhaft den Wert 0 unabhängig von dem Wert der Variablen W. Die Variable W hat keinen Einfluß auf die ODER Verknüpfung.

- Ist die Sicherung in einer Zelle nicht durchgebrannt, dann entspricht der Wert der Ausgangsvariablen der UND-Verknüpfung dieser Zelle dem Wert der Variablen W.

Die Ausgangsvariablen der UND-Verknüpfungen in den Zellen einer Zeile werden über die in Reihe geschalteten ODER-Elemente zu einer der Ausgangsvariablen D verknüpft. Die Ausgangsvariable D einer der programmierbaren ODER-Verknüpfungen hat den Wert 1 nur, wenn mindestens eine der Ausgangsvariablen der ODER-Vernüpfungen in der Zeile den Wert 1 hat. Dies ist der Fall, wenn in der Zeile eine der Eingangsvariablen W der Zellen, in denen die Sicherung nicht durchgebrannt ist, den Wert 1 hat.

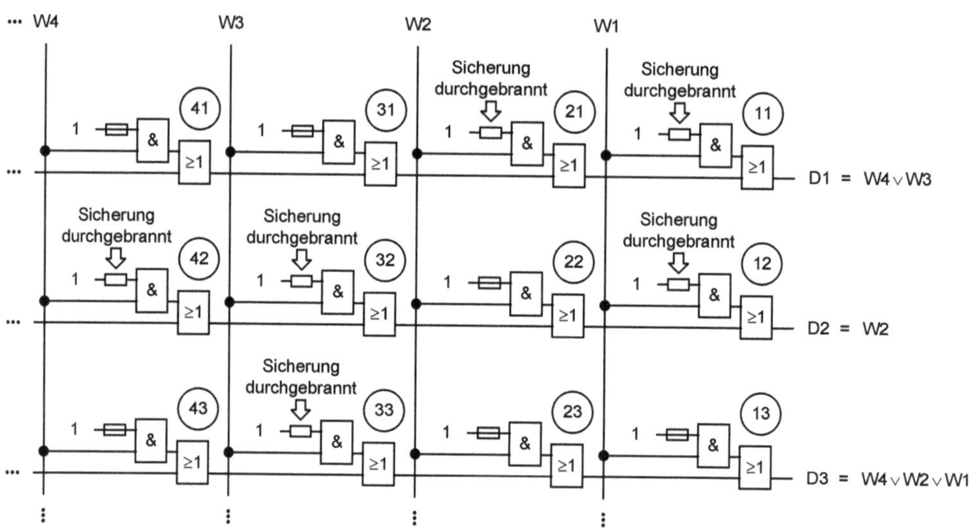

Bild 9.3: Programmierbare ODER-Matrix

In Bild 9.3 sind in der ersten Zeile die Sicherungen der Zelle 21 und 11 durchgebrannt. Die Sicherungen in den Zellen 41 und 31 sind intakt. Die Ausgangsvariable *D1* hat den Wert 1, wenn mindestens eine der Eingangsvariablen *W3* oder *W4* den Wert 1 hat.

In der zweiten Zeile sind die Sicherungen in den Zellen 42, 32 und 12 durchgebrannt. Der Wert der Ausgangsvariable *D2* ist nur von dem Wert der Variablen *W2* abhängig.

In der dritten Zeile hat die Ausgangsvariable *D3* den Wert 0, wenn keine der Variable *W4*, *W3* oder *W1* den Wert 1 hat.

Wären in einer Zeile alle Sicherung durchgebrannt, dann hätte die Ausgangsvariable *D* den Wert 0.

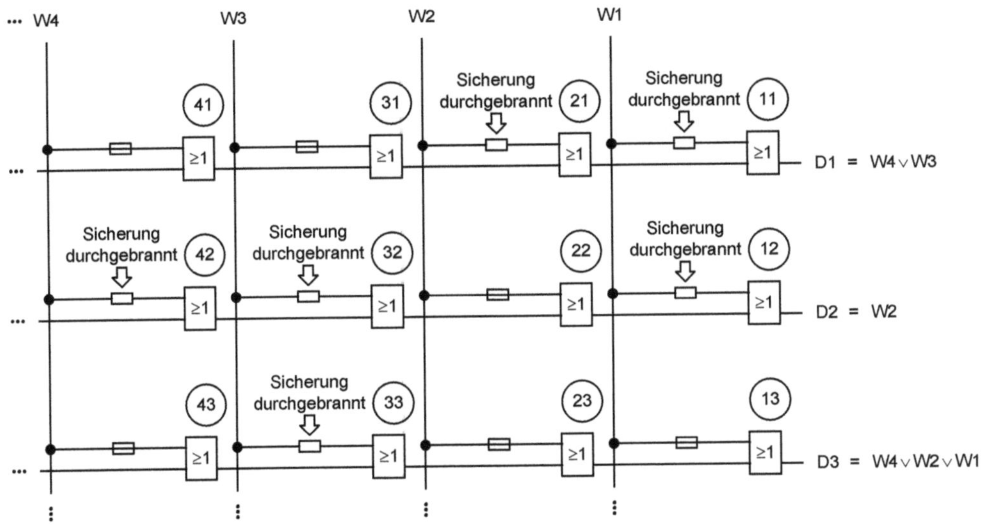

Bild 9.4: Vereinfachter Funktionsplan der programmierbaren ODER-Matrix

In dem Funktionsplan der programmierbaren ODER-Matrix, Bild 9.3, kann die UND-Verknüpfung in jeder Zelle ersetzt werden durch die in Bild 9.4 vorgestellte Reihenschaltung der Variablen *W* und der Sicherung. Eine durchgebrannte Sicherung unterbricht die Verbindung der Variablen *W* mit dem Eingang des ODER-Elements in einer Zelle. Dies bewirkt, dass die Variable *W* auf die ODER-Verknüpfung der Zeile keinen Einfluss hat.

Die Funktionspläne der programmierbaren ODER-Matrizen in den Bildern 9.3 und 9.4 können vereinfacht nach Bild 9.5 dargestellt werden. Jede Zeile stellt eine programmierbare ODER-Verknüpfung dar. Unabhängig von gerätetechnischen Aspekten bedeutet bei der programmierbaren ODER-Verknüpfung ein Kreuz in den Schnittpunkten der Zeilen mit den Spalten, dass die Eingangsvariable der Spalte in der Zeile ODER verknüpft werden soll.

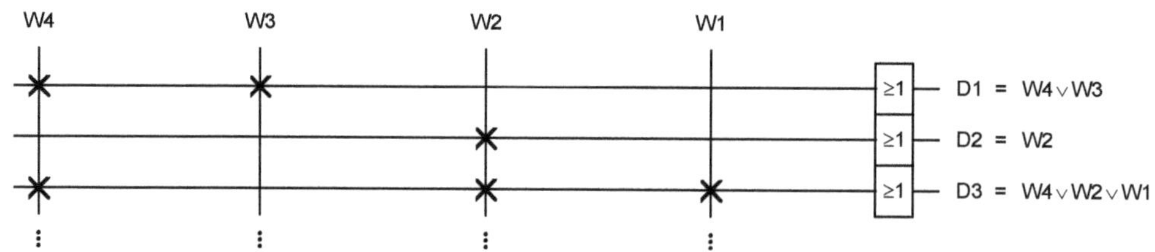

Bild 9.5: Symbolische Darstellung einer programmierbaren ODER-Matrix

Programmierbare Anordnungen

Die programmierbaren UND und ODER-Matrizen werden in unterschiedlichen Kombinationen von festprogrammierten Schaltungen und programmierbaren UND- und ODER-Matrizen hergestellt. Die programmierbaren Schaltungen beinhalten teilweise auch Flipflops. Mit ihnen können komplexe Schaltungen aufgebaut werden. Die Bezeichnungen sind von den Herstellern festgelegt und beinhalten Begriffe wie "Array", "Device", "Element", "Generic", "Logic" und "Programmable". Wird von Speicherfunktionen abgesehen, dann lassen sich diese Bausteine drei Gruppen zuordnen:

- Festprogrammierte UND-Verknüpfungen,
  deren Ausgangssignale programmierbar über ODER verknüpft werden können.

- Programmierbare UND-Verknüpfungen,
  deren Ausgangssignale festprogrammiert ODER verknüpft sind.

- Programmierbare UND - Verknüpfungen,
  deren Ausgangssignale programmierbar über ODER verknüpfbar sind.

Wortorganisierte PROM (Programmable Read Only Memory), EEPROM (Electrically Erasable Programmable Read Only Memory) oder RAM (Random-Access Memory) gehören zu der ersten Gruppe.

Jede Belegung der Eingangsvariablen $A0$ bis $A3$ in den Daten-Speicherschaltungen der Bilder 9.6 und 9.7 entspricht einer Adresse. Zum Dekodieren der Adressen wird jede Eingangsbelegung einzeln durch eine UND-Verknüpfung decodiert. Wird A0 als das niedrigstwertige und A3 als das höchstwertige Bit einer Binärzahl aufgefasst, dann entsprechen die angegebenen Adressen den dezimalen Werten der binären Adressen.

Zur Vereinfachung haben die in Bild 9.6 vorgestellten Speicherschaltungen nur 4 Eingangsvariablen. Ein einfacher wortorganisierter Speicher mit 64 KB hat beispielsweise 14 Ein- und 4 Ausgangsvariablen.

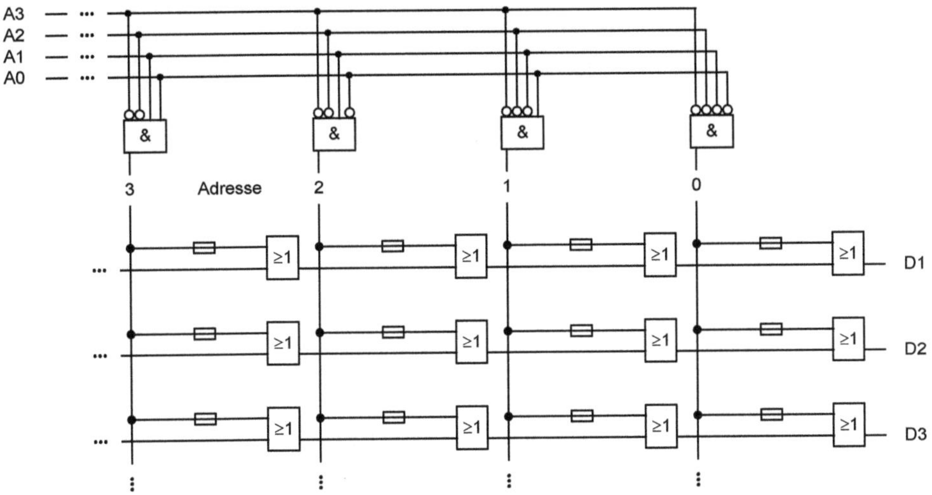

Bild 9.6: Teil eines PROM mit vier Eingängen

Der in Bild 9.7 vorgestellte Speicherbaustein besteht aus den in Bild 5.11 vorgestellten Speicherzellen. Die Adressen der auszuwählenden Speicherzellen werden aus den Variablen $A0$ bis $A3$ über UND-Verknüpfungen dekodiert.

Von einer Adresse werden die Speicherzellen einer Spalte ausgewählt.

Unabhängig von dem Wert der Variablen PS werden die, in den Speicherzellen dieser Spalte gespeicherten Werte ausgelesen. Sie werden als Werte der Variablen $D1$, $D2$, ... ausgegeben.

Hat die Variable PS den Wert 1, dann werden von Speicherzellen dieser Spalte die Werte der Variablen $P1$, $P2$ ... übernommen. Die Speicherzellen werden programmiert.

Bei der vorgestellten Anordnung können sich während des Programmieren die Werte der Variablen $D1$, $D2$, ... ändern.

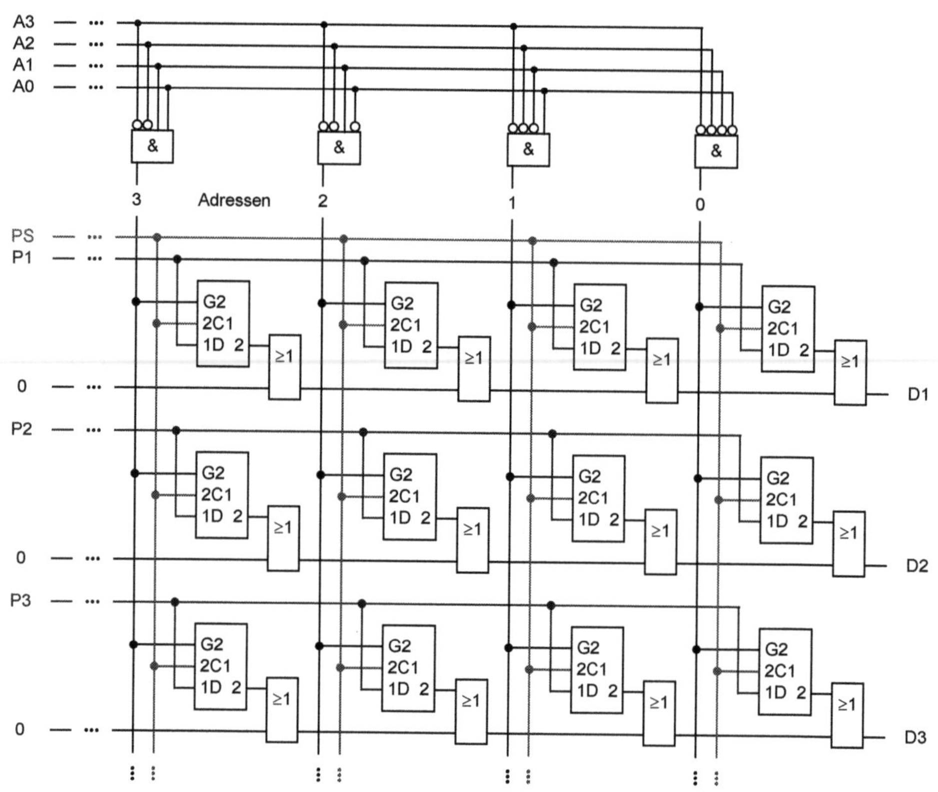

Bild 9.7: Teil eines EEPROM oder RAM mit vier Eingängen

Beispiel: Codeumsetzer

Die Funktion des Code-Umsetzers ist in "3 Verknüpfungen" beschrieben. Der in Bild 9.8 dargestellte Codeumsetzer kann mit einem PROM, einem EEPROM oder einem RAM realisiert werden. Von der Schaltung wird eine BCD-Zahl im 8-4-2-1 Kode in eine dezimale Ziffer umgesetzt. In der Schaltung entspricht der Wert des höchstwertigen Bits der BCD-Zahl dem Wert der Variablen $Z3$ und der Wert des niedrigstwertigen Bits der Variablen $Z0$. Die Belegung [0,0,1,1] in dem 8-4-2-1 Code entspricht beispielsweise der dezimalen Ziffer 3.

Bei einem PROM, einem EEPROM oder einem RAM werden die Adressen der ausgewählten Speicherzellen durch die Belegung der Adresseingänge festgelegt. Die Adressen müssen decodiert werden. In Bild 9.8 werden zum Dekodieren der Adressen alle 16 Belegungen der Variablen $Z3$, $Z2$, $Z1$ und $Z0$ über UND verknüpft. Da die Variablen im 8-4-2-1 Kode gewichtet sind, entsprechen die Ausgangsvariablen der UND-Verknüpfungen den dezimalen Adressen 0 bis 15. Die dezimalen Adressen 0 bis 9 entsprechen den dezimalen Ziffern 0 bis 9.

Variablen und [Werte] der binärcodierten Dezimalzahl										
Z3 [8]	1	1	0	0	0	0	0	0	0	0
Z2 [4]	0	0	1	1	1	1	0	0	0	0
Z1 [2]	0	0	1	1	0	0	1	1	0	0
Z0 [1]	1	0	1	0	1	0	1	0	1	0
a	1	1	1	1	1	0	1	1	0	1
b	1	1	1	0	0	1	1	1	1	1
c	1	1	1	1	1	1	1	0	1	1
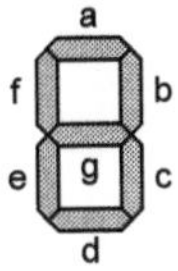 d	1	1	0	1	1	0	1	1	0	1
e	0	1	0	1	0	0	0	1	0	1
f	1	1	1	1	1	1	0	0	0	1
g	1	1	0	1	1	1	1	1	0	0
Anzeige	9	8	7	6	5	4	3	2	1	0

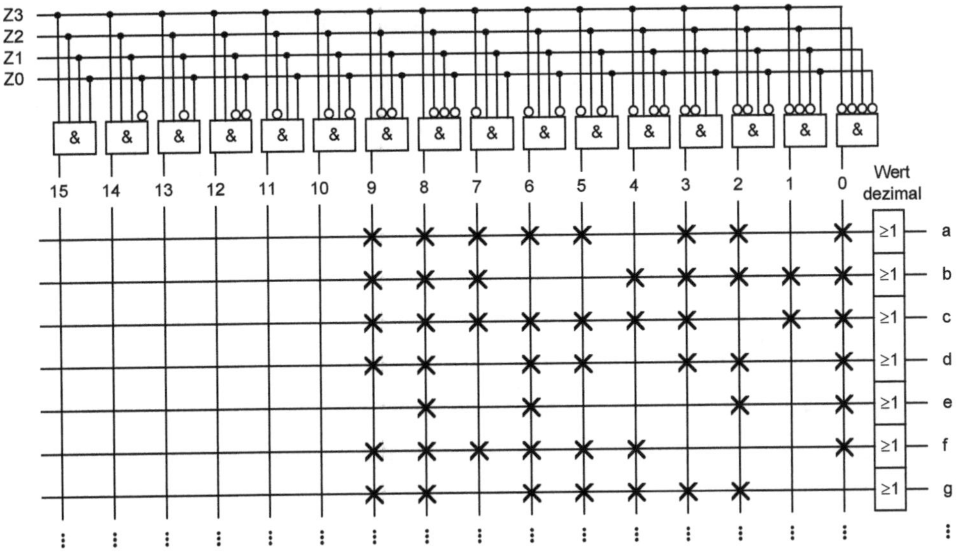

Die Zuordnung der Variablen zu den Segmenten der Anzeige erfolgt nach dem Schema:

```
   a
 f   b
   g
 e   c
   d
```

Bild 9.8: Programmierung eines Codeumsetzers für eine BCD-Zahl im 8-4-2-1 Kode
in die Darstellung von Ziffern im Dezimalcode.

Von dem Codeumsetzer wird die dezimale Ziffer angezeigt, die der Belegung der Eingangsvariablen entspricht. Das Anzeigeelement hat 7 Segmente, aus denen die dezimalen Ziffern zur Anzeige zusammengesetzt werden. Die Segmente werden von den Variablen a bis g gesteuert. Ein Segment leuchtet, wenn die zugeordnete Variable den Wert 1 hat. In Bild 9.8 sind beispielsweise für die Ziffer 0 alle Variablen bis auf die Variable g, und für die Ziffer 1 die Variablen b und c ausgewählt.

Beispiel: Volladdierer

In Bild 9.9 wird für einen Volladdierer die Programmierung einer Anordnung beschrieben, bei der die Ausgangsvariablen einer programmierbaren UND-Matrix festprogrammiert über ODER verknüpft werden. Die Funktion des Volladdierers ist in "Kapitel 3 Verknüpfungen" beschrieben.

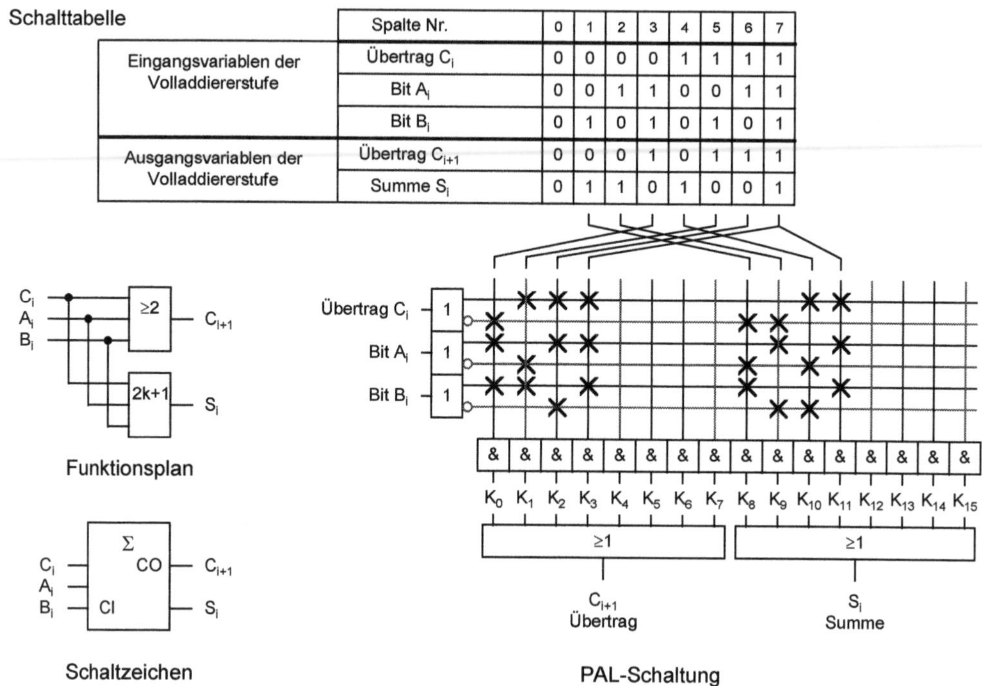

	Spalte Nr.	0	1	2	3	4	5	6	7
Eingangsvariablen der Volladdiererstufe	Übertrag C_i	0	0	0	0	1	1	1	1
	Bit A_i	0	0	1	1	0	0	1	1
	Bit B_i	0	1	0	1	0	1	0	1
Ausgangsvariablen der Volladdiererstufe	Übertrag C_{i+1}	0	0	0	1	0	1	1	1
	Summe S_i	0	1	1	0	1	0	0	1

Bild 9.9: Programmierung eines Volladdierers mit einer UND-ODER-Matrix

In dem Volladdierer werden die Werte der Variablen des Übertrags C_i der vorangegangenen binären Addition und der beiden Variablen A_i und B_i addiert. Der Volladdierer besteht aus einem Schwellwert-Element und einem Ungerade-Element.

- Die Ausgangsvariable C_{i+1} des Schwellwert-Elements hat den Wert 1, wenn mindestens zwei der Eingangsvariablen A_i ,B_i und C_i den Wert 1 haben. Die Ausgangsvariable C_{i+1} ist der Übertrag für den Volladdierer des nächsten höherwertigen Bitpaares A_{i+1} und B_{i+1} .

- Die Ausgangsvariable S_i des Ungerade-Elements hat den Wert 1, wenn eine ungerade Anzahl der Eingangsvariablen A_i ,B_i und C_i den Wert 1 hat. Von der Ausgangsvariablen S_i wird das Ergebnis der Addition des Bitpaars A_i und B_i dargestellt.

In der Schalttabelle sind den Belegungen der drei Eingangsvariablen die Belegungen der zwei Ausgangsvariablen zugeordnet. Die Zuordnungen entsprechen in jeder Spalte den Rechenregeln im Binärsystem für die Addition von 2 Bit. Die Programmierung der UND-ODER-Matrix für die Schaltungen des Volladdierers entspricht den disjunktiven Normalformen für die Variablen C_{i+1} und S_i.

Beispiel: Vergleicherstufe

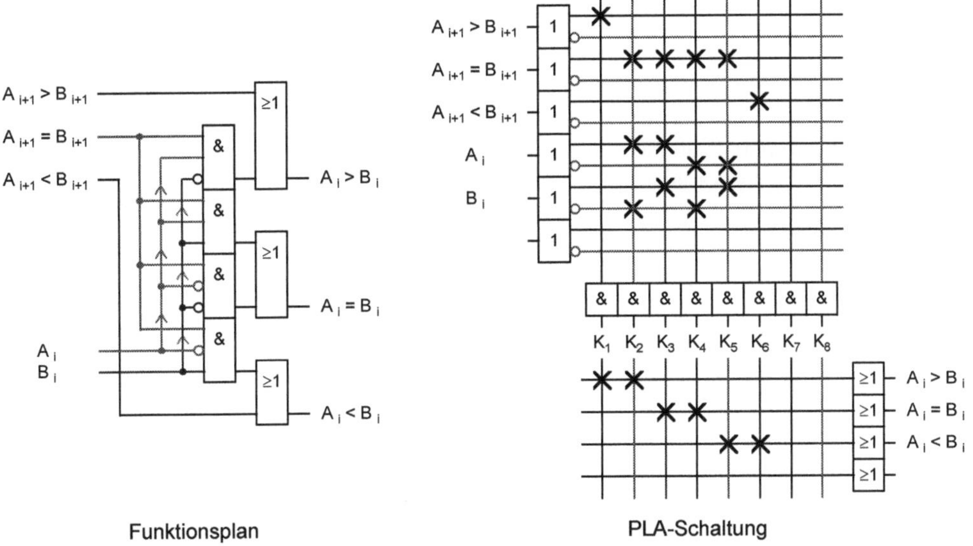

Bild 9.10: Vergleicherstufe mit einer programmierbaren UND-ODER-Matrix

Von dieser Anordnung werden die Eingangsvariablen zunächst in einer programmierbaren UND-Matrix verknüpft. Die Ausgangsvariablen der UND-Matrix werden danach in einer programmierbaren ODER-Matrix zusammengefasst.

In Bild 9.10 wird eine Vergleicherstufe für das Bitpaar A_i und B_i vorgestellt, aus der eine Schaltung für den Vergleich von zwei mehrstelligen Binärzahlen aufgebaut werden kann. Die Funktion einer Vergleicherstufe ist in "Kapitel 3 Verknüpfungen" beschrieben.

Bei dem Vergleich von einzelnen Bitpaaren sind aufgrund der Stellenwertigkeit der Binärzahlen die Vergleichsergebnisse von höheren Stellen zu berücksichtigen. Dies wird durch die drei Eingangsvariablen $A_{i+1} > B_{i+1}$, $A_{i+1} = B_{i+1}$ und $A_{i+1} < B_{i+1}$ berücksichtigt.

In der Vergleicherstufe wird ein Bitpaar A_i und B_i nur verglichen, wenn alle Bitpaare mit höherem Stellenwert gleich sind, also die Eingangsvariable $A_{i+1} = B_{i+1}$ der Vergleicherstufe den Wert 1 hat. Ergibt sich in einer Vergleicherstufe dass ein Bitpaar nicht gleich ist, dann gilt das Ergebnis $A_i > B_i$ oder $A_i < B_i$ für alle Bitpaare mit niedrigerem Stellenwert.

Bei programmierbaren UND-Schaltungen haben die Ausgangsvariablen den Wert 1, wenn alle ausgewählten Eingangsvariablen den Wert 1 haben. Da Eingangsvariablen IDENTISCH und NEGIERT in unterschiedlichen UND-Schaltungen vorkommen, muss jede Eingangsvariable auch IDENTISCH und NEGIERT in den programmierbaren Schaltungen programmierbar sein.

Erst das Vorhandensein der IDENTISCHEN und NEGIERTEN Eingangsvariablen ermöglicht es, die in dem Funktionsplan in Bild 9.10 dargestellten UND Verknüpfungen in der UND-Matrix zu programmieren. So hat beispielsweise die Ausgangsvariablen K_2 den Wert 1, wenn gleichzeitig die Eingangsvariablen $A_{i+1} = B_{i+1}$ und A_i den Wert 1 haben und die Eingangsvariable B_i den Wert 0 hat.

Die Ausgangsvariablen der UND-Matrix werden in der programmierten ODER-Matrix zu den Ausgangsvariablen $A_i > B_i$, $A_i = B_i$ und $A_i < B_i$ zusammengefasst. Die Ausgangsvariable $A_i > B_i$ hat den Wert 1, wenn eine der Ausgangsvariablen K_1 oder K_2 den Wert 1 hat.

Die Variable $K1$ hat den Wert 1, wenn die Eingangsvariable $A_{i+1} > B_{i+1}$ den Wert 1 hat.

Die Variable $K2$ hat den Wert 1, wenn die Eingangsvariablen $A_{i+1} = B_{i+1}$ und A_i den Wert 1 haben und die Eingangsvariable B_i den Wert 0 hat.

Beispiel: Steuerungen für die Bohrvorrichtung mit einer UND-ODER-Matrix.
In dieser Anordnung werden die Eingangsvariablen werden zunächst UND-verknüpft. Die Ergebnisse der UND-Verknüpfungen werden anschliessend über ODER zusammengefasst. Die Verknüpfungsergebnisse entsprechen disjunktiven Normalformen.

Für die Programmierung der UND-ODER-Matrix wird von dem Funktionsplan, Bild 8.17, ausgegangen. Dessen Teilschaltungen sind in Bild 9.11 in UND-ODER-Schaltungen umgesetzt, und so für die Verarbeitung in der UND-ODER- Matrix vorbereitet.

Für das RS-Flipflop der ersten Teilschaltung in Bild 9.11 ergibt sich

- die setzende Bedingung:
  Die Variable $K1$ hat den Wert 1, wenn die Variablen *Taus* und *Tein* den Wert 1 haben.

- die speichernde Bedingung:
  Die Variable $K2$ hat den Wert 1, wenn die Variablen *Taus* und *Auto* den Wert 1 haben

- Die Variablen $K1$ und $K2$ werden über ODER zu der Variablen *Auto* verknüpft.

Die Umsetzung der zweiten Teilschaltung in eine UND-ODER-Schaltung ergibt

- die erste setzende Bedingung:
  Die Variable *K3* hat den Wert 1, wenn gleichzeitig die Variablen *AS1* bis *AS6* den Wert 0 und die beiden Variablen *SSchiein* und *Auto* den Wert 1 haben

- die zweite setzende Bedingung:
  Die Variable *K4* hat den Wert 1, wenn die Variable *AS2* den Wert 0 hat, die Variable *AS6* den Wert 1 hat und die Variablen *SSchiein* und *Auto* den Wert 1 haben.

- die speichernde Bedingung:
  Die Variable *K5* hat den Wert 1, wenn die Variable *AS2* den Wert 0 und die Variable *AS1* den Wert 1 hat.

- Die Variablen *K3*, *K4* und *K5* werden über ODER zu der Variablen *AS1* verknüpft.

Die UND-ODER Schaltungen für die Variablen *AS2* bis *AS6* in Bild 9.11 lassen sich auf gleiche Weise entwickeln.

Die Programmierung der Variablen *MAuto*, *Motorein*, *KVorausf*, *KZutausf* und *KSchiausf* wird am Beispiel der Ausgabevariablen *Motorein* erläutert.

Die Variable *Motorein* hat den Wert 1, wenn mindestens eine der Variablen *Auto*, *AS1*, *AS2* oder *AS3* den Wert 1 hat. Dies entspricht einer ODER-Schaltung. In Bild 9.11 sind zwei Varianten angegeben, wie diese ODER-Schaltung der Arbeitsweise von UND-ODER-Verknüpfungen angepasst werden kann und die Variable Motorein über UND-ODER-Schaltungen gebildet wird.

- Bei der ersten Variante werden die Variablen *Auto*, *AS1*, *AS2* oder *AS3* einzeln über UND zu der Variablen *K16*, *K17*, *K18* und *K19* verknüpft. Jede dieser UND-Verknüpfungen mit nur einer Eingangsvariablen erfüllt die Operation IDENTITÄT. Die Variablen *K16* bis *K19* werden über ODER zu der Ausgabevariablen *Motorein* verknüpft.

- Bei der zweiten Variante werden die Ausgangsvariablen der UND-Verknüpfungen, aus denen die Variablen *Auto*, *AS1*, *AS2* oder *AS3* gebildet werden, ein weiteres mal über ODER verknüpft. Die Ausgabevariable *Motorein* ist das Ergebnis der ODER-Verknüpfung der neun Variablen *K1* bis *K9*.

In den Bild 9.12 werden programmierte UND-ODER-Matrizen zur Steuerung der Bohrvorrichtung vorgestellt. In den beiden Schaltungen wird ein Teil der Ausgangsvariablen der ODER-Matrix als Eingangsvariablen der UND-Matrix zugeführt. Durch diese rückgeführten Variablen werden speichernde Schaltungen programmierbar.

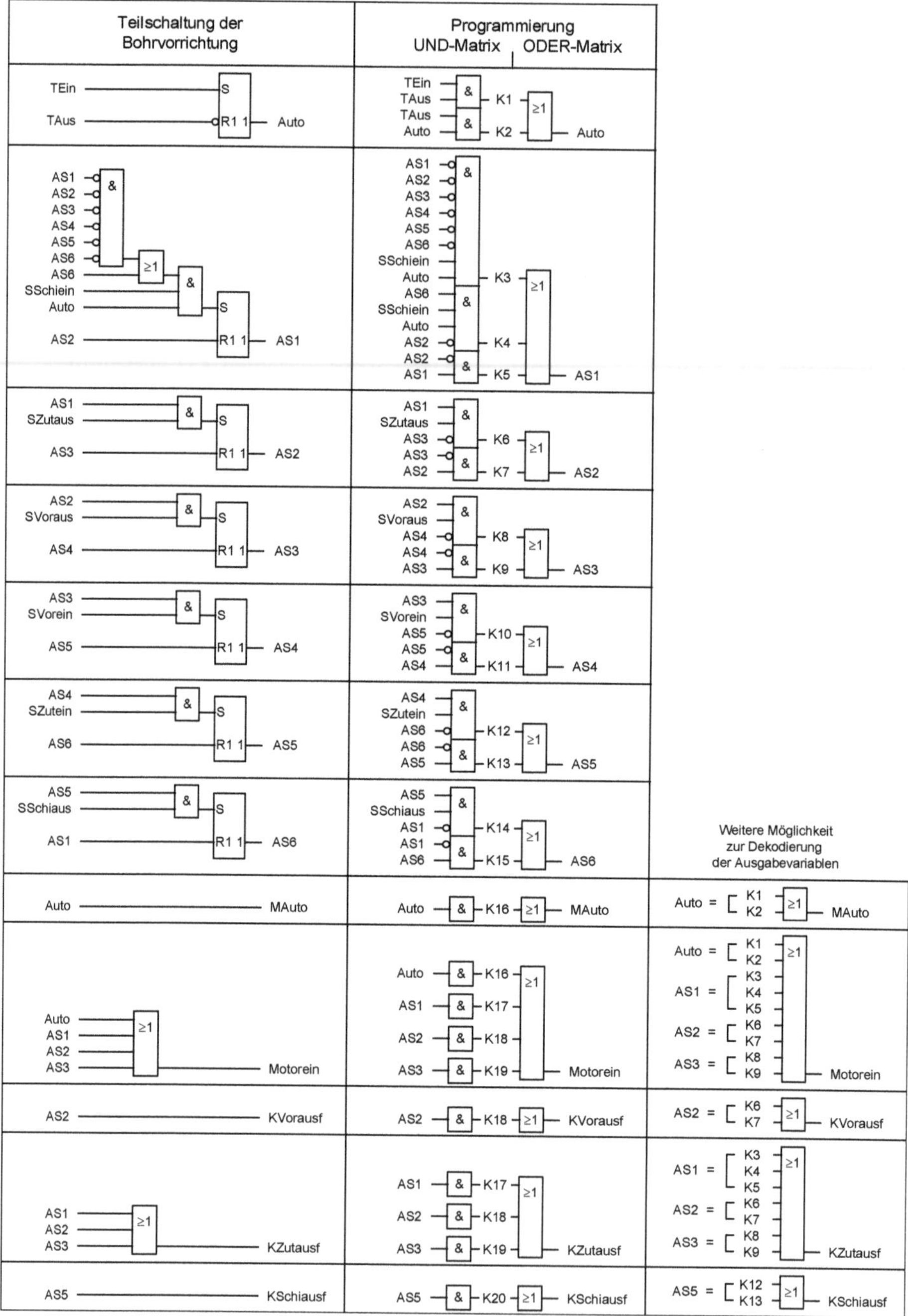

Bild 9.11: Umsetzung des Funktionsplan für eine programmierbare UND/ODER-Matrix

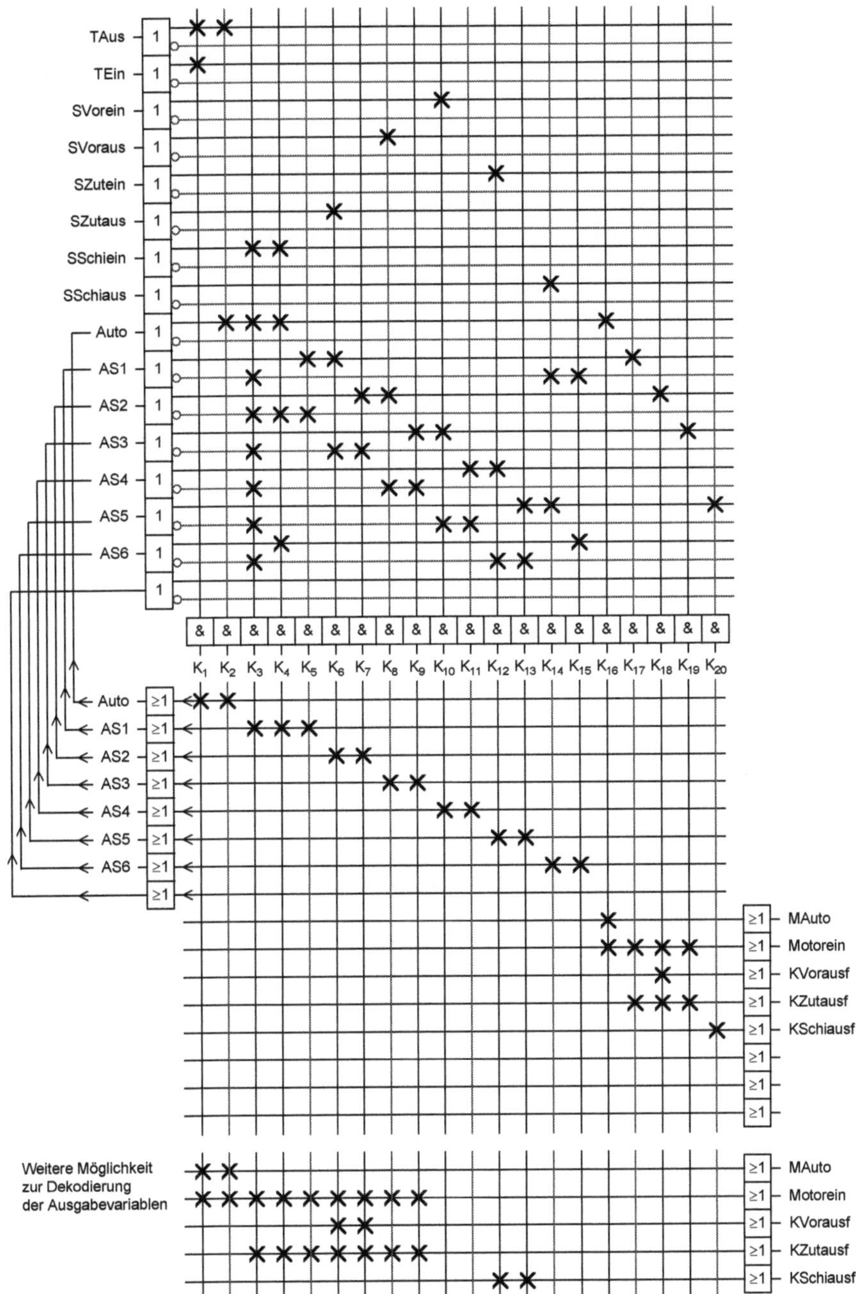

Bild 9.12: Programmierplan für die Schaltung der Bohrvorrichtung mit zwei Möglichkeiten zum Dekodieren der Ausgangsvariablen

10 Speicherprogrammierbare Steuerung

Aufbau und Funktion von SPS

In modernen, leistungsfähigen speicherprogrammierbaren Steuerungen (SPS) werden, wie in Personalcomputern (PC), zur Datenverarbeitung Mikroprozessoren eingesetzt. Daher sind auch der Aufbau und die Arbeitsweise von SPS und PC ähnlich. Im Unterschied zu PC sind SPS für den Einsatz in industriellen Umgebungen ausgelegt und daher besser geeignet.

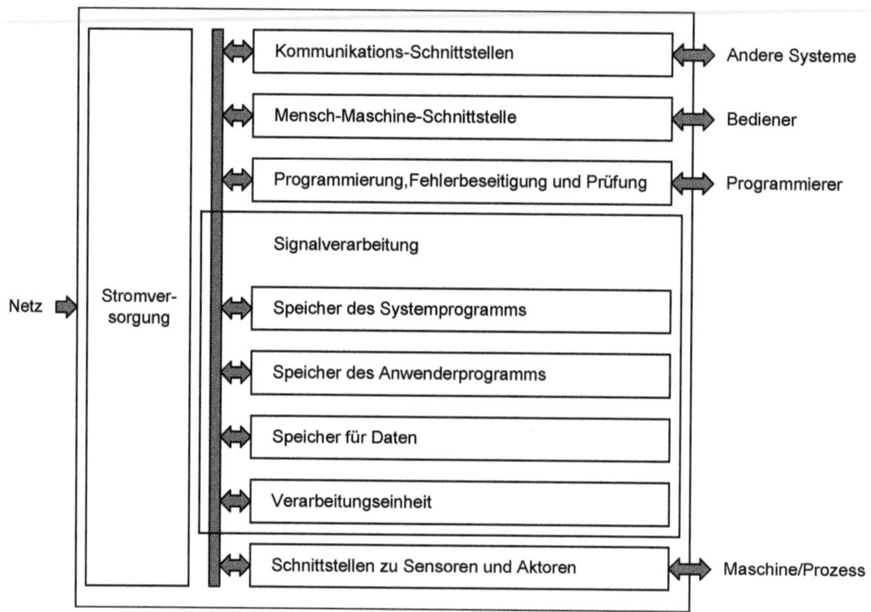

Bild 10.1: Funktionseinheiten einer speicherprogrammierbaren Steuerung

In Bild 10.1 ist der Aufbau einer speicherprogrammierbaren Steuerungen (SPS) schematisch dargestellt. Eine SPS besteht aus Schaltungen zur Stromversorgung, Funktionseinheiten und einem Steuer-, Adress- und Datenbus.

Der Signalaustausch zwischen einer SPS und der gesteuerten Einrichtung, dem Beobachtungs- und Bedienfeld oder der Peripherie des Steuersystems erfolgt über Schnittstellen zu Sensoren und Aktoren. In diesen Funktionseinheiten werden aus Eingangssignalen steuerungsinterne Variablen oder aus steuerungsinternen Variablen Ausgangssignale gebildet.

Über weitere Schnittstellen können Signale mit externen Baugruppen wie Programmiergeräten, anderen SPS, Rechnern oder mit einer Mensch-Maschine-Schnittstelle ausgetauscht werden.

Mit SPS lassen sich sehr unterschiedliche Steuerungsaufgaben lösen. Die Anpassung einer SPS an eine Steuerungsaufgabe erfolgt durch Programmieren. Hierzu wird ein Programmiergerät benötigt. Dies ist oftmals ein PC mit der zum Programmieren erforderlichen Software des SPS-Herstellers. Bei vielen SPS kann das Programmieren eines Anwenderprogramms in Form einer

- Anweisungsliste,

- eines Kontaktplans oder eines

- Funktionsplans erfolgen.

Mit den in einer Anweisungsliste programmierbaren Steuerungsbefehlen ist es möglich, Steuerungen sehr nahe an dem Maschinencode des in der SPS verwendeten Prozessors zu beschreiben.

Die Darstellung einer Steuerung als Kontaktplan empfindet einen um 90 Grad gedrehten Stromlaufplan nach. Die amerikanische Bezeichnung "Ladder Diagram" beschreibt diese Darstellungsform zutreffend.

Die Programmierung eines Anwenderprogramms in Form eines Funktionsplans hat den Vorteil, dass sie mit den Symbolen für Schaltungsunterlagen nach IEC 617-12 erfolgt.

Die mit der Software eines SPS-Herstellers erstellten Funktions- oder Kontaktpläne lassen sich ineinander überführen oder in eine Anweisungsliste umsetzen. In einer Anweisungsliste können jedoch Eigenschaften des Prozessors genutzt werden, die nicht in einem Funktionsplan oder einem Kontaktplan darstellbar sind. Die Umsetzung einer Anweisungsliste in einen Funktionsplan oder einem Kontaktplan ist daher nicht in jedem Fall möglich.

Eine Schaltung zur Ausführung der Steuerungsaufgabe muss entsprechend der zyklischen Arbeitsweise von SPS und deren Programmiersoftware strukturiert sein.

Bei asynchronen Steuerungen werden die Eingangsvariablen und steuerungsinternen Variablen parallel zu Ausgangsvariablen verarbeitet. Im Gegensatz dazu werden in einer SPS die Variablen synchron zu einem Taktsignal seriell verarbeitet. Die in einem Anwenderprogramm festgelegten Anweisungen werden in Abhängigkeit von einem Taktsignal nacheinander, schrittweise ausgeführt. Nachdem alle Anweisungen abgearbeitet sind, wird das Anwenderprogramm erneut abgearbeitet.

Ein Anwenderprogramm einer Schaltung ist in Teilschaltungen gegliedert. Diese können nur aus Anweisungen bestehen, die von der SPS ausgeführt werden können. In den Teilschaltungen werden steuerungsinterne Variablen verarbeitet. Die Verknüpfungsergebnisse werden in den dafür vorgesehenen Funktionseinheiten der SPS als steuerungsinterne Variablen gespeichert. Die Teilschaltungen werden entsprechend dem Anwenderprogramm nacheinander abgearbeitet. Dabei können sie über die gespeicherten steuerungsinternen Variablen untereinander oder im nächsten Steuerungszyklus mit sich selbst Signale austauschen. Durch die serielle Signalverarbeitung kann es also vorkommen, dass für die Verarbeitung von Eingangsvariablen zu Ausgangsvariablen mehr als ein Steuerungszyklus benötigt wird. Über die steuerungsinternen Variablen sind die Teilschaltungen zu der ganzen Schaltung verknüpft.

Als SPS werden teilweise PC, ergänzt um notwendige Schnittstellen eingesetzt. In diesem Fall kann das Anwenderprogramm in einer PC-geeigneten Programmiersprache geschrieben werden. Es kann aber auch zum Programmieren des Anwenderprogramms die Software eines SPS-Herstellers verwendet werden, wenn die Funktion der entsprechenden SPS auf dem Rechner abgebildet wird.

Struktur der Modell-SPS

Die in modernen SPS eingesetzten Mikroprozessoren verarbeiten mehrere Bit parallel. Die in den Prozessoren ablaufenden Vorgänge sind entsprechend komplex.

Zur Vereinfachung wird der Aufbau und die Arbeitsweise von SPS an einer Modell-SPS erläutert, die aus in vorangegangenen Kapiteln beschriebenen Schaltelementen und Funktionseinheiten besteht. Sie unterscheidet sich von einer realen SPS im wesentlichen durch einen Prozessor der entsprechend den Anforderungen einer SPS aufgebaut ist und zu einem Zeitpunkt nur 1 Bit verarbeitet.

Die Programme für die Modell-SPS werden in Form von Anweisungslisten mit den Operationen erstellt, die auch von realen SPS ausgeführt werden. Die Anzahl der Operationen des 1-Bit-Prozessors ist auf die zum Erstellen von einfachen Anwenderprogrammen üblichen Operationen beschränkt. Es sind keine Zeit- oder Zählfunktionen ausführbar.

Die Struktur der mit einem 1-Bit-Prozessor arbeitenden Modell-SPS ist einfach.

- Die Modell-SPS hat 8 Eingänge.
- Die Modell-SPS hat 8 Ausgänge.
- Das Anwenderprogramm der Modell-SPS kann maximal 96 Steuerungsanweisungen umfassen.
- Die maximale Dauer eines Steuerungszyklus der Modell-SPS ist sehr kurz. Gedanklich liegt sie bei 1 ms.

Die Modell-SPS wird ohne die Funktionseinheiten Schnittstelle zur Programmierung und Stromversorgung beschrieben.

Die vier weiteren Funktionseinheiten der Modell-SPS in Bild 10.2 sind:

- Der Programmspeicher für 128 Steuerungsanweisungen, der sich in einen Speicher für das Systemprogramm und in einen Speicher für das Anwenderprogramm aufteilt.

- Der Datenspeicher, der sich in einen Merkerbereich, das Eingangsabbild und das Ausgangsabbild gliedert.

- Die Verarbeitungseinheit und

- die Schnittstellen zu den Sensoren und Aktoren für acht Eingangssignale und acht Ausgangssignale.

In diesen vier Funktionseinheiten der Modell-SPS findet im Steuerungsbetrieb die Signalverarbeitung statt. Dabei wird zwischen den Funktionseinheiten eine überschaubare Anzahl von Signalen ausgetauscht. Jedem dieser Signale ist in Bild 10.2 eine Übertragungsleitung zugeordnet. Auf ein in SPS oder PC übliches Bussystem zum Signalaustausch wurde verzichtet, um die in der Modell-SPS ablaufenden Vorgänge möglichst anschaulich darzustellen.

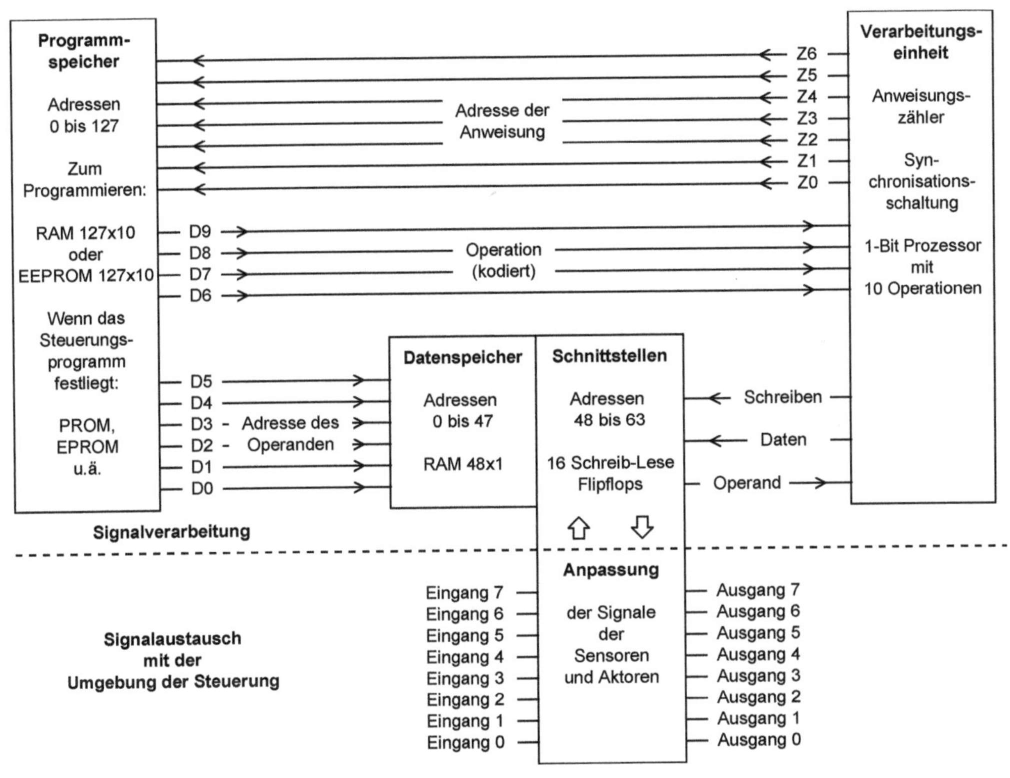

Bild 10.2: Funktionseinheiten und Signalaustausch bei der Modell-SPS

Die Verarbeitungseinheit gibt mit

- den Variablen $Z0$ bis $Z6$ die Adresse im Programmspeicher vor, unter der die aktuelle Steuerungsanweisung gespeichert ist, und

- den Variablen *Schreiben* und *Daten* das Speichern von Verknüpfungsergebnissen im Datenspeicher und in der Schnittstelle zu den Aktoren vor.

Der Programmspeicher gibt mit

- den Variablen $D0$ bis $D5$ die Adresse des Operanden im Datenspeicher oder in den Schnittstellen zu Sensoren und Aktoren und

- den Variablen $D6$ bis $D9$ die in der Verarbeitungseinheit auszuführende Operation vor.

Der Datenspeicher und die Schnittstelle zu Sensoren und Aktoren geben mit

- der Variablen *Operand* den in der Verarbeitungseinheit zu verknüpfenden Operanden vor.

Aufbau und Arbeitsweise der Funktionseinheiten der Modell-SPS

Programmspeicher für das System- und das Anwenderprogramm

Bild 10.3 zeigt den Funktionsplan des Programmspeichers. Dieser kann mit ROM, PROM, EPROM, EEPROM oder RAM aufgebaut sein. Die in Bild 10.3 vorgestellte Aufteilung des Programmspeichers in einen PROM- und einen RAM-Bereich ist willkürlich. Sie soll zeigen, dass unterschiedliche Speicherarten eingesetzt werden können.

In den Programmspeicher können über die Variablen PS, $P0$ bis $P9$ Steuerungsanweisungen und über die Variablen die $Z0$ bis $Z6$ die Adressen von Steuerungsanweisungen eingegeben werden. Über die Variablen $D0$ bis $D9$ werden Steuerungsanweisungen ausgegeben.

Der Programmspeicher besteht aus Schaltungen zum Dekodieren von 128 Adressen und aus insgesamt 1280 Speicherelementen. Jeder der 128 Adressen ist eine Gruppe von 10 Speicherelementen zugeordnet. In den Speicherelementen mit den Adressen 0 bis 31 wird das Systemprogramm gespeichert. Die Speicherelemente mit den Adressen 32 bis 127 stehen für Anweisungen des Anwenderprogramms zur Verfügung.

In Bild 10.3 erfolgt die Speicherung der Anweisungen des Systemprogramms in einem programmierbaren "Nur-Lese-Speicher". Bei diesem PROM werden zum Programmieren Sicherungen durchgebrannt. Das Systemprogramm einer üblichen SPS kann von dem Anwender meist nicht verändert werden. Es ist in einem ROM oder PROM gespeichert.

Die Steuerungsanweisungen des Anwenderprogramm werden in Bild 10.3 in einem aus Flipflops bestehenden Schreib-Lese-Speicher (EEPROM oder RAM) gespeichert.

Bei der Inbetriebnahme und Erprobung einer Steuerung können Änderungen in dem entwickelten Anwenderprogramm notwendig sein. Wird zur Speicherung des Anwenderprogramms ein EEPROM oder RAM verwendet, dann können Änderungen vorgenommen werden. Um das

Programm zu sichern oder um weitere Änderungen zu verhindern kann ein erprobtes und fehlerfreies Anwenderprogramm beispielsweise in ein PROM übertragen und die umprogrammierbaren Speicher durch dieses PROM ersetzt werden.

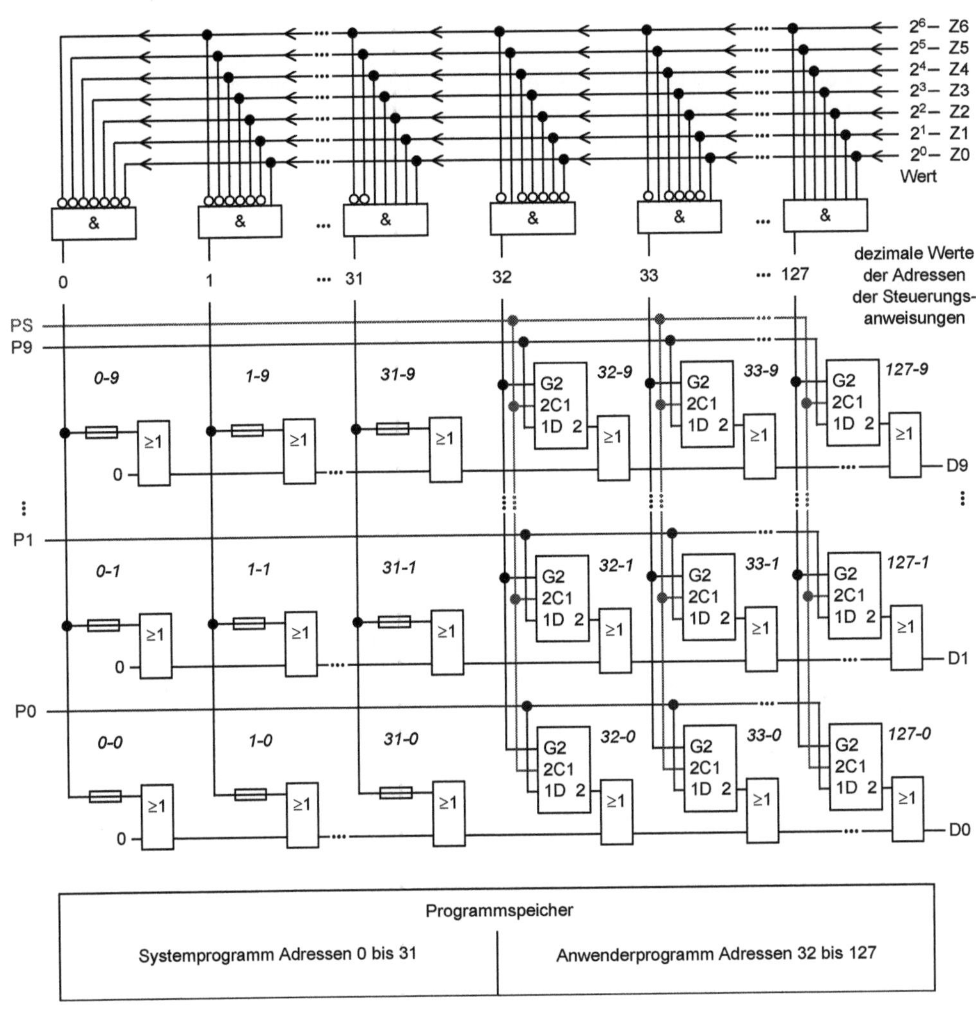

Bild 10.3: PROM und RAM als Programmspeicher der Modell-SPS

Der Anweisungszähler in der Verarbeitungseinheit arbeitet in Abhängigkeit von einem Taktsignal. Er gibt, beginnend mit der Binärzahl 0, die Binärzählen in aufsteigender Reihenfolge nacheinander vor. Wird das Ende des Anwenderprogramms oder die Binärzahl mit dem dezimalen Wert 127 erreicht, dann wird in beiden Fällen beginnend mit der Binärzahl 0 eine weitere Folge von Binärzahlen vorgegeben. Jede Belegung der Ausgangsvariablen $Z0$ bis $Z6$ des Anweisungszählers entspricht der Adresse einer Steuerungsanweisung in dem Programmspeicher. Die Belegungen sind binär codiert und werden in dem Programmspeicher durch Decodieren in Adressen umgewandelt.

Das Vorgeben einer Adresse bewirkt, dass die Inhalte der 10 zugeordneten Speicherzellen des Programmspeichers als Werte der Variablen $D0$ bis $D9$ ausgelesen werden. Das Vorgeben einer Adresse entspricht also dem Vorgeben einer Steuerungsanweisung.

Bei einer Adresse zwischen 0 und 31 wird der Zustand der Sicherungen in den Speicherzellen abgefragt. Von den Variablen $D0$ bis $D9$ haben nur diejenigen den Wert 1, bei denen die zugeordneten Sicherungen intakt sind.

Wird eine Adresse zwischen 32 und 127 vorgegeben und die in den Flipflops gespeicherte Steuerungsanweisung ausgelesen, dann entsprechen die Werte der Variablen $D0$ bis $D9$ den unter dieser Adresse in den Flipflops gespeicherten Werten.

Eine Steuerungsanweisung besteht aus einer Operation und der Adresse eines Operanden.

- Jede Belegung der Variablen $D6$ bis $D9$ gibt kodiert eine Operation vor, die in dem 1-Bit Prozessor ausgeführt wird.

- Jede Belegung der Variablen $D0$ bis $D5$ ist die kodierte Adresse eines Flipflops im Datenspeicher oder in den Schnittstellen zu den Sensoren und Aktoren. In jedem dieser Flipflops kann ein Wert der Variablen *Operand* gespeichert sein. Es wird also von der Steuerungsanweisung über die Adresse des Flipflops ein Operand ausgewählt.

Entsprechend der Verteilung der Variablen $D0$ bis $D9$ kann es maximal 64 Operanden und 16 Operationen geben.

Zum Programmieren einer Steuerungsanweisung des Anwenderprogramms sind die Adresse und die Belegung der Variablen $P0$ bis $P9$ vorzugeben. Hat die Variable PS den Wert 1, dann werden die Werte der Variablen $P0$ bis $P9$ von den Flipflops der ausgewählten Anweisung übernommen. Beim Programmieren können sich bei der Modell-SPS die Werte der Variablen $D0$ bis $D9$ ändern. Im Programmiermodus müssen die Adressen der Steuerungsanweisungen als Binärzahlen vorgegeben werden. Hierzu sind zusätzliche Schaltungen notwendig.

Datenspeicher und Schnittstellen zu den Sensoren und Aktoren
In den Bildern 10.4 und 10.5 werden Funktionspläne für die Funktionseinheiten Datenspeicher und Schnittstellen zu den Sensoren und Aktoren vorgestellt. Die Funktionseinheiten bestehen aus den Schaltungen zur Decodierung der Adresse des Operanden und aus 64 Flipflops. Angepasst an die jeweilige Aufgabe sind diese unterschiedlich aufgebaut

Im Steuerungsbetrieb wird aus den Variablen $D0$ bis $D5$ der aktuellen Anweisung die Adresse eines Flipflops decodiert und so der aktuelle Operand ausgewählt. Jede Steuerungsanweisung gibt immer nur die Adresse eines der 64 Flipflops vor.

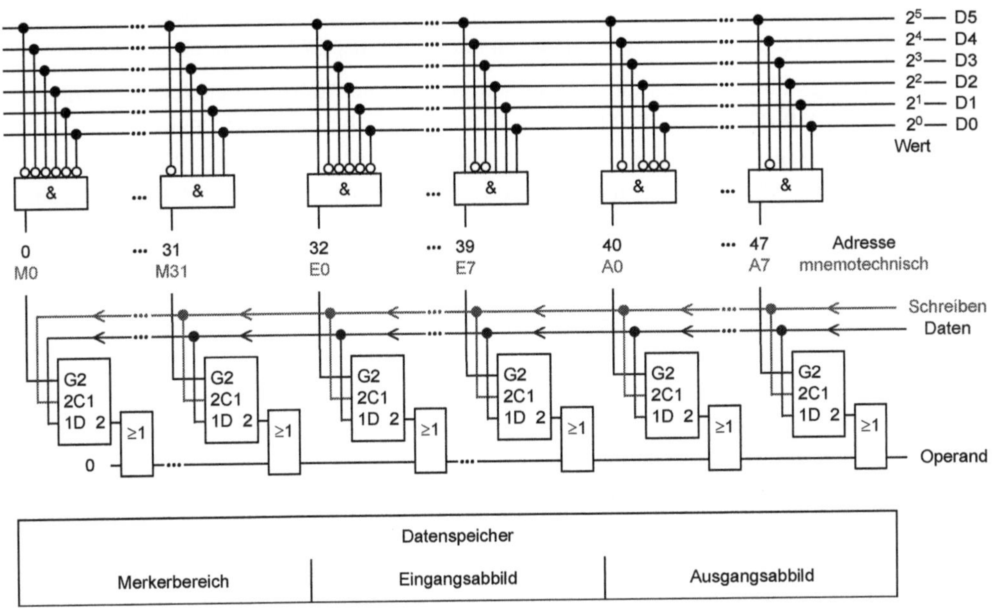

Bild 10.4: Funktionsplan des Datenspeichers der Modell-SPS

Der Datenspeicher, Bild 10.4, hat die Eingangsvariablen *D0* bis *D5*, *Schreiben* und *Daten*, und die Ausgangsvariable Operand. Er ist aus 48 Schaltungen zur Decodierung der Adresse des Operanden und aus 48 Flipflops aufgebaut, in denen Operanden gespeichert werden.

Wird von den Variablen *D0* bis *D5* einer Steuerungsanweisung die Adresse eines Flipflops im Datenspeicher vorgeben, dann lassen sich zwei Fälle unterscheiden:

- Unabhängig von dem Wert der Variablen *Schreiben*
  wird der in dem über die Adresse ausgewählten Flipflop gespeicherte Wert des Operanden ausgelesen. Die Ausgangsvariablen aller Flipflops sind über ODER verknüpft. Da über die Operandenadresse einer Steuerungsanweisung immer nur ein Flipflop ausgewählt wird, entspricht also der Wert der Variablen *Operand* dem Wert des Operanden.

- Wenn die Variable *Schreiben* den Wert 1 hat, dann
  wird von dem Flipflop der Wert der Variablen *Daten* übernommen. Wenn die Variable *Schreiben* den Wert 0 annimmt, wird der Wert der Variablen *Daten* in dem Flipflop als Wert des Operanden gespeichert.

Der Datenspeicher ist in drei Bereiche unterteilt.

- Der Merkerbereich umfasst die Adressen 0 bis 31. Die Adressen der Merkervariablen werden mnemotechnisch mit M0, M1 bis M31 bezeichnet. Der Begriff Merker drückt aus, dass in den Flipflops die Werte von Operanden gespeichert werden.

- Das Eingangsabbild hat die Adressen 32 bis 39. Die Adressen der steuerungsinternen Eingangsvariablen werden mnemotechnisch mit E0, E1 bis E7 bezeichnet.

- Das Ausgangsabbild umfasst die Adressen 40 bis 47. Die Adressen der steuerungsinternen Ausgangsvariablen werden mnemotechnisch mit A0, A1 bis A7 bezeichnet.

Die mnemotechnischen Bezeichnungen der Adressen ersetzen die binärkodierten absoluten Adressen der Operanden im Maschinenkode und erleichtern das Schreiben von Anwenderprogrammen.

In den Flipflops des Datenspeichers werden die Werte von Operanden gespeichert und ausgeben. Die in den Flipflops gespeicherten Operanden sind steuerungsinterne Variablen die zur Vereinfachung mit den mnemotechnischen Bezeichnungen der Adressen benannt werden.

Mit den Operanden M0 bis M31 können in dem Anwenderprogramm Operationen ausgeführt werden. In den Flipflops mit den Adressen M0 bis M31 können die Verknüpfungsergebnisse von Teilschaltungen des Anwenderprogramms als Werte der Operanden M0 bis M31 gespeichert werden. Im Systemprogramm werden mit den Operanden M0 bis M31 keine Verknüpfungen ausgeführt.

Die Operanden A0 bis A7 des Ausgangsabbilds haben in einem Anwenderprogramm die gleichen Funktionen wie die Operanden des Merkerbereichs M0 bis M31. Zusätzlich werden im Systemprogramm die Werte der Operanden A0 bis A7 in die Flipflops der Schnittstelle zu den Aktoren übertragen. Sie werden dort bis zur nächsten Ausführung des Systemprogramms als Werte der Variablen *Ausgang 0* bis *Ausgang 7* gespeichert.

Die Operanden E0 bis E7 des Eingangsabbilds sind Merker mit einer zusätzlichen Funktion. Im Systemprogramm werden die Werte der Variablen *Eingang 0* bis *Eingang 7* in die zugeordneten Flipflops E0 bis E7 des Eingangsabbilds übertragen. Die Werte der Operanden E0 bis E7 entsprechen also den Eingangssignalen der SPS bei der Ausführung des Systemprogramms. Während der Bearbeitung des Anwenderprogramms ändern sich die Werte der Operanden E0 bis E7 nicht. Für die Verknüpfungen in den Teilschaltungen steht also in einem Zyklus nur die eine, im Eingangsabbild gespeicherte Belegung der Variablen E0 bis E7, zur Verfügung. Dadurch lassen sich widersprüchliche Verknüpfungsergebnisse vermeiden.

Bei der Modell-SPS können die Operanden des Eingangsabbilds im Anwenderprogramm verändert werden. Dies ist bei dem Erstellen von Anwenderprogrammen für die Modell-SPS dadurch zu berücksichtigen, dass die in den Flipflops des Eingangsabbilds gespeicherten Werte der Operanden nicht umgeschrieben werden.

Die Schnittstellen zu den Sensoren und Aktoren, Bild 10.5, haben die Eingangsvariablen *D0* bis *D5*, *Schreiben*, *Daten* und *Eingang 0* bis *Eingang 7*. Sie haben die Ausgangsvariablen *Operand* und *Ausgang 0* bis *Ausgang 7*. Jede der beiden Schnittstellen ist aus jeweils 8 Schaltungen zur Decodierung der Adresse des Operanden und aus 8 Flipflops aufgebaut.

In den Schnittstellen zu den Sensoren und Aktoren sind für die Signalübertragung zwischen den mit kleinen Spannungen betriebenen elektronischen Baugruppen und die mit wesentlich grösseren Spannungen arbeitenden Sensoren und Aktoren Anpassungsglieder notwendig. Hierzu eignen sich besonders gut Systeme, deren Stromkreise galvanisch getrennt sind, wie dies bei Relais oder Optokopplern der Fall ist.

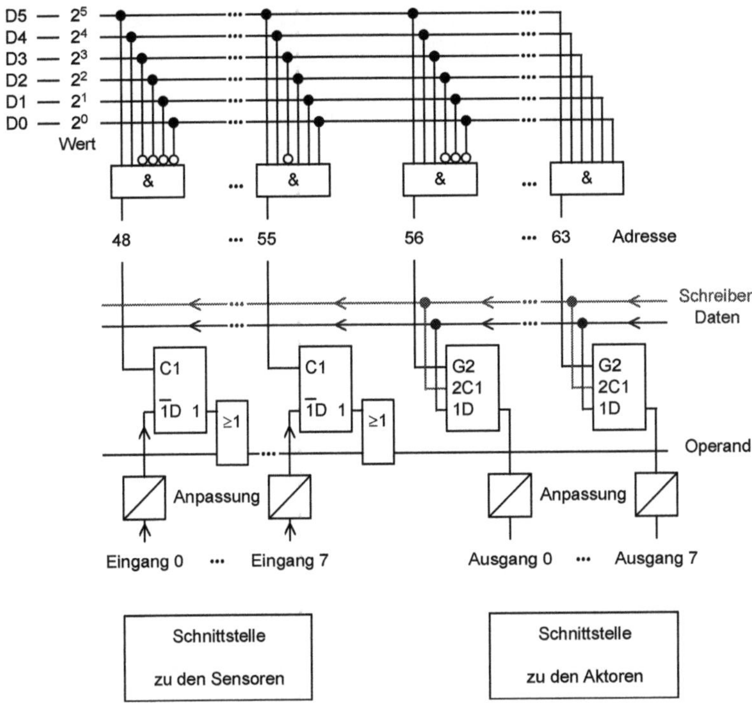

Bild 10.5: Funktionsplan der Schnittstellen zu den Sensoren und Aktoren

Die Flipflops der Schnittstelle zu den Sensoren haben die Adressen 48 bis 55. Von den Flipflops der Schnittstelle zu den Aktoren sind die Adressen 56 bis 63 belegt. Diese Adressen werden nur in den Anweisungen des Systemprogramms vorgegeben. In dem Systemprogramm werden nacheinander einzeln

- die in den Flipflops mit den Adressen 48 bis 55 gespeicherten Werte der Variablen *Eingang 0* bis *Eingang 7* in die zugeordneten Flipflops des Eingangsabbilds übertragen.

- die Werte der Operanden A0 bis A7 aus dem Ausgangsabbild in die zugeordneten Flipflops mit den Adressen 56 bis 63 der Schnittstelle zu den Aktoren übertragen.

Die Flipflops in den Schnittstellen zu den Sensoren und Aktoren sind an die Aufgaben der beiden Schnittstellen angepasst.

Funktion der Flipflops der Schnittstelle zu den Sensoren:

- Hat am C-Eingang eines Flipflops die Adressvariable den Wert 0,
  dann wird der Wert der Variablen am D-Eingang von dem Flipflop übernommen,
  und die Ausgangsvariable hat den Wert 0 unabhängig von dem Wert, der in dem Flipflop gespeichert ist.

- Hat am C-Eingang eines Flipflops der Wert der Adressvariablen von 0 nach 1 gewechselt,
  dann wird der Wert, den die Variable am D-Eingang während des Wechsels hatte, in dem Flipflop gespeichert,
  und die Ausgangsvariable hat den Wert, der in dem Flipflop gespeichert ist.

- So lange wie die Variable am C-Eingang des Flipflops den Wert 1 hat, hat also die Variable Operand den Wert der in dem Flipflop gespeicherten Variablen.

Funktionsweise der Flipflops der Schnittstelle zu den Aktoren:

- Haben bei einem Flipflop am G-Eingang die Adressvariable und gleichzeitig am C-Eingang die Variable *Schreiben* den Wert 1,
  dann wird der Wert der Variablen *Daten* von dem Flipflop übernommen,
  und die Ausgangsvariable hat den Wert der Variablen *Daten*.

- Hat die Adressvariable oder die Variable *Schreiben* den Wert 0 angenommen,
  dann wird der Wert, den die Variable *Daten* vor dem Wechsel hatte, in dem Flipflop gespeichert,
  und die Ausgangsvariable hat den in dem Flipflop gespeicherten Wert.

Verarbeitungseinheit

Die Verarbeitung von Variablen in der Modell-SPS erfolgt in der Verarbeitungseinheit. Zwischen ihr und den anderen Funktionseinheiten werden Variablen, wie in Bild 10.2 vorgestellt, ausgetauscht. Die Verarbeitungseinheit hat die Eingangsvariablen *Operand* und *D6* bis *D9* und die Ausgangsvariablen *Schreiben*, *Daten* und *Z0* bis *Z7*.

Den Funktionsplan für die Verarbeitungseinheit zeigt Bild 10.6. Die Schaltungen der Verarbeitungseinheit sind zwei Bereichen zugeordnet.

- Der Anweisungszähler und die Schaltungen zur Synchronisation arbeiten abhängig von der Variablen *Takt*.

- Der 1-Bit-Prozessor arbeitet unabhängig von der Variablen *Takt*.

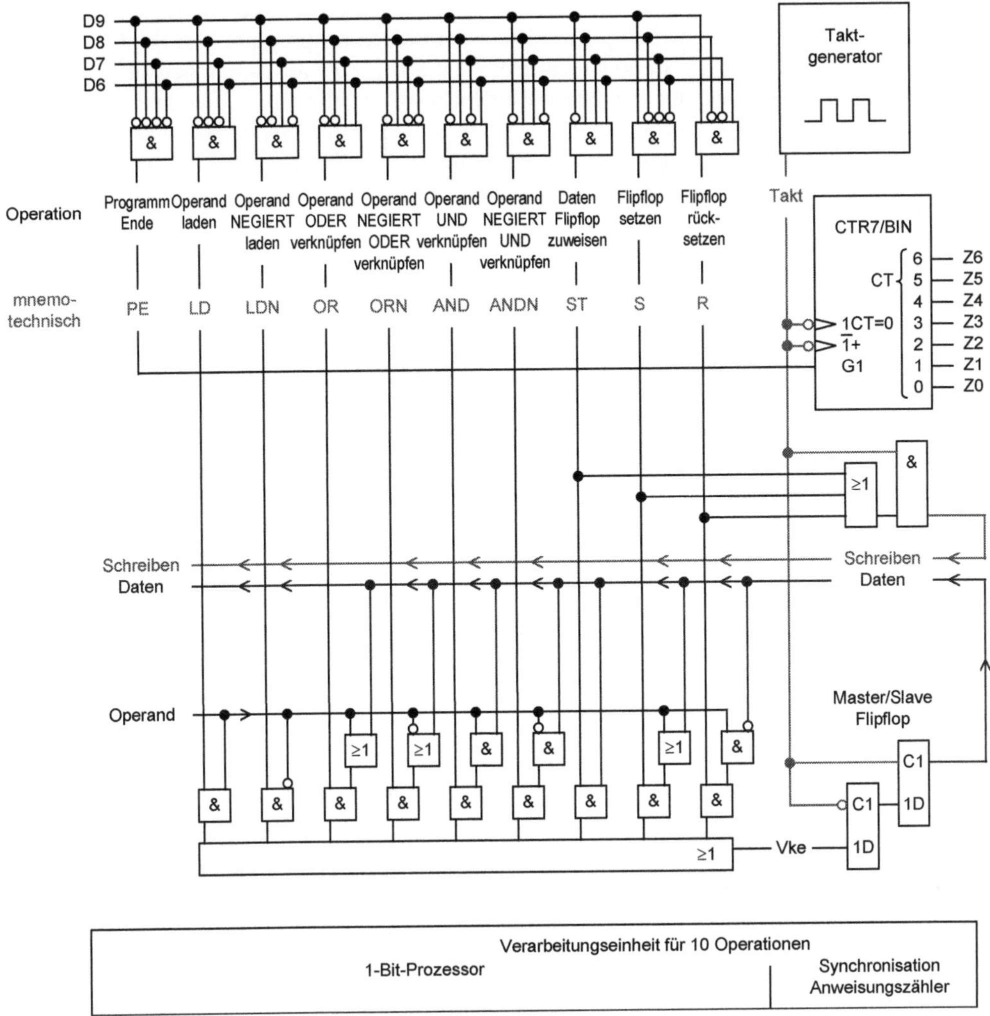

Bild 10.6: Funktionsplan der Verarbeitungseinheit

Der Taktgenerator in Bild 10.6 ist eine Schaltung, die als Ausgangssignal eine Folge von Nullen und Einsen erzeugt. Dieses Signal ist die Variable *Takt*. Die Zeit zwischen zwei Wechseln der Variablen *Takt* von 1 nach 0 entspricht der Periodendauer der Variablen *Takt*.

Durch die Variable *Takt* werden die Steuerungsvorgänge in drei Schaltungen synchronisiert. Dies sind der Anweisungszähler, das Master-Slave-Flipflop und die ODER-UND-Schaltung für die Variable *Schreiben*.

Eine Steuerungsanweisung wird in der Zeit zwischen zwei Wechseln der Variablen *Takt* von 1 nach 0 ausgeführt. Die Geschwindigkeit, mit der ein Steuerungsprogramm in der Modell-SPS bearbeitet wird, hängt von der Periodendauer der Variablen *Takt* ab. Sollen beispielsweise 100 Steuerungsanweisungen in 1 ms bearbeitet werden, dann ergibt sich als Frequenz des Taktgenerators 100 kHz. Umfasst das Steuerungsprogramm die bei der Modell-SPS maximal mögliche Anzahl von 128 Anweisungen, dann werden diese fast 800 mal in jeder Sekunde ausgeführt.

Der Anweisungszähler in der Verarbeitungseinheit ist ein Vorwärts- oder Aufwärts-Binärzähler mit 3 Eingängen und 7 Ausgängen. Die Ausgangsbelegung entspricht der in dem Zähler gespeicherten Binärzahl. Mit den sieben Ausgangssignalen, den Variablen $Z6$ bis $Z0$, lassen sich die Binärzahlen mit den dezimalen Werten von 0 bis 127 darstellen. Entsprechend dem Binärkode folgt im Zählbetrieb auf die Binärzahl [1,1,1,1,1,1,1] die Binärzahl [0,0,0,0,0,0,0].

Der Binärzähler gibt über die Variablen $Z6$ bis $Z0$ die Adresse der aktuell auszuführenden Steuerungsanweisung im Programmspeicher vor. Die Adresse entspricht dem Zählerstand.

Bei jedem Wechsel des Werts der Variablen *Takt* von 1 nach 0, also der negativen Flanke der Variablen *Takt*, ändert sich der Zählerstand des Anweisungszählers und damit die Belegung der Variablen $Z6$ bis $Z0$. Der neue Zählerstand ist die aktuelle Adresse der Steuerungsanweisung im Programmspeicher.

In Abhängigkeit von der Operation "ProgrammEnde", also dem Wert der Variablen PE, sind zwei Fälle zu unterscheiden:

- Hat die Variable PE den Wert 0, dann wird bei jeder negativen Flanke der Variablen *Takt* der Zählerstand des Binärzählers um 1 erhöht.

- Hat die Variable PE den Wert 1, dann wird bei der negativen Flanke der Variablen *Takt* der Binärzähler rückgesetzt, und der Zählerstand des Binärzählers ist 0. Dementsprechend wird in dem Programmspeicher die Steuerungsanweisung mit der Adresse 0 ausgewählt.

Durch die Variable PE wird die Zykluszeit auf die zum Ausführen der Steuerungsanweisungen des Anwenderprogramms erforderliche Zeit verkürzt.

Auf die Operation "ProgrammEnde" könnte bei der Modell SPS verzichtet werden. Ohne diese Operation würden in jedem Zyklus alle 128 Adressen abgearbeitet, auch wenn unter einigen Adressen des Programmspeichers für das Anwenderprogramm keine Steuerungsanweisungen programmiert sind. Danach würde ein weiterer Steuerungszyklus mit der Steuerungsanweisung unter der Adresse 0 beginnen.

Das Master/Slave Flipflop in der Verarbeitungseinheit, Bild 10.6, besteht aus zwei hintereinander geschalteten D-Flipflops. In Abhängigkeit von der Variablen *Takt* übernimmt und speichert es den Wert der Variablen *Vke* und verarbeitet ihn zu der Variablen *Daten*.

Hat die Variable *Takt* den Wert 0, so wird der Wert der Variablen *Vke* von dem Master-Flipflop übernommen. Nach dem Wechsel des Werts der Variablen *Takt* von 0 nach 1, wird der Wert der Variablen *Vke* in dem Master-Flipflop gespeichert. Dieser Wert wird von dem Slave-Flipflop übernommen und als Variable *Daten* ausgegeben. Der vor dem Wechsel des Werts der

Variablen *Takt* von 0 nach 1 in dem Slave-Flipflop gespeicherte Wert der Variablen *Daten* wird durch den Wert der aktuellen Variablen *Daten* ersetzt.

Nach dem Wechsel des Werts der Variablen *Takt* von 1 nach 0 wird in dem Slave-Flipflop der Wert der Variablen *Daten* gespeichert, bis der Wert der Variablen *Takt* von 0 nach 1 wechselt. Solange wie die Variable *Takt* den Wert 0 hat, können die Variable *Operand* und die in dem Slave-Flipflop gespeicherte Variable *Daten* in dem 1-Bit-Prozessor verknüpft werden.

Von der ODER-UND-Schaltung der Verarbeitungseinheit wird die Variable *Schreiben* erzeugt.

Wird eine der Operationen "Daten Flipflop Zuweisen", "Flipflop Setzen" oder "Flipflop Rücksetzen" als Programmanweisung vorgegeben, dann soll der Wert der Variablen *Daten* in das durch die Adresse vorgegebene Flipflop des Datenspeichers oder der Schnittstelle zu den Aktoren übertragen werden. Das Übertragen erfolgt, wenn die Variable *Schreiben* den Wert 1 hat.

Die Ausgangsvariable der ODER-Verknüpfung der Operationen "Daten Flipflop Zuweisen", "Flipflop Setzen" oder "Flipflop Rücksetzen" wird über die UND-Verknüpfung freigegeben, wenn die Variable *Takt* den Wert 1 hat. Dementsprechend hat die Variable *Schreiben* den Wert 1, wenn eine der Operationen "Daten Flipflop Zuweisen", "Flipflop Setzen" oder "Flipflop Rücksetzen" den Wert 1 hat und gleichzeitig die Variable *Takt* den Wert 1 hat.

Der 1-Bit-Prozessor der Modell-SPS arbeitet unabhängig von der Variablen *Takt*. Er besteht aus Schaltungen in denen die Operationen decodiert werden, und aus Schaltungen, in denen die Operationen ausgeführt werden. Aus den Belegungen der Variablen *D6* bis *D9* werden 10 Operationen decodiert. Die sechs weiteren Belegungen der Variablen *D6* bis *D9* werden in der Modell-SPS nicht genutzt. Jede decodierte Operation ist eine Variable. In jeder Steuerungsanweisung wird nur eine Operation vorgegeben.

In dem 1-Bit-Prozessor ist, ausgenommen die Variable *PE*, für jede Operation eine Schaltung vorhanden. Die Ausgangsvariablen dieser Schaltungen werden über ODER zu der Variablen *Vke* verknüpft. Der Wert der Variablen *Vke* entspricht also dem Wert der einen, ausgeführten Operation.

So besteht die Schaltung für die Operation "Operand laden" nur aus einem UND-Element.

- Hat die Operation "Operand laden" den Wert 0, dann wird in der Steuerungsanweisung eine andere Operation vorgegeben. Der Wert der Ausgangsvariablen des UND-Elements hat den Wert 0. Die Operation "Operand laden" hat in diesem Fall keinen Einfluss auf den Wert der Variablen *Vke*.

- Hat die Operation "Operand laden" den Wert 1, dann wird nur diese Operation vorgegeben Der Wert der Ausgangsvariablen des UND-Elements entspricht dem Wert der Variablen *Operand*. Über das UND-Element wird der Wert der Variablen *Operand* durch die Variable "Operand laden" freigegeben. Das Verknüpfungsergebnis des 1-Bit-Prozessors, die Variable *Vke*, hat nur dann den Wert 1, wenn gleichzeitig die dekodierte Operation "Operand laden" und die Variable *Operand* den Wert 1 haben. Sie hat den Wert 0, wenn die Variable *Operand* den Wert 0 hat.

Die Schaltung für die Operation "Operand ODER verknüpfen" hat folgende Funktionsweise:

- Die Variable Operand wird mit der Variablen Daten ODER-verknüpft.

- Das Ergebnis der ODER-Verknüpfung wird über das UND-Element durch die Operation "Operand ODER verknüpfen" freigegeben.

- Die Variable Vke hat nur dann den Wert 1, wenn die Operation "Operand ODER verknüpfen" den Wert 1 hat und mindestens eine der Variablen Operand oder Daten den Wert 1 hat.

Eine Steuerungsanweisung wird aus dem Programmspeicher ausgelesen, wenn die Variable *Takt* von 1 nach 0 wechselt. Sie ist bis zu dem nächsten Wechsel der Variablen *Takt* von 1 nach 0 die aktuelle Steuerungsanweisung. Die auszuführende Operation und die Variable *Operand* ist nur von der aktuellen Steuerungsanweisung abhängig. Solange wie die Variable *Takt* den Wert 0 hat, gilt folgendes:

- Der in dem Slave Flipflop gespeicherte Wert der Variablen *Daten* entspricht dem Ergebnis der Operation die vor der aktuellen Operation durchgeführt wurde.

- Der Wert der Variablen *Operand* entspricht dem Wert, der in dem Flipflop mit der aktuellen Operandenadresse gespeichert ist.

- Das Ergebnis der Operation, der Wert der Variablen *Vke*, wird von dem Master Flipflop übernommen.

Nach dem Wechsel der Variablen *Takt* von 0 nach 1 gilt folgendes:

- Die Variable *Vke* keinen Einfluss auf den im Master-Flipflop gespeicherten Wert.

- Das Ergebnis der Operation wird in dem Master Flipflop gespeichert, von dem Slave Flipflop übernommen und als neue Variable *Daten* ausgegeben.

Die Variable *Daten* ist also nicht nur von der aktuellen sondern auch von der vorhergehenden Steuerungsanweisung und der Variablen *Takt* abhängig. Solange wie die Variable *Takt* den Wert 0 hat, entspricht der Wert der Variablen *Daten* dem Wert der Variablen *Vke* der vorhergehenden Steuerungsanweisung. Die Speicherung der Variable *Daten* ermöglicht es, dass das Ergebnis der vorhergehenden Steuerungsanweisung mit dem Operanden der aktuellen Steuerungsanweisung in dem 1-Bit-Prozessor verknüpft werden kann. Ohne die gespeicherte Variable *Daten* können Verknüpfungen von zwei Variablen, wie beispielsweise die Operationen UND oder ODER, von dem 1-Bit-Prozessor nicht ausgeführt werden.

- Die Variable *Schreiben* nimmt bei den Operationen "Daten Flipflop zuweisen", "Flipflop Setzen" und "Flipflop Rücksetzen" den Wert 1 an.

In den Bildern 10.7 bis 10.10 werden die Operationen von SPS erläutert und deren mnemotechnischen Abkürzungen vorgestellt.

Bezeichnung der Operation	Mnemo-technische Abkürzung		Beschreibung der Operation
	alt	IEC 1131-3	
Programm Ende	PE		Die Operation legt die Arbeitsweise des Anweisungszählers beim Wechsel des Werts der Variablen Takt von 1 nach 0 fest. Hat während des Wechsels die Variable ProgrammEnde den Wert 0, dann wird der Zählerstand des Anweisungszählers um 1 erhöht. Hat während des Wechsels die Variable ProgrammEnde den Wert 1, dann wird der Anweisungszähler rückgesetzt, also auf den Zählerstand 0 gebracht.

Bild 10.7: Operation ProgrammEnde

Die "Operation ProgrammEnde" gibt über die Variable PE das Ende des Anwenderprogramms vor.

Die erste Anweisung in jeder Teilschaltung eines Anwenderprogramms ist eine der in Bild 10.8 vorgestellten Ladeoperationen. Die Ladeoperationen sind unabhängig von dem Wert der im Slave-Flipflop gespeicherten Variablen *Daten*.

Bezeichnung der Operation	Mnemo-technische Abkürzung		Beschreibung der Operation
	alt	IEC 1131-3	
Operand laden	L	LD	Aus dem Datenspeicher wird der Wert eines Operanden in den 1-Bit-Prozessor geladen. Die Variable Vke hat den Wert der Variablen Operand.
Operand NEGIERT laden	LN	LDN	Aus dem Datenspeicher wird der Wert eines Operanden in den 1-Bit-Prozessor geladen und boolesch negiert. Die Variable Vke hat den Wert der boolesch negierten Variablen Operand.

Bild 10.8: Ladeoperationen

Die Operationen in Bild 10.9 verknüpfen in den Steuerungsanweisungen eines Anwenderprogramms die Variable *Daten* mit der Variablen *Operand*. Die Variable *Daten* ist das Verknüpfungsergebnis der vorangegangenen Steuerungsanweisung. Sie ist in dem Slave-Flipflop gespeichert. Die Variable *Operand* ist der Operand der aktuellen Steuerungsanweisung.

Das Ergebnis der Verknüpfung ist die Variable *Vke*. Der Wert der Variablen *Vke* wird als neuer Wert der Variablen *Daten* in dem Slave-Flipflop gespeichert. Dieser neue Wert der Variablen *Daten* kann in der folgenden Operation verknüpft werden.

Bezeichnung der Operation	Mnemo-technische Abkürzung		Beschreibung der Operation
	alt	IEC 1131-3	
Operand ODER verknüpfen	O	OR	Aus dem Datenspeicher wird der Wert eines Operanden in den 1-Bit-Prozessor geladen und mit der Variablen Daten ODER verknüpft. Die Variable Vke hat den Wert der sich bei der ODER Verknüpfung der Variablen Operand und Daten ergibt.
Operand NEGIERT ODER verknüpfen	ON	ORN	Aus dem Datenspeicher wird der Wert eines Operanden in den 1-Bit-Prozessor geladen, bolesch negiert und mit der Variablen Daten ODER verknüpft. Die Variable Vke hat den Wert der sich bei der ODER Verknüpfung der boolesch negierten Variablen Operand mit der Variablen Daten ergibt.
Operand UND verknüpfen	U	AND	Aus dem Datenspeicher wird der Wert eines Operanden in den 1-Bit-Prozessor geladen und mit der Variablen Daten UND verknüpft. Die Variable Vke hat den Wert der sich bei der UND Verknüpfung der Variablen Operand und Daten ergibt.
Operand NEGIERT UND verknüpfen	UN	ANDN	Aus dem Datenspeicher wird der Wert eines Operanden in den 1-Bit-Prozessor geladen, bolesch negiert und mit der Variablen Daten UND verknüpft. Die Variable Vke hat den Wert der sich bei der UND Verknüpfung der boolesch negierten Variablen Operand mit der Variablen Daten ergibt.

Bild 10.9: Verknüpfungsoperationen

Bild 10.10 beschreibt die Speicherung der Variablen *Daten* und das *Setzen* oder *Rücksetzen* eines Flipflops durch die Variable *Daten*.

Die Variable *Daten* ist das Verknüpfungsergebnis einer ausgeführten Steuerungsanweisung. Handelt es sich dabei um das Verknüpfungsergebnis einer Teilschaltung, dann wird dieses Ergebnis mit einer der in Bild 10.10 beschriebenen Operationen gespeichert und kann in anderen Teilschaltungen verknüpft werden.

Durch die Operation "Daten Flipflop Zuweisen" wird der Wert der Variablen *Daten* in ein Flipflop des Datenspeichers geschrieben. Dieser Wert wird solange gespeichert, bis im Anwenderprogramm der in diesem Flipflop gespeicherte Wert überschrieben wird. Dies ist spätestens nach einem Steuerungszyklus der Fall, wenn die Teilschaltung und damit die Steuerungsanweisung wieder abgearbeitet wird.

Bezeichnung der Operation	Mnemo-technische Abkürzung		Beschreibung der Operation
	alt	IEC 1131-3	
Daten Flipflop zuweisen	=	ST	Der Wert der Variablen Daten wird in den 1-Bit-Prozessor geladen. Die Variable Vke hat den Wert der Variablen Operand. Nach dem Wechsel der Variablen Takt von 0 nach 1 hat die Variable Schreiben den Wert 1 und die Variable Daten den Wert der Variablen Vke. Die Variable Daten hat also ihren ursprünglichen Wert. Dieser Wert wird in das Flipflop mit der aktuellen Operandenadresse im Datenspeicher geschrieben.
Flipflop Setzen	S	S	Aus dem Datenspeicher wird der Wert des Operanden mit der aktuellen Operanden-adresse in den 1-Bit-Prozessor geladen und mit der Variablen Daten ODER verknüpft. Die Variable Vke hat den Wert der sich bei der ODER Verknüpfung der Variablen Operand und Daten ergibt. Nach dem Wechsel der Variablen Takt von 0 nach 1 hat die Variable Schreiben den Wert 1 und die Variable Daten den Wert der Variablen Vke. Dieser Wert der Variablen Daten wird in das Flipflop mit der aktuellen Operandenadresse im Datenspeicher geschrieben.
Flipflop Rücksetzen	R	R	Aus dem Datenspeicher wird der Wert des Operanden mit der aktuellen Operanden-adresse in den 1-Bit-Prozessor geladen und mit der boolesch negierten Variablen Daten UND verknüpft. Die Variable Vke hat den Wert der sich bei der UND Verknüpfung der Variablen Operand mit der boolesch negierten Variablen Daten ergibt. Nach dem Wechsel der Variablen Takt von 0 nach 1 hat die Variable Schreiben den Wert 1 und die Variable Daten den Wert der Variablen Vke. Dieser Wert der Variablen Daten wird in das Flipflop mit der aktuellen Operandenadresse im Datenspeicher geschrieben.

Bild 10.10: Zuweisungs- und Speicheroperationen

Durch die Operationen "Flipflop Setzen" und "Flipflop Rücksetzen" wird die Programmierung von Flipflops vereinfacht.

Die Operation "Flipflop Setzen" ist die Kombination der Operationen "Operand ODER ver-knüpfen" und "Daten Flipflop Zuweisen". Es wird der in einem Flipflop des Datenspeichers gespeicherte Wert der Variablen *Operand*, mit der Variablen *Daten* über ODER verknüpft. Hat mindestens eine der Variablen den Wert 1, dann wird das Flipflop gesetzt oder bleibt gesetzt. Der in dem Flipflop gespeicherte Operand hat also in diesem Fall den Wert 1. Haben beide Variablen den Wert 0, dann wird das Flipflop rückgesetzt. In diesem Fall hatte und hat also der in dem Flipflop gespeicherte Operand den Wert 0.

Die Operation "Flipflop Rücksetzen" ist die Kombination der Operationen "Operand AND verknüpfen" und "Daten Flipflop Zuweisen". Es wird der in einem Flipflop des Datenspeichers gespeicherte Wert mit der boolesch negierten Variablen *Daten* über UND verknüpft.

Nur wenn die Variable *Daten* den Wert 0 und gleichzeitig die Variable *Operand* den Wert 1 hat, bleibt das Flipflop gesetzt. In diesem Fall bleibt also der Wert 1 des Operanden erhalten. Haben beide Variablen den Wert 0 oder hat die Variable *Daten* den Wert 1, dann wird das Flipflop rückgesetzt. In beiden Fällen hat also der in dem Flipflop gespeicherte Variable *Operand* den Wert 0.

Arbeitsweise der Modell-SPS und Anweisungsliste

Die Steuerungsfunktionen die von der Modell-SPS ausgeführt werden, sind durch die Steuerungsanweisungen des Anwenderprogramm in dem Programmspeicher festgelegt. Der Signalaustausch mit der Steuerungsperipherie erfolgt im Systemprogramm über die Schnittstellen zu den Sensoren und Aktoren. Auf das Systemprogramm einer SPS hat der Anwender üblicherweise keinen Zugriff. Es ist maschinenbezogen und liegt fest. Bei der Modell-SPS kann das Systemprogramm programmiert werden.

Das Entwickeln eines Anwenderprogramms zur Lösung einer Steuerungsaufgabe kann in Form einer Anweisungsliste erfolgen. Liegt die Lösung der Steuerungsaufgabe bereits als Funktionsplan oder Stromlaufplan vor, dann können diese projektierten Schaltungen in eine Anweisungsliste übersetzt werden. In beiden Fällen müssen die Schaltungen in von der SPS ausführbare Teilschaltungen gegliedert sein. Diese Teilschaltungen können untereinander oder mit sich selbst Variablen austauschen. Über diese steuerungsinternen Variablen werden die Funktionen der Teilschaltungen zu der Funktion der ursprünglichen Schaltung zusammengefasst.

Eine Anweisungsliste enthält die Anweisungen des Steuerungsprogramms. Jede Steuerungsanweisung besteht aus einem Operanden und einer Operation. Die Steuerungsanweisungen der Modell-SPS sind im Maschinencode 10 Bit lang. Mit den mnemotechnischen Abkürzungen können Steuerungsanweisungen in einem maschinennahen Kode geschrieben werden.

Die in einem Anwenderprogramm der Modell-SPS einsetzbaren Speicherplätze für Operanden befinden sich in dem Datenspeicher und haben

- im Merkerbereich die mnemotechnischen Adressen M0 bis M31.

- im Eingangsabbild die mnemotechnischen Adressen E0 bis E7.

- im Ausgangsabbild die mnemotechnischen Adressen A0 bis A7.

Programmierung einer Verknüpfungsschaltung

In Bild 10.11 ist ein Funktionsplan und eine Anweisungsliste im mnemotechnischen Kode für eine reine kombinatorische Schaltung mit vier Ein- und einer Ausgangsvariablen als Ausschnitt eines Anwenderprogramms dargestellt.

In der Schaltung werden die steuerungsinternen Variablen M1, E7, A0 und M2 zu der steuerungsinternen Variablen A1 verknüpft. Die Nummer der Anweisung entspricht der Adresse der

Steuerungsanweisung im Programmspeicher der Modell-SPS. Im Steuerungsbetrieb werden die im Programmspeicher gespeicherten Steuerungsanweisungen nacheinander ausgeführt.

Anw. Nr.	Operation mnemotechnisch	Operand	Beschreibung:
51	LD	M1	Lade in den 1-Bit-Prozessor den Wert des Operanden M1. Speichere den Wert von M1 im Slave-Flipflop als Wert der Variablen Daten.
52	ORN	E7	Verknüpfe über ODER in dem 1-Bit-Prozessor den im Slave-Flipflop gespeicherten Wert der Variablen Daten mit dem boolesch negierten Wert des Operanden E7. Speichere das Ergebnis der ODER Verknüpfung im Slave-Flipflop als neuen Wert der Variablen Daten.
53	OR	A0	Verknüpfe über ODER in dem 1-Bit-Prozessor den im Slave-Flipflop gespeicherten Wert der Variablen Daten mit dem Wert des Operanden A0. Speichere das Ergebnis der ODER Verknüpfung im Slave-Flipflop als neuen Wert der Variablen Daten.
54	ANDN	M2	Verknüpfe über UND in dem 1-Bit-Prozessor den im Slave-Flipflop gespeicherten Wert der Variablen Daten mit dem boolesch negierten Wert des Operanden M2. Speichere das Ergebnis der UND Verknüpfung im Slave-Flipflop als neuen Wert der Variablen Daten.
55	ST	A1	Lade in den 1-Bit-Prozessor den im Slave-Flipflop gespeicherten Wert der Variablen Daten. Speichere den Wert der Variablen Daten im Slave-Flipflop als neuen Wert der Variablen Daten und im Flipflop des Operanden A1 als neuen Wert.

Funktionsplan

Anweisungsliste

Bild 10.11: Umsetzung eines Funktionsplans in eine Anweisungsliste

In Bild 10.12 ist der Zusammenhang zwischen einer im mnemotechnischen Code erstellten Anweisungsliste und den entsprechenden Steuerungsanweisungen im Maschinenkode für die Verknüpfungsschaltung mit vier Ein- und einer Ausgangsvariablen, Bild 10.11, dargestellt.

Die Adresse jeder Steuerungsanweisung wird von dem Anweisungszähler durch die Variablen $Z0$ bis $Z6$ vorgegeben und über ein UND-Element dekodiert.

Die Speicherung der Steuerungsanweisungen des Anwenderprogramms erfolgt in Bild 10.12 in einem PROM. Der in einer Speicherzelle gespeicherte Wert ist durch eine intakte oder durchgebrannte Sicherung festgelegt. Beispielsweise ist die Sicherung 52-9 durchgebrannt und die Sicherung 52-8 intakt.

Der in einer Speicherzelle gespeicherte Wert wird über ODER aus dem Programmspeicher als Wert einer der Variablen $D0$ bis $D9$ ausgelesen. Die Belegung der Variablen $D0$ bis $D9$ entspricht der Steuerungsanweisung, die unter der aktuellen Adresse in dem Programmspeicher programmiert ist. Unter der Adresse 52 wird beispielsweise ausgelesen, dass die Variable *D9* den Wert 0 und die Variable *D8* den Wert 1 hat.

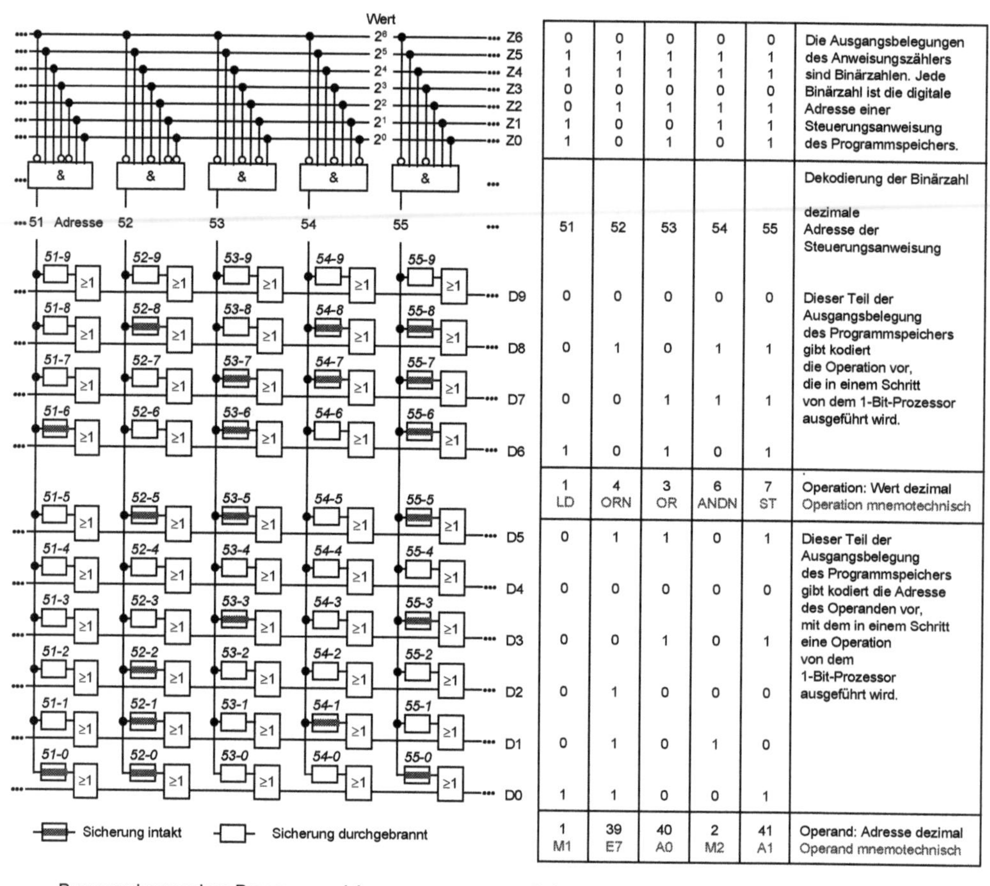

	51	52	53	54	55	
Z6	0	0	0	0	0	Die Ausgangsbelegungen
Z5	1	1	1	1	1	des Anweisungszählers
Z4	1	1	1	1	1	sind Binärzahlen. Jede
Z3	0	0	0	0	0	Binärzahl ist die digitale
Z2	0	1	1	1	1	Adresse einer
Z1	1	0	0	1	1	Steuerungsanweisung
Z0	1	0	1	0	1	des Programmspeichers.
						Dekodierung der Binärzahl
	51	52	53	54	55	dezimale Adresse der Steuerungsanweisung
D9	0	0	0	0	0	Dieser Teil der Ausgangsbelegung
D8	0	1	0	1	1	des Programmspeichers gibt kodiert
D7	0	0	1	1	1	die Operation vor, die in einem Schritt
D6	1	0	1	0	1	von dem 1-Bit-Prozessor ausgeführt wird.
	1 LD	4 ORN	3 OR	6 ANDN	7 ST	Operation: Wert dezimal Operation mnemotechnisch
D5	0	1	1	0	1	Dieser Teil der Ausgangsbelegung
D4	0	0	0	0	0	des Programmspeichers gibt kodiert die Adresse
D3	0	0	1	0	1	des Operanden vor, mit dem in einem Schritt
D2	0	1	0	0	0	eine Operation von dem
D1	0	1	0	1	0	1-Bit-Prozessor ausgeführt wird.
D0	1	1	0	0	1	
	1 M1	39 E7	40 A0	2 M2	41 A1	Operand: Adresse dezimal Operand mnemotechnisch

Programmierung eines Programmspeichers
in den Steuerungsanweisungen 51 bis 55

Belegung der Variablen D0 bis D9
in den Steuerungsanweisungen 51 bis 55

Bild 10.12: Beziehung zwischen Maschinencode und mnemotechnischen Code

Mehrfaches Verwenden der gleichen Operandenadresse

Die schrittweise Abarbeitung der Steuerungsanweisungen durch eine SPS muss bei der Erstellung eines Anwenderprogramms berücksichtigt werden. In Bild 10.13 wird in einem Anwenderprogramm der Operand A4 zweimal zur Speicherung des Werts von verschiedenen steuerungsinternen Verknüpfungsergebnissen verwendet. Der Wert des Operanden A4 entspricht dem Wert, der zuletzt gespeichert wurde.

Haben beispielsweise die Operanden A1 und M1 den Wert 1 und mindestens einer der Operanden E6 oder E7 den Wert 0, dann hat in den Steuerungsschritten 42 bis 71 der Operand A4 den Wert 1. Der Operand A4 hat den Wert 0 in den Steuerungsschritten ab 72 bis zum Programmende und in den Schritten 32 bis 41. Der Operand A4 kann in dem Anwenderprogramm seinen Wert nicht nur einmal sondern zweimal ändern.

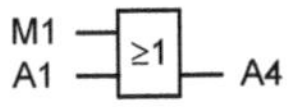

Anw. Nr.	Operation mnemotechnisch	Operand	Beschreibung:
40	LD	M1	Lade in den 1-Bit-Prozessor den Wert des Operanden M1. Speichere den Wert von M1 im Slave-Flipflop als Wert der Variablen Daten.
41	OR	A1	Verknüpfe über ODER in dem 1-Bit-Prozessor den im Slave-Flipflop gespeicherten Wert der Variablen Daten mit dem Wert des Operanden A1. Speichere das Ergebnis der ODER Verknüpfung im Slave-Flipflop als neuen Wert der Variablen Daten.
42	ST	A4	Lade in den 1-Bit-Prozessor den im Slave-Flipflop gespeicherten Wert der Variablen Daten. Speichere den Wert der Variablen Daten im Slave-Flipflop als neuen Wert der Variablen Daten und im Flipflop des Operanden A4 als neuen Wert.

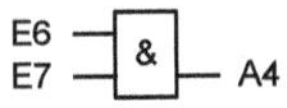

Anw. Nr.	Operation mnemotechnisch	Operand	Beschreibung:
70	LD	E6	Lade in den 1-Bit-Prozessor den Wert des Operanden E6. Speichere den Wert von E6 im Slave-Flipflop als Wert der Variablen Daten.
71	AND	E7	Verknüpfe über UND in dem 1-Bit-Prozessor den im Slave-Flipflop gespeicherten Wert der Variablen Daten mit dem Wert des Operanden E7. Speichere das Ergebnis der UND Verknüpfung im Slave-Flipflop als neuen Wert der Variablen Daten.
72	ST	A4	Lade in den 1-Bit-Prozessor den im Slave-Flipflop gespeicherten Wert der Variablen Daten. Speichere den Wert der Variablen Daten im Slave-Flipflop als neuen Wert der Variablen Daten und im Flipflop des Operanden A4 als neuen Wert.

Funktionspläne   Anweisungsliste

Bild 10.13: Mehrfaches Zuweisen der gleichen Operandenadresse

Die Werte der im Ausgangsabbild gespeicherten Operanden werden im Systemprogramm in die Schnittstelle zu den Sensoren transferiert und als Ausgangssignale von der SPS abgegeben. Das Systemprogramm wird zu Beginn eines jeden Zyklus der SPS ausgeführt.

Der Operand A0 hat während der Ausführung des Systemprogramms der Modell-SPS in den Schritten 0 bis 31 den Wert 0. Die dem Operanden A0 zugeordnete Ausgangsvariable der Modell-SPS *Ausgang 0* hat auch den Wert 0.

Durch die zweimalige Zuweisung von internen Variablen zu einem Operanden ergibt sich also keine ODER Verknüpfung.

Programmierung eines Flipflops bei dem Rücksetzen dominiert
Durch die zweimalige Zuweisung von internen Variablen zu einem Operanden mit den Operationen Flipflop Setzen und Flipflop Rücksetzen lassen sich Merker als Flipflops einsetzen.

Anw. Nr.	Operation mnemotechnisch	Operand	Beschreibung:
35	LD	A4	Lade in den 1-Bit-Prozessor den Wert des Operanden A4. Speichere den Wert von A4 im Slave-Flipflop als Wert der Variablen Daten.
36	OR	E5	Verknüpfe über ODER in dem 1-Bit-Prozessor den im Slave-Flipflop gespeicherten Wert der Variablen Daten mit dem Wert des Operanden E5. Speichere das Ergebnis der ODER Verknüpfung im Slave-Flipflop als neuen Wert der Variablen Daten.
37	S	M2	Verknüpfe über ODER in dem 1-Bit-Prozessor den im Slave-Flipflop gespeicherten Wert der Variablen Daten mit dem Wert des Operanden M2. Speichere das Ergebnis der ODER Verknüpfung im Slave-Flipflop als neuen Wert der Variablen Daten und im Flipflop des Operanden M2 als neuen Wert.
38	LD	E7	Lade in den 1-Bit-Prozessor den Wert des Operanden E7. Speichere den Wert von E7 im Slave-Flipflop als Wert der Variablen Daten.
39	R	M2	Verknüpfe über UND in dem 1-Bit-Prozessor den Wert des Operanden M2 mit dem boolesch negierten Wert der im Slave-Flipflop gespeicherten Variablen Daten. Speichere das Ergebnis der UND Verknüpfung im Slave-Flipflop als neuen Wert der Variablen Daten und im Flipflop des Operanden M2 als neuen Wert.

Funktionsplan　　　　　　　　　　　　　　　　Anweisungsliste

Bild 10.14: Anweisungsliste für ein Flipflop bei dem Rücksetzen dominiert, mehrfaches Speichern unter der gleichen Operandenadresse

In Bild 10.14 entspricht der Operand M2 der Ausgangsvariablen eines Flipflops bei dem Rücksetzen dominiert.

Hat beispielsweise mindestens einer der Operanden A4 oder E5 den Wert 1 und auch der Operand E7 den Wert 1, dann liegt an beiden Eingängen des Flipflops des Operanden M2 der Wert 1 an. In diesem Fall hat der Operand M2 den Wert 1 in den Steuerungsschritten 37 und 38. Der Operand M2 hat den Wert 0 in den Steuerungsschritten ab 39 bis zum Ende des Programms und in den Schritten 32 bis 36. Der Operand M2 hat in weiteren steuerungsinternen Verknüpfungen im Anwenderprogramm den Wert 0. Dieses Verhalten entspricht einem Flipflop bei dem Rücksetzen dominiert.

Durch die Reihenfolge der Ausführung der Operation "Flipflop Rücksetzen" nach der Operation "Flipflop Setzen" wird also ein Flipflop programmiert, bei dem Rücksetzen dominiert.

Programmierung eines Flipflops bei dem Setzen dominiert

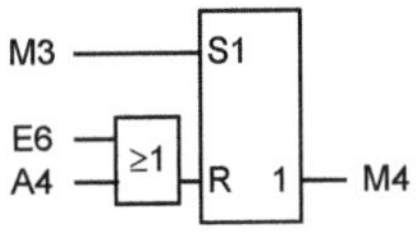

Anw. Nr.	Operation mnemotechnisch	Operand	Beschreibung:
81	LD	E6	Lade in den 1-Bit-Prozessor den Wert des Operanden E6. Speichere den Wert von E6 im Slave-Flipflop als Wert der Variablen Daten.
82	OR	A4	Verknüpfe über ODER in dem 1-Bit-Prozessor den im Slave-Flipflop gespeicherten Wert der Variablen Daten mit dem Wert des Operanden A4. Speichere das Ergebnis der ODER Verknüpfung im Slave-Flipflop als neuen Wert der Variablen Daten.
83	R	M4	Verknüpfe über UND in dem 1-Bit-Prozessor den Wert des Operanden M4 mit dem boolesch negierten Wert der im Slave-Flipflop gespeicherten Variablen Daten. Speichere das Ergebnis der UND Verknüpfung im Slave-Flipflop als neuen Wert der Variablen Daten und im Flipflop des Operanden M4 als neuen Wert.
84	LD	M3	Lade in den 1-Bit-Prozessor den Wert des Operanden M3. Speichere den Wert von M3 im Slave-Flipflop als Wert der Variablen Daten.
85	S	M4	Verknüpfe über ODER in dem 1-Bit-Prozessor den im Slave-Flipflop gespeicherten Wert der Variablen Daten mit dem Wert des Operanden M4. Speichere das Ergebnis der ODER Verknüpfung im Slave-Flipflop als neuen Wert der Variablen Daten und im Flipflop des Operanden M4 als neuen Wert.

Funktionsplan   Anweisungsliste

Bild 10.15: Anweisungsliste für ein Flipflop bei dem Setzen dominiert, mehrfaches Speichern unter der gleichen Operandenadresse

Bei einem Flipflop das dominierend gesetzt wird, muss die Operation "Flipflop Rücksetzen" vor der Operation "Flipflop Setzen" ausgeführt werden.

In dem Funktionsplan, Bild 10.15, entspricht der Operand M4 der Ausgangsvariablen eines Flipflops bei dem Setzen dominiert.

Hat beispielsweise der Operand M3 den Wert 1 und mindestens auch einer der Operanden E6 oder A4 den Wert 1, dann liegt an beiden Eingängen des Flipflops des Operanden M4 der Wert 1 an. In diesem Fall hat der Operand M4 den Wert 0 in den Steuerungsschritten 83 und 84. Der Operand M4 hat den Wert 1 ab dem Steuerungsschritten 85 bis zum Ende des Anwenderprogramms und in den Schritten 32 bis 82 des nächsten Laufs des Anwenderprogramms. Dieses Verhalten entspricht einem Flipflop bei dem Setzen dominiert.

11 System- und Anwenderprogramme für SPS

Der Programmspeicher einer SPS ist unterteilt in einen System- und einen Anwenderprogrammspeicher.

In dem Systemprogrammspeicher sind die von dem Steuerungshersteller vorgegebenen Steuerungsanweisungen des Systemprogramms beispielsweise in einem ROM oder PROM gespeichert.

In dem Anwenderprogrammspeicher sind die Steuerungsanweisungen des Anwenderprogramms gespeichert. Wird ein umprogrammierbarer Speicher verwendet, kann das Programm nach der Eingabe beispielsweise während der Inbetriebnahme der zu steuernden Einrichtung geändert werden. Ist das Anwenderprogramm erprobt, kann das in einem umprogrammierbaren RAM gespeicherte Programm in einen PROM übertragen und das RAM durch das PROM ausgetauscht werden.

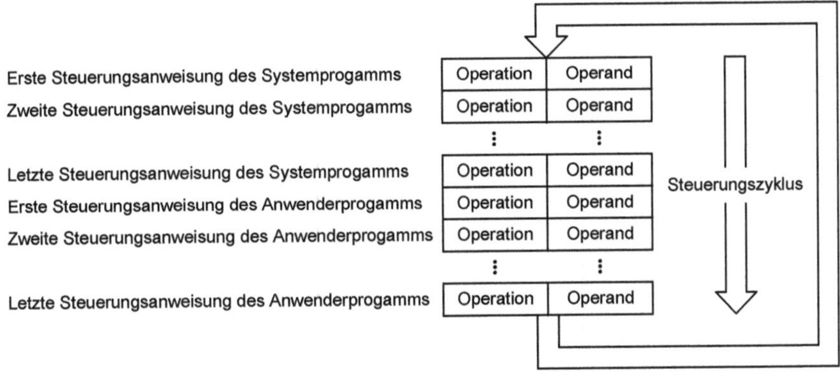

Bild 11.1: Schema eines Steuerungszyklus

Ein Steuerungszyklus umfasst, wie in Bild 11.1 dargestellt, die Steuerungsanweisungen des Systemprogramms und des Anwenderprogramms. Jede Steuerungsanweisung besteht aus einer Operation und einem Operanden.

In einem Steuerungszyklus werden durch die SPS die in dem Programmspeicher gespeicherten Steuerungsanweisungen hintereinander ausgeführt. Auf die Steuerungsanweisungen des Systemprogramms folgen die Steuerungsanweisungen des Anwenderprogramms. Nachdem die Steuerungsanweisungen des Anwenderprogramms ausgeführt sind, beginnt ein weiterer Steuerungszyklus mit den Steuerungsanweisungen des Systemprogramms. So lange wie sich eine SPS in Betrieb befindet, folgt auf einen Steuerungszyklus ein weiterer Steuerungszyklus.

Systemprogramm der Modell-SPS

Anweisungsnummer entspricht der dezimalen Adresse der Steuerungsanweisung im Programmspeicher	Operation		Operand		Das Flipflop mit der Adresse des Operanden befindet sich in der Funktioneinheit
	mnemotechnisch		Adresse		
	veraltet	IEC 1131-3	mnemo-technisch	dezimal	
0 1	L =	LD ST	A0 Ausgang 0	40 56	Ausgangsabbild im Datenspeicher Schnittstelle zu den Aktoren
2 3	L =	LD ST	A1 Ausgang 1	41 57	Ausgangsabbild im Datenspeicher Schnittstelle zu den Aktoren
4 5	L =	LD ST	A2 Ausgang 2	42 58	Ausgangsabbild im Datenspeicher Schnittstelle zu den Aktoren
6 7	L =	LD ST	A3 Ausgang 3	43 59	Ausgangsabbild im Datenspeicher Schnittstelle zu den Aktoren
8 9	L =	LD ST	A4 Ausgang 4	44 60	Ausgangsabbild im Datenspeicher Schnittstelle zu den Aktoren
10 11	L =	LD ST	A5 Ausgang 5	45 61	Ausgangsabbild im Datenspeicher Schnittstelle zu den Aktoren
12 13	L =	LD ST	A6 Ausgang 6	46 62	Ausgangsabbild im Datenspeicher Schnittstelle zu den Aktoren
14 15	L =	LD ST	A7 Ausgang 7	47 63	Ausgangsabbild im Datenspeicher Schnittstelle zu den Aktoren
16 17	L =	LD ST	Eingang 0 E0	48 32	Schnittstelle zu den Sensoren Eingangsabbild im Datenspeicher
18 19	L =	LD ST	Eingang 1 E1	49 33	Schnittstelle zu den Sensoren Eingangsabbild im Datenspeicher
20 21	L =	LD ST	Eingang 2 E2	50 34	Schnittstelle zu den Sensoren Eingangsabbild im Datenspeicher
22 23	L =	LD ST	Eingang 3 E3	51 35	Schnittstelle zu den Sensoren Eingangsabbild im Datenspeicher
24 25	L =	LD ST	Eingang 4 E4	52 36	Schnittstelle zu den Sensoren Eingangsabbild im Datenspeicher
26 27	L =	LD ST	Eingang 5 E5	53 37	Schnittstelle zu den Sensoren Eingangsabbild im Datenspeicher
28 29	L =	LD ST	Eingang 6 E6	54 38	Schnittstelle zu den Sensoren Eingangsabbild im Datenspeicher
30 31	L =	LD ST	Eingang 7 E7	55 39	Schnittstelle zu den Sensoren Eingangsabbild im Datenspeicher

Bild 11.2: Anweisungsliste des Systemprogramms der Modell-SPS

Bei der Modell-SPS haben die Steuerungsanweisungen des Systemprogramms in dem Programmspeicher die Adressen 0 bis 31. Bei der Modell-SPS besteht das Systemprogramm nur aus Steuerungsanweisungen zum Datenaustausch zwischen dem Datenspeicher und den Schnittstellen zu den Sensoren und Aktoren. Im Systemprogramm werden nacheinander

- die in den Flipflops des Ausgangsabbilds gespeicherten Werte in die zugeordneten Flipflops der Schnittstelle zu den Aktoren übertragen und danach

- die in den Flipflops der Schnittstelle zu den Sensoren gespeicherten Werte in die zugeordneten Flipflops des Eingangsabbilds übertragen.

In den ersten 15 Schritten des Systemprogramms in Bild 11.2 werden gemäss den Steuerungsanweisungen 0 bis 15 die in den Flipflops des Ausgangsabbilds gespeicherten Werte in die Flipflops der Schnittstelle zu den Aktoren übertragen.

Die erste der acht Transfersequenzen, die aus den Steuerungsanweisungen 0 und 1 besteht ist:

<table>
<tr><td></td><td>Operation:</td><td>Operand:</td></tr>
<tr><td>Steuerungsanweisung Nr. 0:</td><td>LD</td><td>A0</td></tr>
</table>

- Der Inhalt des Flipflops im Ausgangsabbild mit der mnemotechnischen Adresse des Operanden A0 wird in die Verarbeitungseinheit als Wert der Variablen *Operand* geladen.

- Der Wert der Variablen *Operand* wird in der Verarbeitungseinheit als neuer Wert der Variablen *Daten* gespeichert.

<table>
<tr><td></td><td>Operation:</td><td>Operand:</td></tr>
<tr><td>Steuerungsanweisung Nr. 1:</td><td>ST</td><td>Ausgang 0</td></tr>
</table>

- Der Wert der in der Verarbeitungseinheit gespeicherte Wert der Variablen *Daten* wird in der Verarbeitungseinheit als neuer Wert der Variablen *Daten* gespeichert.

- Der neue Wert der Variablen *Daten* wird in das Flipflop in der Schnittstelle zu den Aktoren mit der mnemotechnischen Adresse des Operanden Ausgang 0 geschrieben und gespeichert.

In den Steuerungsanweisungen 16 bis 31 werden die in den Flipflops der Schnittstelle zu den Sensoren gespeicherten Werte in die Flipflops des Eingangsabbilds übertragen.

Die erste der acht Transfersequenzen besteht aus den Steuerungsanweisungen 16 und 17:

<table>
<tr><td></td><td>Operation:</td><td>Operand:</td></tr>
<tr><td>Steuerungsanweisung Nr. 16:</td><td>LD</td><td>Eingang 0</td></tr>
</table>

- Der Inhalt des Flipflops der Schnittstelle zu den Sensoren mit der mnemotechnischen Adresse des Operanden Eingang 0 wird in die Verarbeitungseinheit als Wert der Variablen *Operand* geladen.

- Der Wert der Variablen *Operand* wird in der Verarbeitungseinheit als neuer Wert der Variablen *Daten* gespeichert.

	Operation:	Operand:
Steuerungsanweisung Nr. 17:	ST	E0

- Der Wert der in der Verarbeitungseinheit gespeicherte Wert der Variablen *Daten* wird in der Verarbeitungseinheit als neuer Wert der Variablen *Daten* gespeichert.

- Der neue Wert der Variablen *Daten* wird in das Flipflop des Eingangsabbilds mit der mnemotechnischen Adresse des Operanden E0 geschrieben und gespeichert.

Anwenderprogramme zur Steuerung der Bohrvorrichtung

Das Erstellen von Anwenderprogrammen in Form von Anweisungslisten wird an zwei Steuerungen für die Bohrvorrichtung vorgestellt.

Gliederung des Funktionsplans in Teilschaltungen

Der Aufbau und die Funktion der Bohrvorrichtung sind in Kapitel 8 beschrieben. Die beiden Anwenderprogramme werden aus dem in Bild 8.18 vorgestellten Funktionsplan einer Steuerung für die Bohrvorrichtung entwickelt.

In Bild 11.3 ist der in Bild 8.18 vorgestellte Funktionsplan in Teilschaltungen gegliedert, die von einer SPS ausgeführt werden können. Diese sind so aufgebaut, dass in ihnen die Eingangsvariablen zu einer einzigen Ausgabevariablen verarbeitet werden. Damit können die Verknüpfungen der Teilschaltungen auch von dem 1-Bit-Prozessor der Modell-SPS und von anderen SPS ausgeführt werden.

Die Teilschaltung TS1 besteht aus einem RS-Flipflop mit der Eigenschaft dominierend Rücksetzen, in dem die Variable *Auto* gespeichert wird. Das Flipflop wird von der Variablen *TEin* nur gesetzt, wenn die Variablen *TAus* den Wert 1 hat. Das Flipflop wird rückgesetzt, wenn die Variable *TAus* den Wert 0 hat.

Aus den Teilschaltungen TS2 bis TS8 ist die Ablaufkette aufgebaut. Von ihr wird der Ablauf des automatisierten Bohrvorgangs gesteuert. Sie besteht aus sechs Schritten. Zum Setzen eines Schritts muss der vorhergehende Schritt gesetzt sein. Nach dem Setzen eines Schritts wird der vorhergehende Schritt rückgesetzt. Nach dem Einschalten der Energieversorgung ist kein Schritt der Ablaufkette gesetzt.

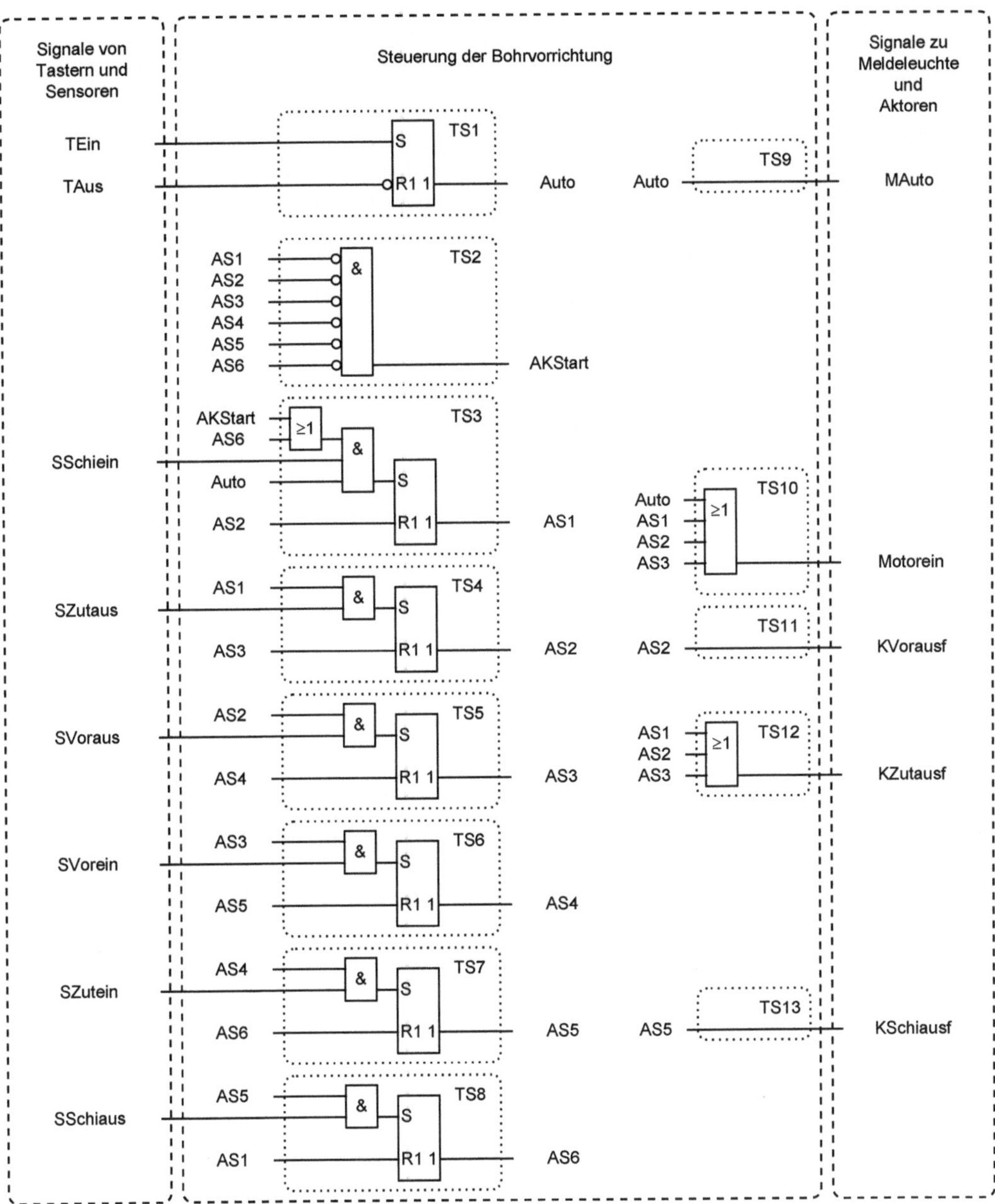

Bild 11.3: In Teilschaltungen TS1 bis TS13 gegliederter Funktionsplan nach Bild 8.18

In der Teilschaltung TS2 werden die boolesch negierten Schrittvariablen *AS1* bis *AS6* über UND zu der Variablen *AKStart* verknüpft. Die Variable *AKStart* hat den Wert 1, wenn kein

Schritt der Ablaufkette gesetzt ist. In diesem Fall, ersetzt in der Teilschaltung TS3 die Variable *AKStart* die Variable *AS6* und es kann der erste Schritt der Ablaufkette gesetzt werden.

Die Teilschaltungen TS3 bis TS8 entsprechen den Schritten 2 bis 6 der Ablaufkette. Die Teilschaltungen bestehen aus beschalteten RS-Flipflops. In den RS-Flipflops werden die Schrittvariablen *AS1* bis *AS6* gespeichert. Die RS-Flipflops haben die Eigenschaft dominierend Rücksetzen.

In den Teilschaltungen TS9, TS11 und TS13 werden die Variablen *Auto*, *AS2* und *AS5* in die Variablen *MAuto*, *KVorausf* und *KSchiausf* umgewandelt.

In Teilschaltung TS10 wird die Variable *Motorein* durch die ODER-Verknüpfung der Variablen *Auto*, *AS1*, *AS2* und *AS3* gebildet. Die Teilschaltung TS10 bewirkt, dass nach dem Ausschalten des Automatikbetriebs der Antrieb der Bohrspindel erst ausgeschaltet wird, wenn der Bohrvorschub eingefahren ist.

In der Teilschaltung TS12 werden die Variablen *AS1*, *AS2* und *AS3* über ODER zu der Ausgabevariablen *KZutausf* verknüpft.

Anschlussschema der SPS
Bild 11.4 zeigt schematisch die Ein- und Ausgänge der Modell-SPS. Den Ein- und Ausgängen sind Ein- und Ausgangsvariablen der Steuerung der Bohrvorrichtung zugewiesen.

Über die Schnittstelle zu den Sensoren werden in die Modell-SPS die Vorgabesignale der zwei Taster im Bedien- und Beobachtungsfeld und die sechs Ereignissignale der Sensoren in den Endlagen der Vorschubeinheiten eingegeben.

Der automatische Bohrzyklus wird über einen Taster mit einem Öffner-Kontakt ausgeschaltet. Die Ausgangsvariable des Tasters ist mit *TAus* bezeichnet. Die Variable *TAus* hat den Wert 1, wenn der Taster nicht betätigt ist, und den Wert 0, wenn der Taster betätigt wird. In dem Anschlussschema, Bild 11.4, ist der Variablen *TAus* der Anschluss Eingang 0 zugewiesen. Diesem ist der steuerungsinterne Operand mit der mnemotechnischen Bezeichnung E0 zugeordnet. Über Eingang 0 wird der Wert der Variablen *TAus* in die SPS eingegeben. Der Variablen *TAus* entspricht im Anwenderprogramm der Operand E0. Die Zuordnung des Anschlusses "Eingang 0" zu dem Operanden E0 erfolgt im Systemprogramm.

Über die Schnittstelle zu den Aktoren werden von der Modell-SPS ein Statussignal an die Meldeleuchte in dem Bedien- und Beobachtungsfeld und vier Ausgabesignale an die Magnetventile und den Schütz der Bohrvorrichtung ausgegeben

Laufen beispielsweise Bohrzyklen automatisch ab, dann soll dies von der Meldeleuchte angezeigt werden. Die Anzeige hängt von der steuerungsinternen Variablen *MAuto* ab. Hat die Variable *MAuto* den Wert 1, dann soll die Meldeleuchte hell und bei dem Wert 0 dunkel sein.

In Bild 11.4 ist die Variable *MAuto* dem Anschluss Ausgang 0 zugeordnet. Über diesen wird die Meldeleuchte von der SPS gesteuert.

Damit ist auch festgelegt, dass die Variable *MAuto* im Anwenderprogramm dem Operand mit der mnemotechnischen Bezeichnung A0 entspricht.

Die Zuordnung des Operanden A0 zu dem Anschluss Ausgang 0 wird im Systemprogramm festgelegt.

<table>
<tr><td colspan="4" align="center">Modell-SPS

mit Stromversorgung für
Taster, Sensoren in den Endlagen Vorschubeinheiten,
Meldeleuchte, Magnete der Ventile.</td></tr>
<tr><th>Eingang</th><th>Variable</th><th>Ausgang</th><th>Variable</th></tr>
<tr><td>0</td><td>TAus</td><td>0</td><td>MAuto</td></tr>
<tr><td>1</td><td>TEin</td><td>1</td><td>Motorein</td></tr>
<tr><td>2</td><td>SVorein</td><td>2</td><td>KVoraus</td></tr>
<tr><td>3</td><td>SVoraus</td><td>3</td><td>KZutaus</td></tr>
<tr><td>4</td><td>SZutein</td><td>4</td><td>KSchiaus</td></tr>
<tr><td>5</td><td>SZutaus</td><td>5</td><td>---</td></tr>
<tr><td>6</td><td>SSchiein</td><td>6</td><td>---</td></tr>
<tr><td>7</td><td>SSchiaus</td><td>7</td><td>---</td></tr>
</table>

Bild 11.4: Anschlussschema der Modell-SPS mit 8 Eingängen und 8 Ausgängen

Zuordnung der Variablen des Funktionsplans zu Operanden der SPS

Die Zuordnungstabelle, Bild 11.5, gibt eine Übersicht über die den Variablen des Funktionsplans zugewiesenen Operanden der Modell-SPS. Die Zuordnungstabellen aus Kapitel 8 sind um steuerungsinterne Operanden und um die Anschlüsse der Ein- und Ausgänge der Modell-SPS ergänzt und erweitert.

Die in den Steuerungsanweisungen des Anwenderprogramms vorgegebenen Operationen werden nur mit den steuerungsinternen Operanden des Datenspeichers ausgeführt. Die Zuordnung der Variablen des Funktionsplans zu den steuerungsinternen Operanden des Merkerbereichs ist frei wählbar.

Der Austausch von Variablen zwischen der Modell-SPS und dem Bedien- und Beobachtungsfeld oder der Bohrvorrichtung erfolgt über die Schnittstellen zu den Sensoren und Aktoren. Die Zuordnung der Anschlüsse der Schnittstellen zu den Sensoren und Aktoren zu den steuerungsinternen Operanden im Ein- und Ausgangsabbild wird durch die Steuerungsanweisungen des Systemprogramms festgelegt.

	Zuordnung einer Aktion zu dem Wert der Variablen oder des Operanden		Bezeichnungen in dem Funktionsplan: Variable	Modell-SPS: interner Operand	(Operand) Anschluss
Signalempfänger Meldeleuchte	Die Meldeleuchte ist dunkel	hell			
Meldung Automatikbetrieb eingeschaltet	0	1	MAuto	A0	Ausgang 0
Signalempfänger Motorschutzschalter zur Steuerung des	Der Bohrmotor ist ausgeschaltet	eingeschaltet			
elektrischen Bohrspindelmotors	0	1	Motorein	A1	Ausgang 1
Signalempfänger Magnetspule des 5/2-Wege Umschaltventils zur Steuerung des	Die Kolbenstange fährt ein oder ist eingefahren	aus oder ist ausgefahren			
Pneumatikzylinders des Bohrvorschubs	0	1	KVorausf	A2	Ausgang 2
Pneumatikzylinders des Zuteilers	0	1	KZutausf	A3	Ausgang 3
Pneumatikzylinders des Ausschiebers	0	1	KSchiausf	A4	Ausgang 4

	Zuordnung einer Vorgabe oder eines Ereignisses zu dem Wert der Variablen oder des Operanden		Bezeichnungen in dem Funktionsplan: Variable	in der Modell-SPS: interner Operand	(Operand) Anschluss
Signalgeber Taster im Bedienfeld der Steuerung zum	Der Taster ist nicht betätigt	betätigt			
Auschalten des Steuerungszyklus	1	0	TAus	E0	Eingang 0
Einschalten des Automatikbetriebs	0	1	TEin	E1	Eingang 1
Signalgeber Sensor in einer Endlagen einer Verfahreinheit	Der Sensor ist nicht betätigt	betätigt			
Bohrvorschub ist eingefahren	0	1	SVorein	E2	Eingang 2
Bohrvorschub ist ausgefahren	0	1	SVoraus	E3	Eingang 3
Zuteiler ist eingefahren	0	1	SZutein	E4	Eingang 4
Zuteiler ist ausgefahren	0	1	SZutaus	E5	Eingang 5
Ausschieber ist eingefahren	0	1	SSchiein	E6	Eingang 6
Ausschieber ist ausgefahren	0	1	SSchiaus	E7	Eingang 7

	Zuordnung des Ergebnisses einer internen Teilschaltung zu dem Wert der Variablen oder des Operanden:		Bezeichnungen in dem Funktionsplan: Variable	in der Modell-SPS: interner Operand
Teilschaltung	Die Verknüpfungsbedingung ist nicht erfüllt.	ist erfüllt.		
TS1	0	1	Auto	M10
TS2	0	1	AKStart	M11
Teilschaltung	Der Schritt ist nicht gesetzt.	gesetzt.		
TS3, Schritt 1	0	1	AS1	M1
TS4, Schritt 2	0	1	AS2	M2
TS5, Schritt 3	0	1	AS3	M3
TS6, Schritt 4	0	1	AS4	M4
TS7, Schritt 5	0	1	AS5	M5
TS8, Schritt 6	0	1	AS6	M6

Bild 11.5: Zuordnungstabelle der Steuerung der Bohrvorrichtung mit der Modell-SPS

Anweisungslisten für die Anwenderprogramme

Die Anweisungsliste eines Anwenderprogramms besteht aus Steuerungsanweisungen. Jede Steuerungsanweisung setzt sich aus einer Operation und einem Operanden zusammen.

Ein Anwenderprogramm der Modell-SPS beginnt mit der Steuerungsanweisung 32 und kann aus maximal 96 Steuerungsanweisungen bestehen. In einem Anwenderprogramm werden Daten nur innerhalb der SPS zwischen dem Programmspeicher, dem Datenspeicher und der Verarbeitungseinheit ausgetauscht. In dem Anwenderprogramm der Modell-SPS werden also nur die Operanden M0 bis M31, E0 bis E7 und A0 bis A7 verwendet.

Jede der Teilschaltungen für die Bohrvorrichtung in Bild 11.3 kann in eine Sequenz von Steuerungsanweisungen übersetzt werden. Das Verknüpfungsergebnis jeder Teilschaltung oder Sequenz ist eine Variable. Bei der Verwendung der Operationen Flipflop Setzen und Flipflop Rücksetzen zur Programmierung eines Flipflops ergeben sich zwei Sequenzen von Steuerungsanweisungen. Diese sind voneinander abhängig, weil ihr Verknüpfungsergebnis von der gleiche Variablen dargestellt wird..

Wird eine Sequenz von Steuerungsanweisungen bearbeitet, dann werden Verknüpfungen ausgeführt. Das Verknüpfungsergebnisses wird in einem Flipflop im Merkerbereich oder im Ausgangsabbild so lange gespeichert, bis die Sequenz im folgenden Steuerungszyklus erneut bearbeitet wird.

Die Zuordnung der Operanden der Modell-SPS zu den Variablen des Funktionsplans ist in Bild 11.5 angegeben.

Die in der Verarbeitungseinheit der SPS ausführbaren Operationen und ihre mnemotechnischen Abkürzungen sind aus den Bildern 10.7 bis10.10 bekannt.

In den Bildern 11.6 und 11.7 werden Anweisungslisten zur Steuerungen der Bohrvorrichtung vorgestellt. Die Teilschaltungen des Funktionsplans in Bild 11.4 sind in die entsprechenden Sequenzen von Steuerungsanweisungen umgesetzt. Die zutreffenden Bezeichnungen der Operanden und die auszuführenden Operationen sind angegeben.

Bei der in Bild 11.6 vorgestellten Anweisungsliste werden als Speicher SR-Flipflops eingesetzt.

Bei der Anweisungsliste, Bild 11.7, sind die in dem Funktionsplan in Bild 11.3 verwendeten RS-Flipflops durch selbsthaltende Flipflops ersetzt.

Anweisungsnummer entspricht der dezimalen Adresse der Steuerungsanweisung im Programmspeicher	Operation		Operand	Funktionspläne der Teilschaltungen
	mnemotechnisch		Adresse mnemotechnisch	
	veraltet	IEC 1131-3		
32	L	LD	E1	TEin / TAus → TS1 (S / R1 1) → Auto
33	S	S	M10	
34	LN	LDN	E0	
35	R	R	M10	
36	LN	LDN	M1	AS1, AS2, AS3, AS4, AS5, AS6 → & → TS2 → AKStart
37	UN	ANDN	M2	
38	UN	ANDN	M3	
39	UN	ANDN	M4	
40	UN	ANDN	M5	
41	UN	ANDN	M6	
42	=	ST	M11	
43	L	LD	M11	AKStart, AS6, SSchiein, Auto → ≥1, & → TS3 (S / R1 1) ; AS2 → R1 1 → AS1
44	U	OR	M6	
45	U	AND	E6	
46	O	AND	M10	
47	S	S	M1	
48	L	LD	M2	
49	R	R	M1	
50	L	LD	M1	AS1, SZutaus → & → TS4 (S / R1 1) ; AS3 → R1 1 → AS2
51	U	AND	E5	
52	S	S	M2	
53	L	LD	M3	
54	R	R	M2	
55	L	LD	M1	AS2, SVoraus → & → TS5 (S / R1 1) ; AS4 → R1 1 → AS3
56	U	AND	E3	
57	S	S	M3	
58	L	LD	M4	
59	R	R	M3	
60	L	LD	M3	AS3, SVorein → & → TS6 (S / R1 1) ; AS5 → R1 1 → AS4
61	U	AND	E2	
62	S	S	M4	
63	L	LD	M5	
64	R	R	M4	
65	L	LD	M4	AS4, SZutein → & → TS7 (S / R1 1) ; AS6 → R1 1 → AS5
66	U	AND	E4	
67	S	S	M5	
68	L	LD	M6	
69	R	R	M5	
70	L	LD	M5	AS5, SSchiaus → & → TS8 (S / R1 1) ; AS1 → R1 1 → AS6
71	U	AND	E7	
72	S	S	M6	
73	L	LD	M1	
74	R	R	M6	
75	L	LD	M10	TS9 ; Auto → MAuto
76	=	ST	A0	
77	L	LD	M10	Auto, AS1, AS2, AS3 → ≥1 → TS10 → Motorein
78	O	OR	M1	
79	O	OR	M2	
80	O	OR	M3	
81	=	ST	A1	
82	L	LD	M2	TS11 ; AS2 → KVorausf
83	=	ST	A2	
84	L	LD	M1	AS1, AS2, AS3 → ≥1 → TS12 → KZutausf
85	O	OR	M2	
86	O	OR	M3	
87	=	ST	A3	
88	L	LD	M5	TS13 ; AS5 → KSchiausf
89	=	ST	A4	
90	PE		ProgrammEnde	

Bild 11.6: Umsetzung von Teilschaltungen in Sequenzen von Steuerungsanweisungen

Beispiel: Steuerung der Bohrvorrichtung mit SR-Flipflops
Teilschaltung TS1 in Bild 11.6:

Die Teilschaltung TS1 des Funktionsplans ist ein RS-Flipflop mit der Eigenschaft dominierend Rücksetzen. In dem Anwenderprogramm muss deshalb die Operation Flipflop Setzen vor der Operation Flipflop Rücksetzen vorgegeben werden. Die Übersetzung in Steuerungsanweisungen belegt in Bild 11.6 die Anweisungsnummern 32 bis 35.

Diese werden von dem 1-Bit-Prozessor wie folgt verarbeitet:

1. Sequenz für die Teilschaltung TS1:

	Operation:	Operand:
Steuerungsanweisung Nr. 32:	LD	E1

- Der Inhalt des Flipflops im Eingangsabbild mit der mnemotechnischen Adresse des Operanden E1 wird in die Verarbeitungseinheit als Wert der Variablen *Operand* geladen.

- Der Wert der Variablen *Operand* wird in der Verarbeitungseinheit als neuer Wert der Variablen *Daten* gespeichert.

	Operation:	Operand:
Steuerungsanweisung Nr. 33:	S	M10

- Der Inhalt des Flipflops im Merkerbereich mit der mnemotechnischen Adresse des Operanden *M10* wird in die Verarbeitungseinheit als Wert der Variablen *Operand* geladen.

- Der Wert der Variablen *Operand* wird mit dem in der Verarbeitungseinheit gespeicherten Wert der Variablen *Daten* über ODER verknüpft.

- Das Verknüpfungsergebnis wird in der Verarbeitungseinheit als neuer Wert der Variablen *Daten* gespeichert.

- Der neue Wert der Variablen *Daten* wird in das Flipflop im Merkerbereich mit der mnemotechnischen Adresse des Operanden M10 geschrieben und gespeichert.

2. Sequenz für die Teilschaltung TS1:

	Operation:	Operand:
Steuerungsanweisung Nr. 34:	LDN	E0

- Der Inhalt des Flipflops im Eingangsabbild mit der mnemotechnischen Adresse des Operanden E0 wird in die Verarbeitungseinheit als Wert der Variablen *Operand* geladen.

- Der Wert der Variablen *Operand* wird in der Verarbeitungseinheit boolesch negiert.

- Der boolesch negierte Wert der Variablen *Operand* wird in der Verarbeitungseinheit als neuer Wert der Variablen *Daten* gespeichert.

	Operation:	Operand:
Steuerungsanweisung Nr. 35:	R	M10

- Der Inhalt des Flipflops im Merkerbereich mit der mnemotechnischen Adresse des Operanden M10 wird in die Verarbeitungseinheit als Wert der Variablen *Operand* geladen.

- Der in der Verarbeitungseinheit gespeicherte Wert der Variablen *Daten* wird in der Verarbeitungseinheit boolesch negiert.

- Der boolesch negierte Wert der Variablen *Daten* wird in der Verarbeitungseinheit mit dem Wert der Variablen *Operand* über UND verknüpft.

- Das Verknüpfungsergebnis wird in der Verarbeitungseinheit als neuer Wert der Variablen *Daten* gespeichert.

- Der neue Wert der Variablen *Daten* wird in das Flipflop im Merkerbereich mit der mnemotechnischen Adresse des Operanden M10 geschrieben und gespeichert.

Teilschaltung TS 2 in Bild 11.6:

In der Teilschaltung 2 werden die NEGIERTEN Variablen *AS1* bis *AS6* über UND zu der Variablen *AKStart* verknüpft. Die Sequenz für die Teilschaltung 2 ist in den Steuerungsanweisungen 36 bis 43 programmiert.

	Operation:	Operand:
Steuerungsanweisung Nr. 36:	LDN	M1

- Der Inhalt des Flipflops im Merkerbereich mit der mnemotechnischen Adresse des Operanden M1 wird in die Verarbeitungseinheit als Wert der Variablen *Operand* geladen.

- Der Wert der Variablen *Operand* wird in der Verarbeitungseinheit boolesch negiert.

- Der boolesch negierte Wert der Variablen *Operand* wird in der Verarbeitungseinheit als neuer Wert der Variablen *Daten* gespeichert.

	Operation:	Operand:
Steuerungsanweisung Nr. 37:	ANDN	M2

- Der Inhalt des Flipflops im Merkerbereich mit der mnemotechnischen Adresse des Operanden M2 wird in die Verarbeitungseinheit als Wert der Variablen *Operand* geladen.

- Der Wert der Variablen *Operand* wird in der Verarbeitungseinheit boolesch negiert.

- Der boolesch negierte Wert der Variablen *Operand* wird in der Verarbeitungseinheit mit dem Wert der Variablen *Daten* über UND verknüpft.

- Das Verknüpfungsergebnis wird in der Verarbeitungseinheit als neuer Wert der Variablen *Daten* gespeichert.

Es folgen die Steuerungsanweisungen Nr. 38 bis Nr. 41 deren Beschreibungen sich nur durch die mnemotechnischen Adressen der Operanden M3 bis M6 unterscheiden.

Nur wenn alle Operanden M1 bis M6 den Wert 0 haben, dann hat das Verknüpfungsergebnis der Steuerungsanweisung Nr. 41 den Wert 1. Damit hat auch die in der Verarbeitungseinheit gespeicherte Variable *Daten* den Wert 1. In diesem Fall wird, wenn die Steuerungsanweisung Nr. 42 ausgeführt ist, in dem Flipflop im Merkerbereich mit der mnemotechnischen Adresse des Operanden M11 der Wert 1 gespeichert.

	Operation:	Operand:
Steuerungsanweisung Nr. 42:	ST	M11

- Der Wert der in der Verarbeitungseinheit gespeicherten Variablen *Daten* wird in der Verarbeitungseinheit als neuer Wert der Variablen *Daten* gespeichert.

- Der neue Wert der Variablen *Daten* wird in das Flipflop im Merkerbereich mit der mnemotechnischen Adresse des Operanden M11 geschrieben und gespeichert.

Mit der Steuerungsanweisung Nr. 42 ist die Sequenz von Steuerungsanweisungen für die Teilschaltung 2 abgeschlossen. Das Verknüpfungsergebnisses wird in dem Flipflop M11 im Merkerbereich gespeichert, bis die Sequenz im folgenden Steuerungszyklus erneut bearbeitet wird.

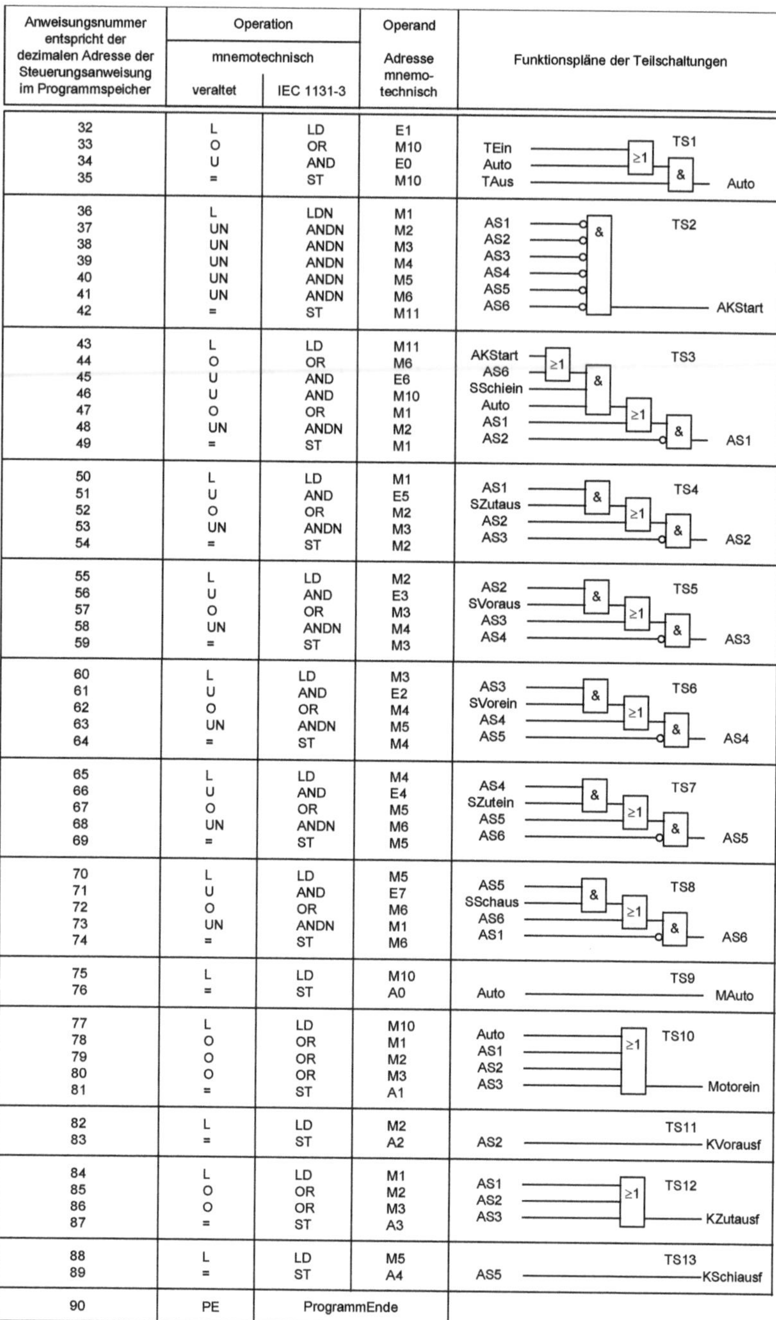

Anweisungsnummer entspricht der dezimalen Adresse der Steuerungsanweisung im Programmspeicher	Operation		Operand
	mnemotechnisch		Adresse mnemotechnisch
	veraltet	IEC 1131-3	
32	L	LD	E1
33	O	OR	M10
34	U	AND	E0
35	=	ST	M10
36	L	LDN	M1
37	UN	ANDN	M2
38	UN	ANDN	M3
39	UN	ANDN	M4
40	UN	ANDN	M5
41	UN	ANDN	M6
42	=	ST	M11
43	L	LD	M11
44	O	OR	M6
45	U	AND	E6
46	U	AND	M10
47	O	OR	M1
48	UN	ANDN	M2
49	=	ST	M1
50	L	LD	M1
51	U	AND	E5
52	O	OR	M2
53	UN	ANDN	M3
54	=	ST	M2
55	L	LD	M2
56	U	AND	E3
57	O	OR	M3
58	UN	ANDN	M4
59	=	ST	M3
60	L	LD	M3
61	U	AND	E2
62	O	OR	M4
63	UN	ANDN	M5
64	=	ST	M4
65	L	LD	M4
66	U	AND	E4
67	O	OR	M5
68	UN	ANDN	M6
69	=	ST	M5
70	L	LD	M5
71	U	AND	E7
72	O	OR	M6
73	UN	ANDN	M1
74	=	ST	M6
75	L	LD	M10
76	=	ST	A0
77	L	LD	M10
78	O	OR	M1
79	O	OR	M2
80	O	OR	M3
81	=	ST	A1
82	L	LD	M2
83	=	ST	A2
84	L	LD	M1
85	O	OR	M2
86	O	OR	M3
87	=	ST	A3
88	L	LD	M5
89	=	ST	A4
90	PE	ProgrammEnde	

Bild 11.7: Steuerung der Bohrvorrichtung mit selbsthaltenden Flipflops

Beispiel: Steuerung der Bohrvorrichtung mit selbsthaltenden Flipflops
Teilschaltung TS1 in Bild 11.7:

Die Teilschaltung TS1 im Funktionsplan Bild 11.3 ist ein RS-Flipflop mit der Eigenschaft dominierend Rücksetzen. Das Flipflop der Teilschaltung TS1 in Bild 11.7 erfüllt diese Funktion. Das Speichern wird durch die rückgeführte Variable *Auto* bewirkt.

- Die Variable *Auto* hat immer den Wert 0, wenn die Variable *Taus* den Wert 0 hat.
- Die Variable *Auto* hat den Wert 1 nur, wenn die Variable *Taus* den Wert 1 und gleichzeitig mindestens eine der Variablen *TEin* oder *Auto* den Wert 1 hat.

Die Übersetzung der Teilschaltung TS1 in eine Sequenz von Steuerungsanweisungen ist in Bild 11.7 unter den Anweisungsnummern 32 bis 35 angegeben.

Die in dem 1-Bit-Prozessor ablaufenden Vorgänge sind im folgenden beschrieben:

	Operation:	Operand:
Steuerungsanweisung Nr. 32:	LD	E1

- Der Inhalt des Flipflops im Eingangsabbild mit der mnemotechnischen Adresse des Operanden E1 wird in die Verarbeitungseinheit als Wert der Variablen *Operand* geladen.
- Der Wert der Variablen *Operand* wird in der Verarbeitungseinheit als neuer Wert der Variablen *Daten* gespeichert.

	Operation:	Operand:
Steuerungsanweisung Nr. 33:	OR	M10

- Der Inhalt des Flipflops im Merkerbereich mit der mnemotechnischen Adresse des Operanden M10 wird in die Verarbeitungseinheit als Wert der Variablen *Operand* geladen.
- Der Wert der Variablen *Operand* wird in der Verarbeitungseinheit mit dem Wert der Variablen *Daten* über ODER verknüpft.
- Das Verknüpfungsergebnis wird in der Verarbeitungseinheit als neuer Wert der Variablen *Daten* gespeichert.

	Operation:	Operand:
Steuerungsanweisung Nr. 34:	AND	E0

- Der Inhalt des Flipflops im Eingangsabbild mit der mnemotechnischen Adresse des Operanden E0 wird in die Verarbeitungseinheit als Wert der Variablen *Operand* geladen.
- Der Wert der Variablen *Operand* wird in der Verarbeitungseinheit mit dem Wert der Variablen *Daten* über UND verknüpft.
- Das Verknüpfungsergebnis wird in der Verarbeitungseinheit als neuer Wert der Variablen *Daten* gespeichert.

Operation: Operand:

Steuerungsanweisung Nr. 35: | ST | M10 |

- Der Wert der in der Verarbeitungseinheit gespeicherten Variablen *Daten* wird in der Verarbeitungseinheit als neuer Wert der Variablen *Daten* gespeichert.

- Der neue Wert der Variablen *Daten* wird in das Flipflop im Merkerbereich mit der mnemotechnischen Adresse des Operanden M10 geschrieben und gespeichert.

Teilschaltung TS2 in Bild 11.7:

Die Steuerungsanweisungen für die Teilschaltung TS2 in Bild 11.7 sind aus Bild 11.6 übernommen.

Teilschaltung TS3 in Bild 11.7:

Die Teilschaltung TS3 ist der erste Schritt der Ablaufkette. Dieser Schritt unterscheidet sich von den weiteren fünf Schritten der Ablaufkette durch die Setzbedingung.

Zum Setzen von Schritt 1 muss die Variable *AS2* den Wert 0 haben. Gleichzeitig müssen die Variablen SSchein und *Auto* den Wert 1 und zusätzlich muss eine der Variablen *AKStart* oder *AS6* den Wert 1 haben

Der erste Schritt, also die Variable *AS1* wird gespeichert, solange wie die Variable *AS2* den Wert 0 und die Variable *AS1* den Wert 1 haben.

Wenn die Variable *AS2* den Wert 1 hat, dann hat die Variable *AS1* den Wert 0. Das Flipflop hat also die Eigenschaft dominierend Rücksetzen.

Die Übersetzung der Teilschaltung TS3 in eine Sequenz von Steuerungsanweisungen ist in Bild 11.7 unter den Anweisungsnummern 43 bis 49 angegeben.

Die in dem 1-Bit-Prozessor in dieser Sequenz ablaufenden Vorgänge werden im folgenden beschrieben:

Operation: Operand:

Steuerungsanweisung Nr. 43: | LD | M11 |

- Der Inhalt des Flipflops im Merkerbereich mit der mnemotechnischen Adresse des Operanden M11 wird in die Verarbeitungseinheit als Wert der Variablen *Operand* geladen.

- Der Wert der Variablen *Operand* wird in der Verarbeitungseinheit als neuer Wert der Variablen *Daten* gespeichert.

Operation: Operand:

Steuerungsanweisung Nr. 44:

OR	M6

- Der Inhalt des Flipflops im Merkerbereich mit der mnemotechnischen Adresse M6 wird in die Verarbeitungseinheit als Wert der Variablen *Operand* geladen.

- Der Wert der Variablen *Operand* wird in der Verarbeitungseinheit mit dem Wert der Variablen *Daten* über ODER verknüpft.

- Das Verknüpfungsergebnis wird in der Verarbeitungseinheit als neuer Wert der Variablen *Daten* gespeichert.

Operation: Operand:

Steuerungsanweisung Nr. 45:

AND	E6

- Der Inhalt des Flipflops im Eingangsabbild mit der mnemotechnischen Adresse des Operanden E6 wird in die Verarbeitungseinheit als Wert der Variablen *Operand* geladen.

- Der Wert der Variablen *Operand* wird in der Verarbeitungseinheit mit dem Wert der Variablen *Daten* über UND verknüpft.

- Das Verknüpfungsergebnis wird in der Verarbeitungseinheit als neuer Wert der Variablen *Daten* gespeichert.

Operation: Operand:

Steuerungsanweisung Nr. 46:

AND	M10

- Der Inhalt des Flipflops im Merkerbereich mit der mnemotechnischen Adresse des Operanden M10 wird in die Verarbeitungseinheit als Wert der Variablen *Operand* geladen.

- Der Wert der Variablen *Operand* wird in der Verarbeitungseinheit mit dem Wert der Variablen *Daten* über UND verknüpft.

- Das Verknüpfungsergebnis wird in der Verarbeitungseinheit als neuer Wert der Variablen *Daten* gespeichert.

Operation: Operand:

Steuerungsanweisung Nr. 47:

OR	M1

- Der Inhalt des Flipflops im Merkerbereich mit der mnemotechnischen Adresse des Operanden M1 wird in die Verarbeitungseinheit als Wert der Variablen *Operand* geladen.

- Der Wert der Variablen *Operand* wird in der Verarbeitungseinheit mit dem Wert der Variablen *Daten* über ODER verknüpft.

- Das Verknüpfungsergebnis wird in der Verarbeitungseinheit als neuer Wert der Variablen *Daten* gespeichert.

<table>
<tr><td></td><td align="center">Operation:</td><td align="center">Operand:</td></tr>
<tr><td>Steuerungsanweisung Nr. 48:</td><td align="center">ANDN</td><td align="center">M2</td></tr>
</table>

- Der Inhalt des Flipflops im Merkerbereich mit der mnemotechnischen Adresse des Operanden M2 wird in die Verarbeitungseinheit als Wert der Variablen *Operand* geladen.

- Der Wert der Variablen *Operand* wird in der Verarbeitungseinheit boolesch negiert.

- Der boolesch negierte Wert der Variablen *Operand* wird in der Verarbeitungseinheit mit dem Wert der Variablen *Daten* über UND verknüpft.

- Das Verknüpfungsergebnis wird in der Verarbeitungseinheit als neuer Wert der Variablen *Daten* gespeichert.

<table>
<tr><td></td><td align="center">Operation:</td><td align="center">Operand:</td></tr>
<tr><td>Steuerungsanweisung Nr. 49:</td><td align="center">ST</td><td align="center">M1</td></tr>
</table>

- Der Wert der in der Verarbeitungseinheit gespeicherten Variablen *Daten* wird in der Verarbeitungseinheit als neuer Wert der Variablen *Daten* gespeichert.

- Der neue Wert der Variablen *Daten* wird in das Flipflop im Merkerbereich mit der mnemotechnischen Adresse des Operanden M1 geschrieben und gespeichert.

Der Vergleich der Anweisungslisten in den Bildern 11.6 und 11.7 zeigt, dass zum Programmieren von RS-Flipflops und selbsthaltenden Flipflops mit den Operationen der Modell-SPS die gleiche Anzahl von Steuerungsanweisungen notwendig ist.

12 Fehlschaltungen in Steuerungen

In Steuerungen können durch den Ausfall von Steuerungselementen Fehlschaltungen auftreten. Diese lassen sich beispielsweise durch zusätzliche, redundante Schaltungen erkennen und vermeiden.

Wesentlich grössere Probleme verursachen Fehler, die infolge von vorübergehenden oder dauerhaften Änderungen der Eigenschaften von Steuerungselementen auftreten. Verändern sich beispielsweise die Signallaufzeiten in Schaltungselementen, so können in einer Steuerung Fehlsignale auftreten. Diese können zu dem Ausfall der Steuerung führen, jedoch auch Schäden an der gesteuerten Einrichtung oder dem hergestellten Produkt hervorrufen.

Vereinfachend wurden bei den bisherigen Analysen von Schaltungen die Verzögerungszeiten von Signalen in den Schaltelementen häufig nicht berücksichtigt. Bei den rein kombinatorischen Schaltungen wurde davon ausgegangen, dass die Ausgangsbelegungen in einem Zeitpunkt nur von den Eingangsbelegungen in diesem Zeitpunkt abhängig sind. Da die Signalverarbeitung nicht unendlich schnell erfolgt ist diese Annahme nicht zutreffend.

Bei den sequentiellen Schaltungen in den Kapiteln 5 und 6 wurde angenommen, dass die Werte der Ausgangsvariablen nicht nur, wie bei den kombinatorischen Schaltungen, von den Eingangsbelegungen im betrachteten Zeitpunkt, sondern auch von Eingangsbelegungen in vorhergehenden Zeitpunkten und zusätzlich von den Schaltzeiten der Schaltelemente abhängen.

Die auftretenden Schaltzeiten sind nicht nur die Ursache von Fehlschaltungen sondern werden auch für den Schaltungsentwurf genutzt. So hängt die Funktion der synchron arbeitenden Zähler-Schaltungen in Kapitel 6 davon ab, dass die Werte der Ausgangsvariablen von Zählstufen verzögert um die Schaltzeit nach dem Zählimpuls wechseln.

Asynchron arbeitende Schaltungen

In den Elementen realer Schaltungen werden also Signale verzögert. Diese Zeiten müssen bei dem Entwurf einer Schaltung berücksichtigt werden, um fehlerhafte Schaltvorgänge zu vermeiden, die durch diese Verzögerungen auftreten können.

Eine asynchron arbeitende Steuerung besteht aus Schaltelementen und Verbindungen. Aus diesen sind alle zum Erfüllen des Steuerungsprogramms notwendigen Verknüpfungs- und Speicherfunktionen aufgebaut. In jedem Zeitpunkt werden Eingangsvariablen und gespeicherte Variablen parallel zu Ausgangsvariablen verarbeitet und gespeichert. Die in den Schaltelementen und Verbindungsleitungen auftretenden Verzögerungszeiten beeinflussen die Funktion der Schaltung.

Auch in einer ausgetesteten, erprobten und bewährten Steuerung können Fehlfunktionen auftreten. Beispielsweise, wenn in den Steuerungskomponenten sich Signallaufzeiten ändern und sich dadurch ungeplante, nicht vorhergesehene und zufällige Verknüpfungsergebnisse ergeben. Eine Fehlfunktion wird häufig nur bemerkt, wenn sie eine Produktionsstörung hervorruft, also negative Auswirkungen auf den Produktionsprozess oder das Produkt hat.

Ist eine Steuerung dauerhaft gestört, dann kann beispielsweise die Funktion von Schaltelementen fehlerhaft sein oder der Signalfluss in Verbindungsleitungen kann eingeschränkt oder unterbrochen sein. Üblicherweise können dauerhaft vorhandene Fehler mit einfachen Mitteln gefunden und beseitigt werden.

Wenn nach dem Auftreten einer Fehlschaltung in einer Steuerung nicht nachvollzogen werden kann, wie die Störung zustande kam und warum die Steuerung vorher funktioniert hat und nachher wieder funktioniert, gestaltet sich das Suchen und Beseitigen von Fehlern schwierig. Um derartige Fehlschaltungen zu ergründen sind meist umfangreiche Untersuchungen und der Einsatz von technischen Hilfsmitteln zur Aufzeichnung von Signalen notwendig.

Eine Ursache für diese Art von Fehlschaltungen sind zufällige Fehler (Hazards), die sporadisch in Steuerungen auftreten können. Die Ursache für diese Fehler sind Verzögerungszeiten in den Verbindungsleitungen und Schaltelementen. Die Verzögerungszeiten sind nicht fest, sondern hängen von Einflüssen ab, die herstellungs-, betriebs-, verschleiss- und alterungsabhängig und vielleicht tatsächlich zufällig sind.

Synchron arbeitende Schaltungen

Einige der in asynchronen Steuerungen möglicherweise auftretenden Fehler werden in synchron arbeitenden Steuerungen vermieden. Bei diesen ist das Steuerungsprogramm nicht durch Schaltelemente und deren Verbindungen festgelegt, sondern befindet sich in mechanischen oder elektronischen Datenspeichern. Aus diesen werden die Steuerungsanweisungen ausgelesen.

Zum Umschalten von einer Steuerungsanweisung auf die nächste muss ein mechanischer Datenträger weitergeschaltet oder bei einem elektronischen Speicherbaustein die nächste Adresse vorgegeben werden. Dieses Umschalten kann sowohl zeitabhängig, beispielsweise durch Taktsignale, als auch ereignisabhängig, beispielsweise durch Signale welche den Abschluss von ausgeführten Aktionen melden, bewirkt werden. Sind alle in dem Datenspeicher programmierten Steuerungsanweisung abgearbeitet, kann ein neuer Zyklus beginnen. Üblicherweise wird dessen Start automatisch oder durch ein Vorgabesignal ausgelöst.

Bei einfachen synchron arbeitenden Steuerungen werden von dem Datenspeicher die in jeder Steuerungsanweisung auszuführenden Aktionen direkt vorgegeben. Dies ist beispielsweise bei den Steuerungen mit Nockenschaltwerken in den Bildern 8.5 und 8.7 der Fall.

Bei umfangreichen synchron arbeitenden Steuerungen erfolgt die Signalverarbeitung abhängig von Taktsignalen. Durch die Taktung wird der Einfluss sich ändernder Verzögerungszeiten von Schaltungskomponenten auf die Ergebnisse der Signalverarbeitung wesentlich verringert.

Die Taktsignale geben Zeiträume vor, in denen Verknüpfungen stattfinden und sichern die Gültigkeit von Ergebnisse ab. Die von den Taktsignalen vorgegebenen Zeitintervalle sind so lang, dass die in den Schaltungskomponenten auftretenden Verzögerungszeiten und deren zu erwartenden Veränderungen keinen Einfluss auf das Ergebnis der Signalverarbeitung haben. Damit werden Fehler, die durch Verzögerungszeiten in den Schaltungskomponenten auftreten können, durch die synchrone Arbeitsweise vermieden.

Bei den synchron arbeitenden Steuerungen erfolgt die Signalverarbeitung also synchron zu Taktsignalen. Derartige Steuerungen haben den Vorteil, dass sich zufällige Fehler (Hazards), die in asynchron arbeitenden Steuerungen aufgrund von Laufzeitunterschieden auftreten können, weitgehend vermeiden lassen. Dadurch erhöht sich die Funktionssicherheit von Steuerungen. Durch die Taktung wird es möglich, Schaltungen in denen umfangreiche Verknüpfungs- und Speichervorgänge auftreten, in mehrere Schritte aufzuteilen.

Fehler durch Verzögerungen in Schaltelementen

Die Werte der internen Variablen und der Ausgangsvariablen einer Schaltung sind zeitlich abhängig

- von in dem Programm der Steuerung vorgegebenen Zeitverzögerungen, die nur ganz selten Fehler in Schaltungen hervorrufen und

- von der zeitlichen Folge der Werte von Eingangsvariablen und

- von der Geschwindigkeit, mit der die Signalerfassung, der Signaltransport und die Signalverarbeitung in den Bauelementen einer Schaltung erfolgt. Die auftretenden Verzögerungszeiten in einer Steuerung hängen von den Verzögerungszeiten der Bauelemente ab, die an der Bearbeitung der Variablen beteiligt sind.

Verursacht durch die zeitliche Folge der Werte von Eingangsvariablen und durch die Verzögerungszeiten in den Bauelementen, können einzelne Belegungen, aber auch Belegungsfolgen der internen Variablen und der Ausgangsvariablen auftreten, die nicht dem Programm der Steuerung entsprechen und falsch sind.

Ändern gleichzeitig mehrere Variablen ihre Werte, dann können sich unbestimmte Verknüpfungsergebnisse ergeben und Fehlschaltungen auftreten.

Fehlimpulse bei Verknüpfungsschaltungen
In Bild 12.1 wird am Beispiel der UND-Verknüpfung der Variablen A und B zu der Variablen X gezeigt, wie Fehlimpulse durch den gleichzeitigen Wechsel der Eingangsvariablen entstehen können.

In der Schalttabelle, Bild 12.1, ändern sich gleichzeitig beide Eingangsvariablen bei Übergängen zwischen den Spalten 0 und 3 oder den Spalten 1 und 2. In einer realen UND-Verknüpfung werden die beiden Variablen verzögert. Die Verzögerungszeiten sind unterschiedlich, weil absolut gleiche Verzögerungszeiten in realen Schaltungselementen nur zufällig auftreten können.

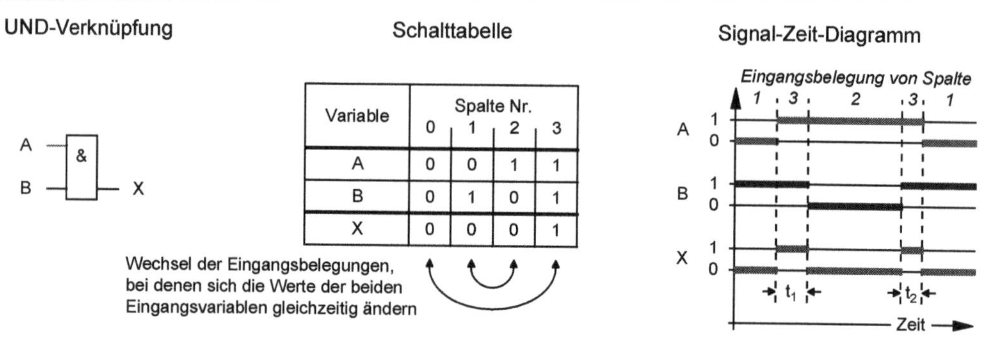

Bild 12.1: Fehlimpulse bei einer UND-Schaltung

Der direkte Übergang zwischen den Eingangsbelegungen in den Spalten 0 und 3 oder in den Spalten 1 und 2 ist also nur zufällig möglich. Es muss bei einer realen UND-Verknüpfung davon ausgegangen werden, dass sich in einem Zeitpunkt immer nur der Wert einer der beiden Variablen ändert

In Bild 12.1 sind die Übergänge und Auswirkungen auf die Variable X dargestellt.

- Bei dem Wechsel der Eingangsbelegung von Spalte 0 nach Spalte 3 soll der Wert der Variablen X von 0 nach 1 wechseln.
  Der Wechsel erfolgt tatsächlich über eine der Spalten 1 oder 2.
  Da in den Spalten 1 oder 2 die Variable X den Wert 0 hat tritt kein Fehlimpuls auf.

- Bei dem Wechsel der Eingangsbelegung von Spalte 3 nach Spalte 0 soll der Wert der Variablen X von 1 nach 0 wechseln.
  Der Wechsel erfolgt tatsächlich über eine der Spalten 1 oder 2.
  Da in den Spalten 1 oder 2 die Variable X den Wert 0 hat tritt kein Fehlimpuls auf.

- Bei dem Wechsel der Eingangsbelegung zwischen den Spalten 1 und 2 soll die Variablen X den Wert 0 behaltgen.
  Der tatsächliche Wechsel der Eingangsbelegung zwischen den Spalten 1 und 2 erfolgt über eine der Spalten 0 oder 3.
  Erfolgt der Übergang über die Spalte 0, in der die Ausgangsvariable X wie in den Spalten 1 und 2 den Wert 0 hat, dann tritt kein Fehlimpuls auf.
  Ein Fehlimpulse tritt bei einem Wechsel der Eingangsbelegung über die Spalte 3 auf.
  Bei dem Wechsel der Eingangsbelegung von Spalte 1 nach 2 über die Spalte 3 nimmt die Ausgangsvariable X für die Dauer t_1 den Wert 1 an.
  Bei dem Übergang von Spalte 2 nach 1 über die Spalte 3 nimmt die Ausgangsvariable X für die Dauer t_2 den Wert 1 an.

Fehlschaltungen bei Flipflops

In Bild 12.2 wird für ein RS-Flipflop mit den Eingangsvariablen A und B und der Ausgangsvariablen X gezeigt, wie Fehlimpulse durch den gleichzeitigen Wechsel der Eingangsvariablen entstehen können.

Wie bei der UND-Verknüpfung in Bild 12.1 ergeben sich auch bei dem RS-Flipflop durch den gleichzeitigen Wechsel der Eingangsvariablen Auswirkungen auf den Wert der Variablen X:

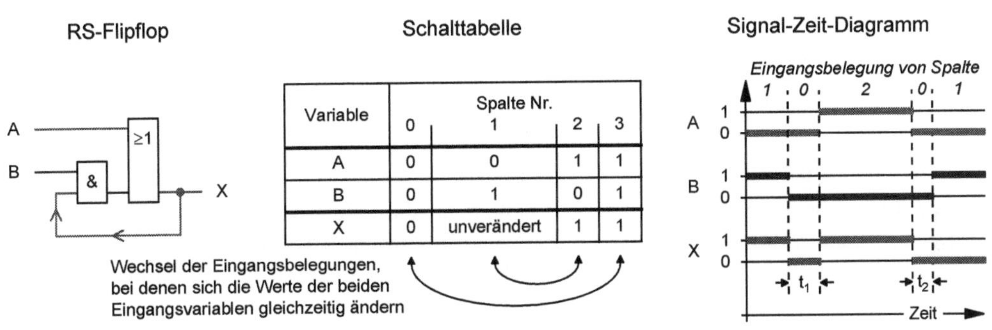

Bild 12.2: Fehlimpulse bei einem Flipflop

Der Wechsel der Eingangsbelegung von Spalte 0 nach Spalte 3 erfolgt über eine der Spalten 1 oder 2. Bei dem Wechsel soll der Wert der Variablen X von 0 nach 1 wechseln.

- Bei dem Wechsel über die Spalte 1 bleibt der Wert 0 der Variablen X unverändert. Er nimmt erst bei der Eingangsbelegung von Spalte 3 den Wert 1 an.
  Bei dem Wechsel über die Spalte 2 nimmt die Variablen X bereits bei der Eingangsbelegung von Spalte 2 den Wert 1 an.
  In beiden Fällen tritt kein Fehlimpuls auf.

Der Wechsel der Eingangsbelegung von Spalte 3 nach Spalte 0 erfolgt ebenfalls über eine der Spalten 1 oder 2. Bei diesem Wechsel soll der Wert der Variablen X von 1 nach 0 wechseln.

- Bei dem Wechsel über die Spalte 1 bleibt der Wert 1 der Variablen X unverändert. Er nimmt erst bei der Eingangsbelegung von Spalte 0 den Wert 0 an.
  Auch bei dem Wechsel über die Spalte 2 bleibt der Wert 1 der Variablen X unverändert und nimmt erst bei der Eingangsbelegung von Spalte 0 den Wert 0 an.
  In diesen beiden Fällen tritt kein Fehlimpuls auf.

Der Wechsel der Eingangsbelegung zwischen den Spalten 1 und 2 erfolgt über eine der Spalten 0 oder 3. Der Wert der Variablen X in der Spalte 1 kann 0 oder 1 sein.

Der Wechsel der Eingangsbelegung von Spalte 1 nach Spalte 2 erfolgt über eine der Spalten 0 oder 3. Nach dem Wechsel soll die Variable X den Wert 1 haben.

Hat vor dem Wechsel die Variable X den Wert 0,

- dann bleibt bei dem Wechsel über die Spalte 0 der Wert 0 der Variablen X unverändert. Er nimmt erst bei der Eingangsbelegung von Spalte 2 den Wert 1 an.
- dann nimmt bei dem Wechsel über die Spalte 3 die Variable X bereits bei der Eingangsbelegung von Spalte 3 den Wert 1 an.

Bei diesen beiden Übergängen tritt also kein Fehlimpuls auf.

Hat vor dem Wechsel die Variable X den Wert 1,

- dann nimmt bei dem Wechsel über die Spalte 0 die Variable X den Wert 0 an.
  Bei der Eingangsbelegung von Spalte 2 nimmt die Variable X wieder den Wert 1 an. Es tritt also bei diesem Wechsel über die Eingangsbelegung von Spalte 0 ein Fehlimpuls auf. Dessen Dauer ist in dem Signal-Zeit-Diagramm mit der Zeit t_1 angegeben
- dann nimmt bei dem Wechsel über die Spalte 3 die Variable X bereits bei der Eingangsbelegung von Spalte 3 den Wert 1 an. Es tritt kein Fehlimpuls auf.

Der Wechsel der Eingangsbelegung von Spalte 2 nach Spalte 1 erfolgt über eine der Spalten 0 oder 3. Die Variable X soll vor und nach dem Wechsel den Wert 1 haben.

- Bei dem Wechsel über die Spalte 0 nimmt die Variable X den Wert 0 an. Dieser Wert bleibt nach dem Wechsel zu der Eingangsbelegung von Spalte 1 unverändert. Der Wert 0 wird gespeichert. In diesem Fall handelt es sich nicht nur um einen Fehlimpuls, sondern um der falsche Wert der Variablen X wird gespeichert.
- Bei dem Wechsel über die Spalte 3 tritt dieser Fehler nicht auf. Die Variablen X nimmt bereits bei der Eingangsbelegung von Spalte 3 den Wert 1 an.

Zeitliches Verhalten von Speichern
Speicherbausteine, wie beispielsweise EEPROM oder RAM, zeichnen sich dadurch aus, dass auf gespeicherte Daten über Adressen in beliebiger Reihenfolge zugegriffen werden kann. Jede Adresse ist eine Binärzahl mit mehreren Stellen. Bei dem Wechsel von einer Adresse zur nächsten ändert sich meist mehr als eine Ziffer der Binärzahl.

Infolge von Zeitverzögerungen kann davon ausgegangen werden, dass

- die Vorgabe der neuen Adresse nicht in einem Zeitpunkt erfolgt, sondern dass die Vorgabe der Ziffern der Adresse erst nach einem Zeitintervall abgeschlossen ist.

- in dem Speicherbaustein zunächst mehrere falsche Adressen dekodiert werden, bis die richtige neue Adresse dekodiert ist.

Erst nachdem die neue Adresse richtig ist, sind ausgelesene Daten gültig oder es können neue Daten eingegeben werden. In den Schaltungen, die das Lesen oder Schreiben von Speicherbausteinen zeitlich steuern, wird dies berücksichtigt.

Beispielsweise werden bei der PROM- und RAM-Anordnung des Programmspeicher der Modell-SPS in Bild 10.3 die Adressen der Steuerungsanweisungen über die Variablen $Z0$ bis $Z6$ vorgegeben. Deren Werte entsprechen dem binärkodierten Zählerstand des Anweisungszählers. Die im Binärcode vorgegebenen, aufeinanderfolgenden Adressen unterscheiden sich überwiegend in mehr als einer Ziffer. Dementsprechend werden bei einem Adressenwechsel häufig zunächst anderen Adressen zugeordnete Steuerungsanweisungen von dem Programmspeicher ausgegeben. Erst nach einer bestimmten Zeit werden die Werte der Variablen $D0$ bis $D9$ der Steuerungsanweisung der vorgegebenen Adresse entsprechen. Bei der Modell-SPS ist das Zeitintervall in dem die Variable $Takt$ den Wert 0 hat genügend lang.

Schaltungsbedingte Fehlimpulse
Der Funktionsplan 1 in Bild 12.3 besteht aus einer NEGATION, zwei UND-Bausteinen und einem ODER-Element. Von der Schaltung werden die Variablen A, B und C zu der Variablen X verknüpft.

Die Variable X hat den Wert 1, wenn entweder die Variable A und B gleichzeitig den Wert 1 haben oder die Variable B den Wert 0 und gleichzeitig die Variable C den Wert 1 hat.

Der Schaltungsentwurf ist schaltalgebraisch fehlerfrei. Dennoch kann in dieser Schaltung ein Fehlimpuls auftreten, auch wenn sich in einem Zeitpunkt nur der Wert einer Eingangsvariablen ändert. Dies ist der Fall, wenn die beiden Variablen A und C den Wert 1 haben und die Variable B ihren Wert von 1 nach 0 wechselt. In diesem Fall wechselt die Ausgangsvariable N der NEGATION verzögert um die Zeit t_N den Wert von 0 nach 1. Wie in dem Signal-Zeit-Diagramm in Bild 12.1 dargestellt, haben während des Zeitintervalls t_N die Variablen B und N den Wert 0. Dies führt in Abhängigkeit von den Schaltzeiten t_{U1O} und t_{U2O} der beiden UND/ODER-Verknüpfungen dazu, dass die Variable X für ein Zeitintervall, das länger oder kürzer als die Zeit t_N sein kann den Wert 0 annimmt.

Dieser Fehlimpuls kann in dieser Schaltung auftreten. Er tritt nicht auf, wenn beispielsweise die Schaltzeit t_{U1O} länger ist als die beiden Schaltzeiten t_N und t_{U2O} zusammen.

Ein Fehlimpuls kann nicht mehr auftreten, wenn die Schaltung des Funktionsplans 1 um eine zusätzliche UND-Verknüpfung erweitert wird. In dem Funktionsplan 2 hat die Variable X den Wert 1, wenn die Variablen A und C gleichzeitig den Wert 1 haben. Damit löst die Schaltzeit t_N der NEGATION keinen Fehlimpuls mehr aus.

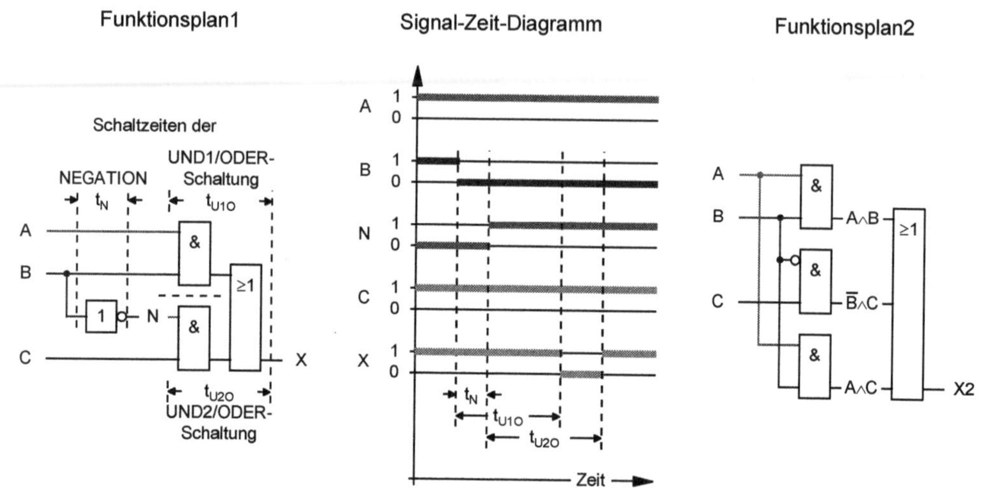

Bild 12.3: Schaltzeitbedingter Fehlimpuls

13 Beispiel: Steuerung einer Transfereinheit

Steuerungssystem Transfereinheit

Aufgabenstellung
In einer Produktionsanlage werden Werkstücke, die auf Werkstückträgern aufgespannt sind, in mehreren Stationen bearbeitet und geprüft. Der Transport der Werkstückträger zwischen den Stationen erfolgt auf zwei endlosen Gurten, dem Obertrum eines Doppelgurtbandes. Am Ende der Produktionsanlage werden die Werkstückträger durch einen Anschlag auf dem Doppelgurtband gestoppt, und der Werkstückträger gleitet auf dem Doppelgurtband. Zum Rücktransport werden die Werkstückträger von dem Ober- auf das Untertrum des Doppelgurtbandes umgesetzt. Diese Aufgabe wird von der Transfereinheit ausgeführt, deren Steuerung hier beschrieben wird.

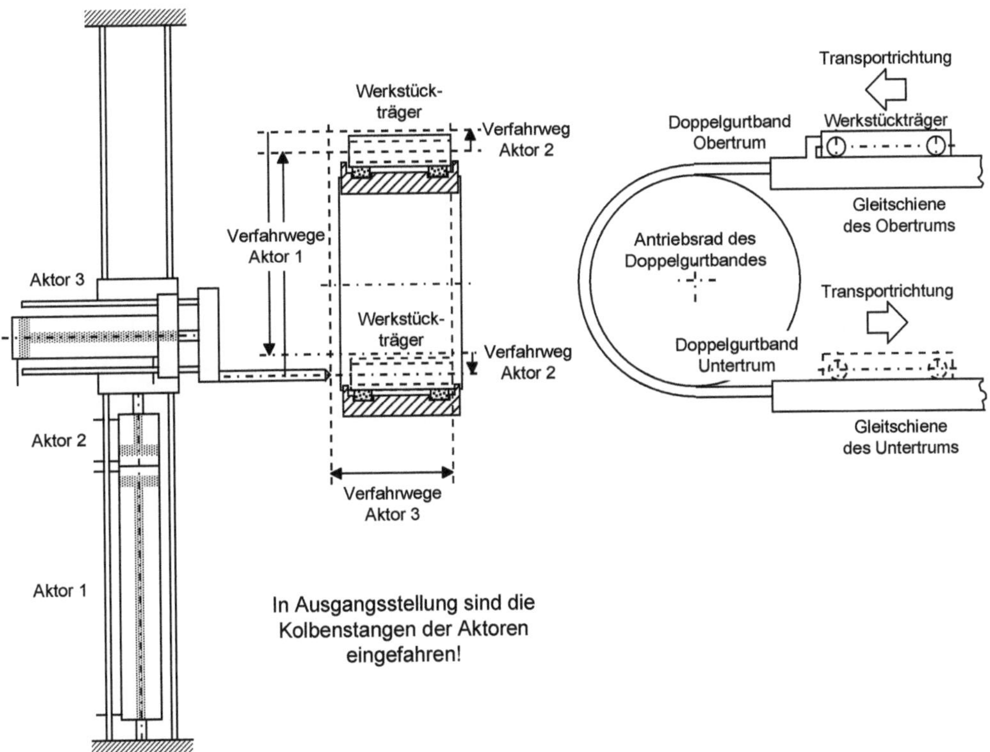

Bild 13.1: Skizze der Transfereinheit für Werkstückträger und des Doppelgurtbandes

In Bild 13.1 ist die Anordnung der Transfereinheit, des Doppelgurtbandes und dessen Antriebs-rad skizziert.

Die Transfereinheit besteht aus einer vertikalen und einer horizontalen Lineareinheit und einer Gabel zum Transport der Werkstückträger.

Die vertikale Lineareinheit wird von zwei pneumatischen Aktoren angetrieben und verfährt die horizontale Lineareinheit in vier unterschiedliche vertikale Positionen. Die horizontale Lineareinheit wird von einem pneumatischen Aktor angetrieben und verfährt die Transportgabel horizontal in zwei Positionen. Die Transportgabel transportiert die Werkstückträger auf zwei Bolzen, die in dafür vorgesehene Bohrungen im Werkstückträger eingreifen.

Steuerung der Antriebe der Transfereinheit

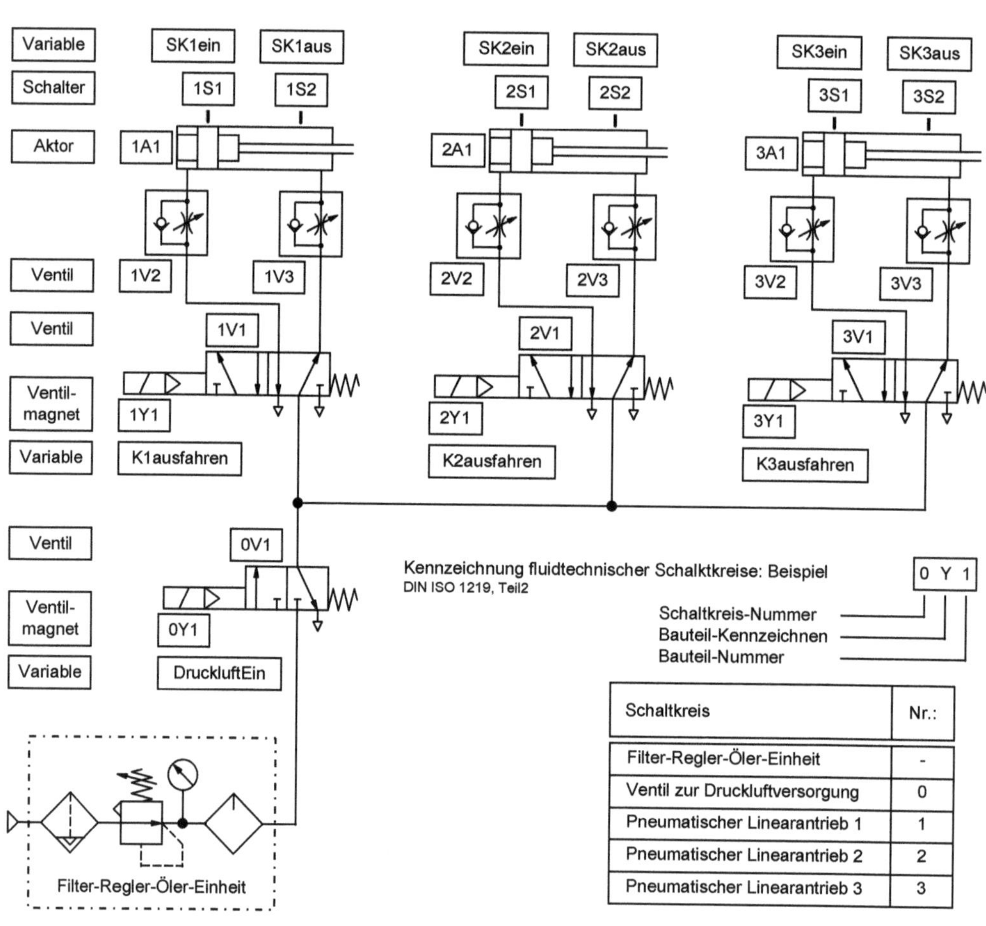

Schaltkreis	Nr.:
Filter-Regler-Öler-Einheit	-
Ventil zur Druckluftversorgung	0
Pneumatischer Linearantrieb 1	1
Pneumatischer Linearantrieb 2	2
Pneumatischer Linearantrieb 3	3

Bild 13.2: Pneumatikplan der Transfereinheit

Der Pneumatikplan, Bild 13.2, zeigt die Schaltung zur Steuerung der drei Pneumatikzylinder.

Die Versorgung mit Druckluft erfolgt aus einem Druckluftnetz. Die Druckluft wird von einer Filter-Regler-Öler-Einheit aufbereitet und kann über ein Magnetventil mit Federrückstellung, also ein Umschaltventil, ein- und ausgeschaltet werden.

Als Stellglieder für die pneumatischen Aktoren der Transfereinheit werden drei weitere Magnetventile, mit Federrückstellung, eingesetzt. Die Verfahrgeschwindigkeiten der Kolbenstangen der Pneumatikzylinder sind über Drosselrückschlagventile einstellbar.

Die Endlagen der Kolben der Pneumatikzylinder werden von Schaltern erfasst. Diese Sensoren arbeiten magnetisch und werden durch Permanentmagnete in den Kolben der Aktoren betätigt.

Beobachtungs- und Bedienfeld

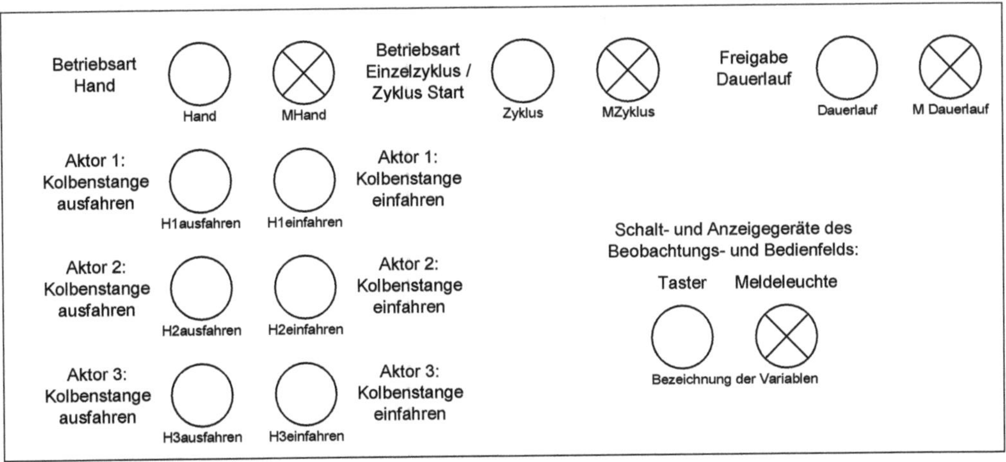

Bild 13.3: Beobachtungs- und Bedienfeld mit Variablen

Auf dem Bedien- und Beobachtungsfeld, Bild 13.3, sind neun Taster und drei Meldeleuchten vorhanden.

Über drei Taster können die Betriebsarten der Steuerung ausgewählt werden. In der Betriebsart Hand können über die restlichen sechs Taster die Kolbenstangen der Pneumatikzylinder aus- oder eingefahren werden.

Die drei Meldeleuchten zeigen die eingeschaltete Betriebsart an.

Signalaustausch in dem Steuerungssystem Transfereinheit
Das Steuerungssystem Transfereinheit in Bild 13.4 umfasst die Transfereinheit, die Steuerung der Transfereinheit und das Beobachtungs- und Bedienfeld. Peripher dazu ist das Steuersystem Doppelgurtband.

In Bild 13.4 ist schematisch der Signalaustausch zwischen der Steuerung der Transfereinheit und anderen Einheiten dargestellt. Das Schema umfasst alle Variablen. In dem Steuerungssystems Transfereinheit werden Variablen zwischen der Steuerung der Transfereinheit und dem Beobachtungs- und Bedienfeld oder der Transfereinheit ausgetauscht.

Von dem Steuerungssystem des Doppelgurtbandes werden der Steuerung der Transfereinheit drei weitere Signale zugeführt. Diese geben vor, ob das Doppelgurtband in Betrieb ist und ob sich ein Werkstückträger in der oberen oder in der unteren Transferposition befindet.

Die ausgetauschten Signale sind nach Herkunft und Wirkung aufgeteilt.

- Die Vorgabesignale werden von Menschen oder anderen Steuerungssystemen vorgegeben.

- Die Ereignissignale melden den Zustand der gesteuerten Transfereinheit.

- Die Ausgabesignale steuern die Transfereinheit.

- Die Statussignale zeigen die Betriebsart der Steuerung an.

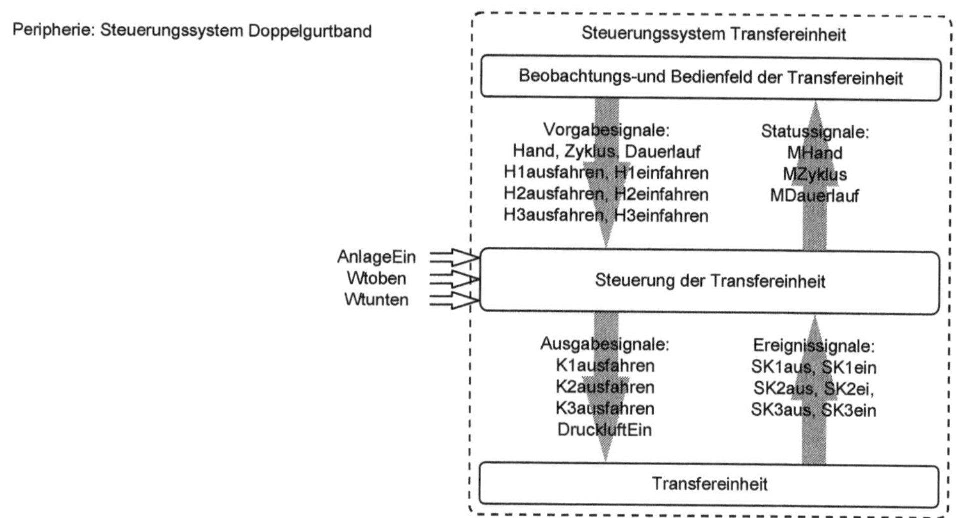

Bild 13.4: Schema des Signalaustauschs des Steuerungssystems Transfereinheit

Anschlussschema der SPS

Die zu der Steuerung der Transfereinheit verwendete SPS hat 24 Eingänge und 8 Ausgänge. In Bild 13.5 sind die Ein- und Ausgänge der SPS den Ein- und Ausgangsvariablen zugewiesen.

Die am Signalaustausch teilnehmenden Eingangsvariablen werden von Tastern, Endschaltern und von dem Steuerungssystem des Doppelgurtbandes abgegeben.

Die Aktoren und Meldeleuchten der Transfereinheit werden über die Ausgangsvariablen der SPS gesteuert. Die Funktionen der Variablen sind aus den Bildern 13.2, 13.3 und 13.4 ersichtlich.

<table>
<tr><td colspan="8" align="center">SPS

mit Stromversorgung für
Taster, Schalter in den Endlagen der Kolben der Pneumatikzylinder, Meldeleuchten, Magnete der Ventile.</td></tr>
<tr><th>Eingang</th><th>Variable</th><th>Eingang</th><th>Variable</th><th>Eingang</th><th>Variable</th><th>Ausgang</th><th>Variable</th></tr>
<tr><td>0</td><td>AnlageEin</td><td>10</td><td>H1ausfahren</td><td>20</td><td>SK1ein</td><td>0</td><td>MHand</td></tr>
<tr><td>1</td><td>Wtoben</td><td>11</td><td>H1einfahren</td><td>21</td><td>SK1aus</td><td>1</td><td>MZyklus</td></tr>
<tr><td>2</td><td>Wtunten</td><td>12</td><td>H2ausfahren</td><td>22</td><td>SK2ein</td><td>2</td><td>MDauerlauf</td></tr>
<tr><td>3</td><td>Hand</td><td>13</td><td>H2einfahren</td><td>23</td><td>SK2aus</td><td>3</td><td>K1ausfahren</td></tr>
<tr><td>4</td><td>Zyklus</td><td>14</td><td>H3ausfahren</td><td>24</td><td>SK3ein</td><td>4</td><td>K2ausfahren</td></tr>
<tr><td>5</td><td>Dauerlauf</td><td>15</td><td>H3einfahren</td><td>25</td><td>SKaus</td><td>5</td><td>K3ausfahren</td></tr>
<tr><td>6</td><td>---</td><td>16</td><td>---</td><td>26</td><td>---</td><td>6</td><td>DruckluftEin</td></tr>
<tr><td>7</td><td>---</td><td>17</td><td>---</td><td>27</td><td>---</td><td>7</td><td>---</td></tr>
</table>

Bild 13.5: Anschlussschema einer SPS mit 24 Eingängen und 8 Ausgängen

Steuerung der Transfereinheit

Beschreibung der Steuerungsaufgabe

Die Steuerung der Transferfeinheit arbeitet in Abhängigkeit von der Steuerung des Doppelgurtbandes. Wenn die Steuerung des Doppelgurtbandes eingeschaltet ist, dann ist auch die Steuerung der Transfereinheit eingeschaltet.

Die Transfereinheit transportiert Werkstückträger von dem Obertrum auf das Untertrum des Doppelgurtbandes. Ein Transfervorgang wird nur ausgeführt, wenn sich in der Entnahmeposition ein Werkstückträger und sich gleichzeitig in der Eingabeposition kein Werkstückträger befindet.

Der automatische Transfer von Werkstückträgern erfolgt so lange, bis die Steuerung des Doppelgurtbandes ausgeschaltet wird oder die Steuerung der Transfereinheit in einer der Betriebsarten Hand oder Zyklus betrieben wird.

In den Betriebsarten Hand und Zyklus können Einstellarbeiten und Funktionsprüfungen durchgeführt oder Störungen behoben werden. Diese beiden Betriebsarten können unabhängig von der Steuerung des Doppelgurtbandes auf dem Bedien- und Beobachtungsfeld vorgegeben werden und in der Ausgangsstellung der Transfereinheit über den Taster Dauerlauf ausgeschaltet werden.

Festlegung der Variablen

In der Zuordnungstabelle, Bild 13.6, sind alle Ein- und Ausgangsvariablen der Steuerung der Transfereinheit definiert. Die Variablen sind entsprechend Bild 13.4 nach Herkunft und Wirkung gruppiert.

Vorgabesignale von dem Beobachtungs- und Bedienfeld zu der Steuerung	Signalgeber: Taster	Variable	Zuordnung: Der Taster ist nicht betätigt.	betätigt.
	Betriebsart Hand	Hand	0	1
	Betriebsart Einzelzyklus / Zyklus Start	Zyklus	0	1
	Freigabe Dauerlauf	Dauerlauf	0	1
	Aktor 1: Kolbenstange ausfahren	H1ausfahren	0	1
	Aktor 1: Kolbenstange einfahren	H1einfahren	0	1
	Aktor 2: Kolbenstange ausfahren	H2ausfahren	0	1
	Aktor 2: Kolbenstange einfahren	H2einfahren	0	1
	Aktor 3: Kolbenstange ausfahren	H3ausfahren	0	1
	Aktor 3: Kolbenstange einfahren	H3einfahren	0	1

Vorgabesignale von der Steuerung des Doppelgurtbandes zu der Steuerung der Transfereinheit	Signalgeber: Steuerung des Doppelgurtbandes	Variable	Zuordnung: Das Doppelgurtband ist ausgeschaltet.	eingeschaltet.
	Doppelgurtband in Betrieb	AnlageEin	0	1
	Signalgeber: Sensoren des Doppelgurtbandes	Variable	Zuordnung: In der Transferpostion des Doppelgurtbandes befindet sich kein Werkstückträger.	ein Werkstückträger.
	Sensor in der oberen Transferposition	Wtoben	0	1
	Sensor in der unteren Transferposition	Wtunten	0	1

Ausgabesignale von der Steuerung zu der Transfereinheit	Signalempfänger	Variable	Zuordnung: Die Kolbenstange des Pneumatikzylinders fährt ein oder ist eingefahren.	fährt aus oder ist ausgefahren.
	Magnet 1Y1 des Ventils 1V1	K1ausfahren	0	1
	Magnet 2Y1 des Ventils 2V1	K2ausfahren	0	1
	Magnet 3Y1 des Ventils 3V1	K3ausfahren	0	1
			Zuordnung: Die Druckluft ist ausgeschaltet.	eingeschaltet.
	Magnet 0Y1 des Ventils 0V1	DruckluftEin	0	1

Ereignissignale von der Transfereinheit zu der Steuerung	Signalgeber Schalter in den Endlagen der Verfahrwege der Kolben	Variable	Zuordnung: Die Kolbenstange ist eingefahren.	in einer Zwischenstellung.	ausgefahren.
	1S2	SK1aus	0	0	1
	1S1	SK1ein	1	0	0
	2S2	SK2aus	0	0	1
	2S1	SK2ein	1	0	0
	3S2	SK3aus	0	0	1
	3S1	SK3ein	1	0	0

Statussignale von der Steuerung zu dem Beobachtungs- und Bedienfeld	Signalempfänger: Meldeleuchte	Variable	Zuordnung: Die Meldeleuchte ist dunkel.	hell.
	Betriebsart Hand	MHand	0	1
	Betriebsart Zyklus / Zyklus Start	MZyklus	0	1
	Freigabe Dauerlauf	MDauerlauf	0	1

Bild 13.6: Zuordnungstabelle für die Steuerung der Transfereinheit

Anwenderprogramm für eine SPS

Das Anwenderprogramm wird für eine SPS mit einem Programmiergerät und der entsprechenden Software in Form eines Funktionsplans erstellt.

Die Programmierung erfolgt mit symbolischen Variablen. Die symbolischen Bezeichnungen der Variablen werden den Operanden der SPS in einer Liste zugeordnet, die den Funktionsplan ergänzt.

Das fertige Anwenderprogramm wird von dem Programmiergerät in ein Maschinenprogramm der SPS übersetzt und in diese eingegeben.

Das Anwenderprogramm ist in Teilschaltungen gegliedert. Die vorgestellten Funktionspläne entsprechen weitgehend den bei der Eingabe des Anwenderprogramms auf dem Bildschirm des Programmiergeräts zu erzeugenden Funktionsplänen.

Teilschaltungen für den Betrieb der Steuerung

Bezeichnung der Variablen	Die Variable hat den Wert 1, wenn
BAHand	die Betriebsart Hand eingeschaltet ist (Ts2).
BAZyklus	die Betriebsart Zyklus eingeschaltet ist (Ts3).
AnlageEin	das Doppelgurtband in Betrieb ist.
DruckluftEin	die Druckluft eingeschaltet ist (Ts1).

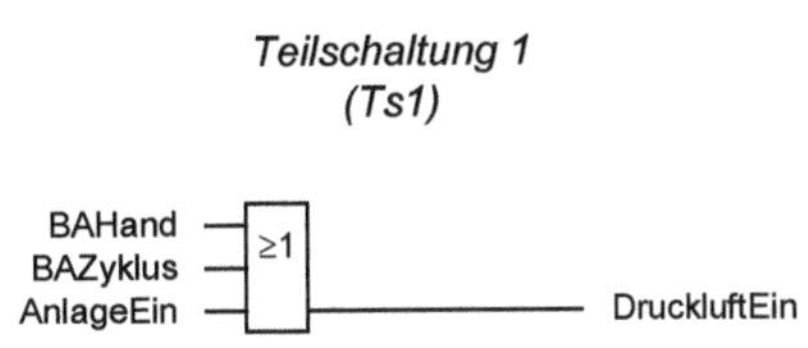

Bild 13.7: Verknüpfung zum Einschalten der Druckluftversorgung

Die pneumatischen Aktoren benötigen zum Betrieb Druckluft. Die Versorgung mit Druckluft ist eingeschaltet, wenn das Doppelgurtband in Betrieb ist. Durch die in Teilschaltung 1, Bild 13. 7, dargestellte Verknüpfung kann die Druckluft in den Betriebsarten Hand und Zyklus eingeschaltet werden, auch wenn die Steuerung des Doppelgurtbandes ausgeschaltet ist.

Bezeichnung der Variablen	Die Variable hat den Wert 1, wenn
Hand	der Taster Betriebsart Hand betätigt ist.
BAZyklus	die Betriebsart Zyklus eingeschaltet ist (Ts3).
Dauerlauf	der Taster Freigabe Dauerlauf betätigt ist.
SK1ein	der Schalter 1S1 betätigt ist.
SK2ein	der Schalter 2S1 betätigt ist.
SK3ein	der Schalter 3S1 betätigt ist.
BAHand	die Betriebsart Hand eingeschaltet ist (Ts2).

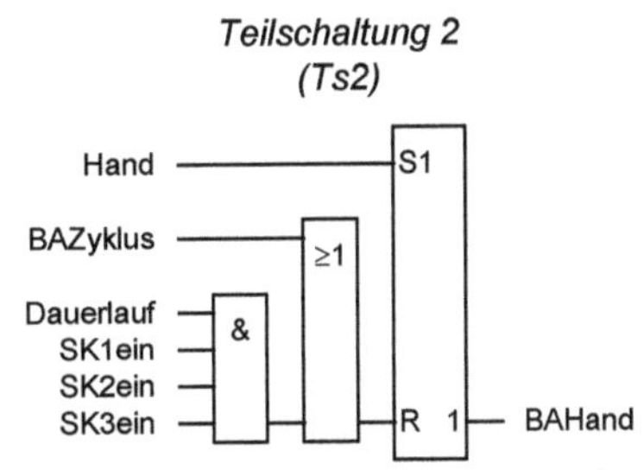

Bild 13.8: Schaltung zum Ein- und Ausschalten der Betriebsart Hand

Mit der Schaltung in Bild 13.8 kann die Betriebsart Hand ein- und ausgeschaltet werden. Das Einschalten kann jederzeit erfolgen und beendet die Betriebsarten Zyklus und Dauerlauf. Ist die Betriebsart Hand eingeschaltet, kann auf eine der beiden anderen Betriebsarten nur in der Ausgangsstellung der Transfereinheit umgeschaltet werden. Wird oder ist die Betriebsart Hand eingeschaltet, dann

- wird ein automatischer Transferzyklus abgebrochen (die aktuelle Aktion wird beendet).

- können die Aktoren einzeln über Taster des Bedienfeld gesteuert werden.

- können die Verfahrwege und -geschwindigkeiten der Transfereinheit eingestellt werden.

- kann bei Fehlern die Transfereinheit manuell in die Ausgangsstellung gefahren werden.

Bezeichnung der Variablen	Die Variable hat den Wert 1, wenn
BADauerlauf	die Betriebsart Dauerlauf eingeschaltet ist (Ts4).
Zyklus	der Taster Einzelzyklus / Zyklus Start betätigt ist.
SK1ein	der Schalter 1S1 betätigt ist.
SK2ein	der Schalter 2S1 betätigt ist.
SK3ein	der Schalter 3S1 betätigt ist.
BAHand	die Betriebsart Hand eingeschaltet ist (Ts2).
Dauerlauf	der Taster Freigabe Dauerlauf betätigt ist.
BAZyklus	die Betriebsart Zyklus eingeschaltet ist (Ts3).

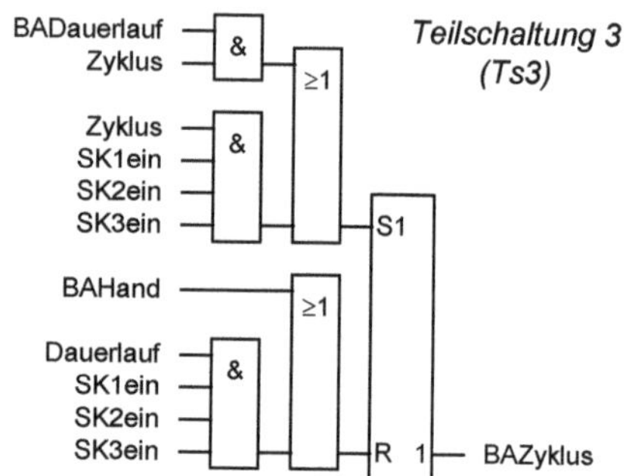

Bild 13.9: Schaltung zum Ein- und Ausschalten der Betriebsart Zyklus

Über die Schaltung in Bild 13.9 wird die Betriebsart Zyklus ein- und ausgeschaltet. Die Betriebsart Zyklus kann nur eingeschaltet werden, wenn sich die Transfereinheit in der Ausgangsstellung befindet oder die Betriebsart Dauerlauf eingeschaltet ist. Das Einschalten der Betriebsart Zyklus beendet die Betriebsarten Hand und Dauerlauf. Von der Betriebsart Zyklus kann jederzeit in die Betriebsarten Hand und Dauerlauf umgeschaltet werden. In der Betriebsart Zyklus

- wird die Betriebsart Dauerlauf ausgeschaltet und der laufende automatische Transferzyklus in der Ausgangsstellung beendet.

- wird, wenn sich die Transfereinheit in der Ausgangsstellung befindet, durch Vorgabe der Variablen *Zyklus* (über das Bedienfeld) ein neuer automatischer Transferzyklus gestartet.

- kann der automatische Transferzyklus für Werkstückträger erprobt werden.

Hat die Variable *AnlageEin* den Wert 1 und ist keine der beiden Betriebsarten Hand oder Zyklus eingeschaltet, wie dies bei dem Einschalten der Energieversorgung für die Transfereinheit oder nach dem Ausschalten der Betriebsarten Hand oder Zyklus über den Taster Aus/Ein der

Fall ist, dann befindet sich die Transfereinheit entsprechend der Schaltung in Bild 13.10 in der Betriebsart Dauerlauf.

Die Betriebsart Dauerlauf wird ausgeschaltet, wenn eine der beiden Betriebsarten Hand oder Zyklus eingeschaltet werden.

In der Betriebsart Dauerlauf werden, so lange wie die Variable *AnlageEin* den Wert 1 hat, abhängig von den Variablen *Wtoben* und *Wtunten*, Transferzyklen automatisch durchgeführt.

Bezeichnung der Variablen	Die Variable hat den Wert 1, wenn
BAHand	die Betriebsart Hand eingeschaltet ist (Ts2).
BAZyklus	die Betriebsart Zyklus eingeschaltet ist (Ts3).
AnlageEin	das Doppelgurtband in Betrieb ist.
BADauerlauf	die Betriebsart Dauerlauf eingeschaltet ist (Ts4).

Teilschaltung 4 (Ts4)

BAHand, BAZyklus (negiert), AnlageEin → & → BADauerlauf

Bild 13.10: Schaltung zum Ein- und Ausschalten der Betriebsart Dauerlauf.

Auf dem Bedien- und Beobachtungsfeld wird die eingeschaltete Betriebsart von einer Meldeleuchte angezeigt. In den Teilschaltungen 5, 6 und 7 in Bild 13.11 werden aus den steuerungsinternen Variablen *BaHand*, *BaZyklus* und *BaDauerlauf* die entsprechenden Ausgangsvariablen gebildet.

Bezeichnung der Variablen	Die Variable hat den Wert 1, wenn
BAHand	die Betriebsart Hand eingeschaltet ist (Ts2).
BAZyklus	die Betriebsart Zyklus eingeschaltet ist (Ts3).
BADauerlauf	die Betriebsart Dauerlauf eingeschaltet ist (Ts4).
MHand	die Betriebsart Hand eingeschaltet ist (Ts5).
MZyklus	die Betriebsart Zyklus eingeschaltet ist (Ts6).
MDauerlauf	die Betriebsart Dauerlauf eingeschaltet ist (Ts7).

Teilschaltung 5 (Ts5)
BAHand ——————— MHand

Teilschaltung 6 (Ts6)
BAZyklus ——————— MZyklus

Teilschaltung 7 (Ts7)
BADauerlauf ——————— MDauerlauf

Bild 13.11: Schaltungen zur Ansteuerung der Meldeleuchten.

Funktionsplan Grobstruktur

Zur Steuerung des automatisierten Transfers von Werkstückträgern in den Betriebsarten Zyklus und Dauerlauf wird eine Ablaufkette verwendet. In jedem Schritt verfährt nur einer der drei pneumatischen Aktoren. Ein Transferzyklus kann nur beginnen, wenn alle Aktoren eingefahren sind. In diesem Fall befindet sich die Transfereinheit in der Ausgangsposition.

In einem Transferzyklus laufen die folgenden Aktionen hintereinander ab:

- Schritt 1:   Aktor 1 ausfahren; Leerhub.

- Schritt 2:   Aktor 3 ausfahren; Greifergabel in Werkstückträger einführen.

- Schritt 3:   Aktor 2 ausfahren; Werkstückträger von dem Doppelgurtband abheben.

- Schritt 4:   Aktor 3 einfahren; Werkstückträger transportieren.

- Schritt 5:   Aktor 1 einfahren; Werkstückträger transportieren.

- Schritt 6:   Aktor 3 ausfahren; Werkstückträger transportieren.

- Schritt 7:   Aktor 2 einfahren; Werkstückträger auf das Doppelgurtband absetzen.

- Schritt 8:   Aktor 3 einfahren; Leerhub.

Die allgemeinen Eigenschaften der projektierten Ablaufkette sind:

- Ein Schritt der Ablaufkette wird gesetzt, wenn der vorhergehende Schritt gesetzt und die Übergangs- oder Weiterschaltbedingung erfüllt ist.

- Ist der Folgeschritt gesetzt, dann wird der vorhergehende Schritt zurückgesetzt.

In dem Funktionsplan in Grobstruktur, Bild 13.12, wird von einer Ablaufkette mit diesen Eigenschaften ausgegangen. Die Funktion der Ablaufkette hängt von der ausgewählten Betriebsart ab.

- Die Betriebsart Hand kann, entsprechend der Teilschaltung 2, Bild 13.8, jederzeit ohne zusätzliche Bedingungen vorgegeben werden. In diesem Fall werden durch die Variable *BaHand* die Schritte 1 bis 8 der Ablaufkette in Bild 13.12, rückgesetzt.

- Zum Einschalten einer der Betriebsarten Zyklus oder Dauerlauf muss sich die Transfereinheit in der Ausgangsstellung befinden. Da kein Schritt der Ablaufkette gesetzt ist, muss bei dem Einschalten einer dieser Betriebsarten der Anfangsschritt der Ablaufkette gesetzt werden.
  Dies ist nur möglich, wenn durch Vorgegeben einer der Betriebsarten Zyklus oder Dauerlauf die Betriebsart Hand ausgeschaltet ist und sich die Transfereinheit in der Ausgangsstellung befindet. Nur dann wird als Anfangsschritt Schritt 8 der Ablaufkette gesetzt. Hierzu werden die Variablen *SK1ein*, *SK2ein* und *SK3ein* mit den boolesch negierten Ausgangsvariablen *AS1* bis *AS8* der Ablaufkette über UND verknüpft.

- Ein automatischer Transfervorgang startet nur, wenn die Setzbedingungen für Schritt 1 erfüllt sind. Bei der in Bild 13.12 dargestellten Schaltung wird Schritt 1 gesetzt, wenn Schritt 8 gesetzt ist, in der Entnahmeposition ein Werkstückträger vorhanden ist, sich in der Abgabeposition kein Werkstückträger befindet, die Kolbenstange von Aktor 3 eingefahren ist, und entweder die Betriebsart Dauerlauf eingeschaltet ist, oder die Betriebsart Zyklus eingeschaltet ist, und der Taster Betriebsart Zyklus/Zyklus Start betätigt wird.

- So lange wie die Betriebsart Dauerlauf eingeschaltet ist, werden Transferzyklen hintereinander ausgeführt.

- In der Betriebsart Zyklus wird ein Transferzyklus gestartet, wenn der Taster Betriebsart Zyklus / Zyklus Start erneut betätigt wird. Es wird nur ein Transferzyklus ausgeführt. Die Ablaufkette bleibt in Schritt 8 stehen.
  Wird von der Betriebsart Dauerlauf auf die Betriebsart Zyklus umgeschaltet, dann wird der gerade ablaufende automatische Zyklus beendet. Die Ablaufkette bleibt in Schritt 8 stehen.

- Wird die Betriebsart Dauerlauf oder Zyklus durch Vorgabe der Betriebsart Hand ausgeschaltet, dann wird die Aktion ausgeführt, die zum Ausschaltzeitpunkt von der Ablaufkette vorgegeben wurde. Die Transfereinheit bleibt in der erreichten Position stehen.

- Die Ausgangsvariablen $AS1$ bis $AS8$ der Ablaufkette, Bild 13.12, steuern in den Betriebsarten Zyklus und Dauerlauf die Reihenfolge der für den automatischen Transfer von Werkstückträgern notwendigen Aktionen. Die in jedem Schritt neu ausgeführte Aktion wird bis zur Vorgabe der gegenteiligen Aktion gespeichert.

- Das Weiterschalten von einem auf den nächsten Schritt wird in einem automatisch ablaufenden Transferzyklus ausgelöst, wenn die Übergangs- oder Transitionsbedingung erfüllt ist. In der Schaltung in Bild 13.12 erfolgt ein Schrittwechsel, wenn die Aktion des vorhergehenden Schrittes abgeschlossen ist.
  Beispielsweise wird in der Schaltung in Bild 13.12 Schritt 2 der Ablaufkette gesetzt, wenn Schritt 1 gesetzt ist und die in Schritt 1 auszuführende Aktion - Aktor 1 ausfahren - abgeschlossen ist, also die Variable $SK1aus$ den Wert 1 hat und die Rücksetzbedingung nicht erfüllt ist.

Teilschaltungen für den automatischen Ablauf
Der Funktionsplan Grobstruktur, Bild 13.12, ist in Bild 13.13 in einen Funktionsplan Feinstruktur umgesetzt. Jeder Schritt der Ablaufkette in dem Funktionsplan Grobstruktur entspricht einer Teilschaltung in dem Funktionsplan Feinstruktur.

Beispielsweise ist in Teilschaltung 10 Schritt 3 der Ablaufkette dargestellt. Der Speicher mit der Ausgangsvariablen $AS3$ wird rückgesetzt durch die Variable $AS4$ oder durch die Variable $BaHand$. Hat keine dieser beiden Variablen den Wert 1, dann wird der Speicher gesetzt, wenn die Variablen $AS2$ und $SK3aus$ den Wert 1 haben.

In Bild 13.14 sind die Funktionspläne für die Steuerung der drei Aktoren angegeben.. In der Betriebsart Hand werden die Aktoren durch manuelle Vorgaben und in den Betriebsarten Einzelzyklus und Dauerlauf durch die Schrittsignale der Ablaufkette gesteuert. Bei einem Wechsel zu der Betriebsart Hand ändern sich Ausgangsvariablen nicht. Neue Aktionen können manuell vorgegeben werden.

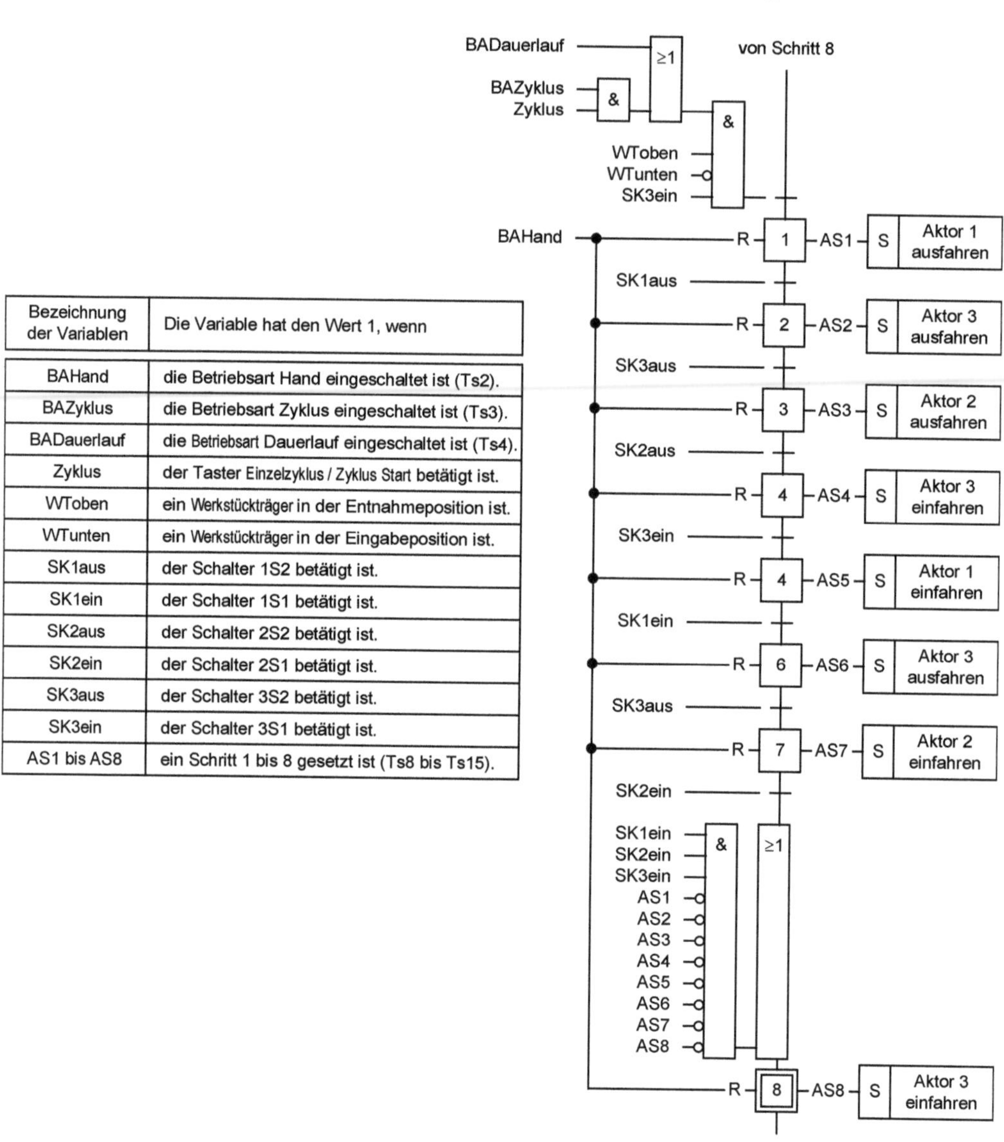

Bezeichnung der Variablen	Die Variable hat den Wert 1, wenn
BAHand	die Betriebsart Hand eingeschaltet ist (Ts2).
BAZyklus	die Betriebsart Zyklus eingeschaltet ist (Ts3).
BADauerlauf	die Betriebsart Dauerlauf eingeschaltet ist (Ts4).
Zyklus	der Taster Einzelzyklus / Zyklus Start betätigt ist.
WToben	ein Werkstückträger in der Entnahmeposition ist.
WTunten	ein Werkstückträger in der Eingabeposition ist.
SK1aus	der Schalter 1S2 betätigt ist.
SK1ein	der Schalter 1S1 betätigt ist.
SK2aus	der Schalter 2S2 betätigt ist.
SK2ein	der Schalter 2S1 betätigt ist.
SK3aus	der Schalter 3S2 betätigt ist.
SK3ein	der Schalter 3S1 betätigt ist.
AS1 bis AS8	ein Schritt 1 bis 8 gesetzt ist (Ts8 bis Ts15).

Bild 13.12: Funktionsplan Grobstruktur

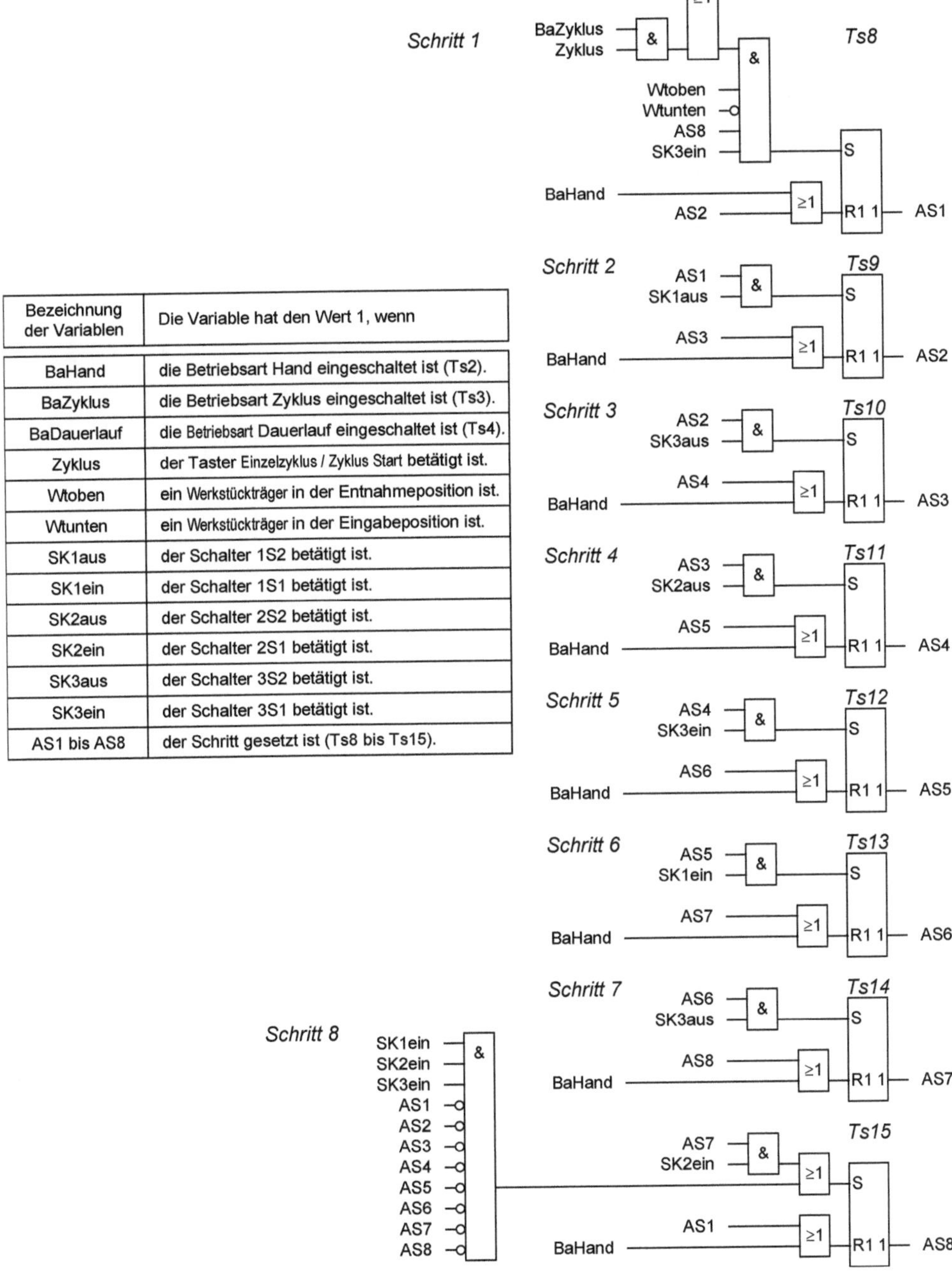

Bild 13.13: Funktionsplan Feinstruktur

Bezeichnung der Variablen	Die Variable hat den Wert 1, wenn
Ba Hand	die Betriebsart Hand eingeschaltet ist (Ts2).
BaZyklus	die Betriebsart Zyklus eingeschaltet ist (Ts3).
BaDauerlauf	die Betriebsart Dauerlauf eingeschaltet ist (Ts4).
H1ausfahren	der Taster Aktor 1 ausfahren betätigt ist.
H1einfahren	der Taster Aktor 1 einfahren betätigt ist.
H2ausfahren	der Taster Aktor 2 ausfahren betätigt ist.
H2einfahren	der Taster Aktor 2 einfahren betätigt ist.
H3ausfahren	der Taster Aktor 3 ausfahren betätigt ist.
H3einfahren	der Taster Aktor 3 einfahren betätigt ist.
AS1 bis AS8	der Schritt gesetzt ist (Ts8 bis Ts15).
K1ausfahren	Aktor 1 ausfährt oder ausgefahren ist (Ts16).
K2ausfahren	Aktor 2 ausfährt oder ausgefahren ist (Ts17).
K3ausfahren	Aktor 3 ausfährt oder ausgefahren ist (Ts18).

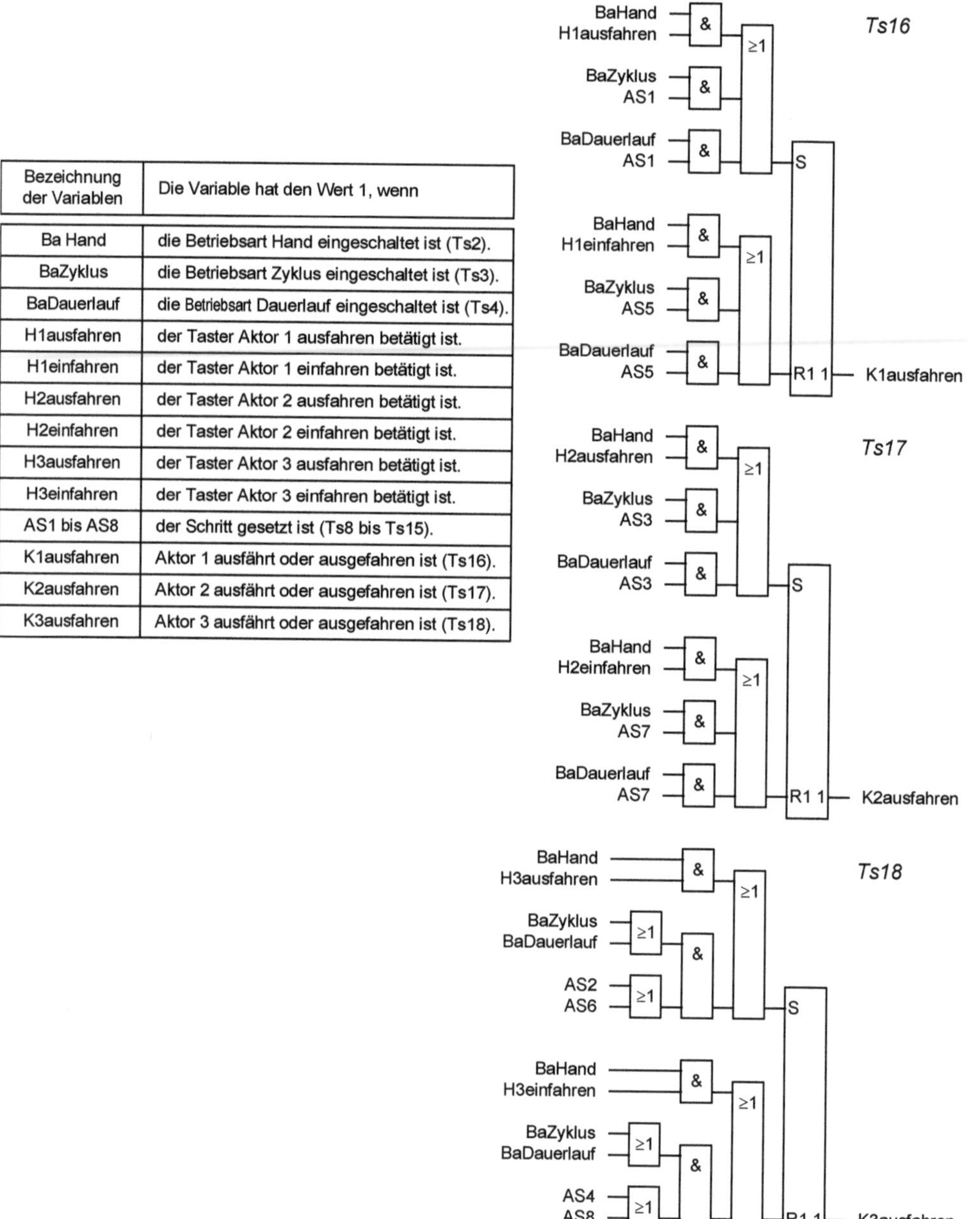

Bild 13.14: Einzelsteuerungen für die drei Aktoren

14 Erstellen eines Anwenderprogramms für eine SPS

Vorgehensweise bei der Entwicklung einer Steuerung

Vor der Entwicklung einer Steuerung sollte der Anwender ein Lastenheft erstellen. In diesem werden Aufgaben, Eigenschaften und Systemumfang des Steuerungsprojekts beschrieben, das entwickelt werden soll. Ein auf ein Steuerungsprojekt bezogenes Lastenheft kann sich beispielsweise auf die folgenden Fragen beziehen.

- Welche Funktionen des Prozesses oder der Einrichtung sind zu steuern?
- Welche Energie-, Signal- und Steuerungsarten und -formen werden eingesetzt?
- Wie soll die Kommunikation zwischen der Steuerung und der gesteuerten Einrichtung oder dem Beobachtungs- und Bedienfeld erfolgen?
- Welche Aufgaben soll die Steuerung für die gesteuerte Einrichtung und für Beobachtungs- und Bedienfelder erfüllen?
- Welche Schnittstellen soll es zu anderen Systemen geben?
- Wie sind die Schnittstellen definiert?
- Welche Anforderungen an die Bedienbarkeit werden gestellt?
- Wie wird die Instandhaltung von der Steuerung unterstützt?
- Welche Eigenschaften soll die Dokumentation haben?
- Welche Zeitvorgaben werden eingehalten?
- Welche Kosten entstehen bei der Entwicklung?

Nach den Vorgaben des Lastenhefts des Anwenders kann der Steuerungstechniker das Pflichtenheft erstellen und mit dem Anwender abstimmen. Einige der in dem Pflichtenheft zu bearbeitenden Punkte sind:

- die Analyse der an die Steuerung gestellten Forderungen,
- das Erarbeiten und Bewerten von Grobstrukturen des Anwenderprogramms,
- die Auswahl und Beschreibung einer geeigneten Grobstruktur,
- die Definition der Schnittstellen von Teilsteuerungen,
- die Festlegung von Richtlinien zur Programmerstellung und Modularisierung und
- Aussagen über den gerätetechnischen Aufbau der Steuerung.

Nachdem das Pflichtenheft vorliegt, kann das Anwenderprogramm entwickelt werden. Dabei sind beispielsweise die folgenden Aktivitäten auszuführen:

- Die Grobstrukturen werden in feinstrukturierte Teilschaltungen unterteilt.
- Die Teilschaltungen werden so ausgelegt, dass Funktionstests durchführbar sind.
- Die Teilschaltungen, deren Funktion und Prüfung werden dokumentiert.
- Die Teilschaltungen werden zu der Steuerung zusammengefasst.
- Die Funktion der Steuerung wird überprüft und die Funktionsprüfung dokumentiert.

Nach der Entwicklung des Anwenderprogramms wird die Steuerung zusammen mit der gesteuerten Einrichtung in Betrieb genommen.

- Dabei werden die in dem Lasten- und Pflichtenheft festgelegten Funktionen erprobt.
- Auftretende Fehler werden beseitigt.
- Die Dokumentationen werden überarbeitet.

Nach der Inbetriebnahme erfolgt die Abnahme der Steuerung.

Lastenheft der Programmierbaren Steuerung für ein Handhabungsgerät

Aufbau des Handhabungsgeräts

Das Steuerungssystem besteht aus dem Handhabungsgerät, einer speicherprogrammierbaren Steuerung und einem Beobachtungs- und Bedienfeld.

Das Handhabungsgerät in Bild 14.1 besteht aus drei Vorschubeinheiten und einem Sauggreifer.

Die Verfahrachsen der drei Vorschubeinheiten sind rechtwinklig zueinander angeordnet. Jede Vorschubeinheit wird von einem pneumatischen Aktor angetrieben.

Über den Sauggreifer wird durch einen mit Druckluft betriebenen Ejektor Luft aus der Umgebung angesaugt. Wird die Saugfläche des Greifers von einem Werkstück verschlossen, dann bildet sich in dem Greifer ein Druck aus, der unter dem Umgebungsluftdruck liegt. Durch den Druckunterschied entsteht zwischen dem Greifer und dem Werkstück eine Kraft. Der Greifer „saugt" sich auf dem Werkstück fest.

Mit den Vorschubeinheiten kann das Handhabungsgerät acht unterschiedliche Positionen anfahren. Der Sauggreifer kann in diesen Positionen leichte Werkstücke aufnehmen und abgeben. Es kann Werkstücke von einer Positionen zu einer anderen transportieren.

Das Handhabungsgerät befindet sich in dem Ausgangszustand, wenn die Kolbenstangen aller Pneumatikzylinder eingefahren sind und der Sauggreifers ausgeschaltet ist.

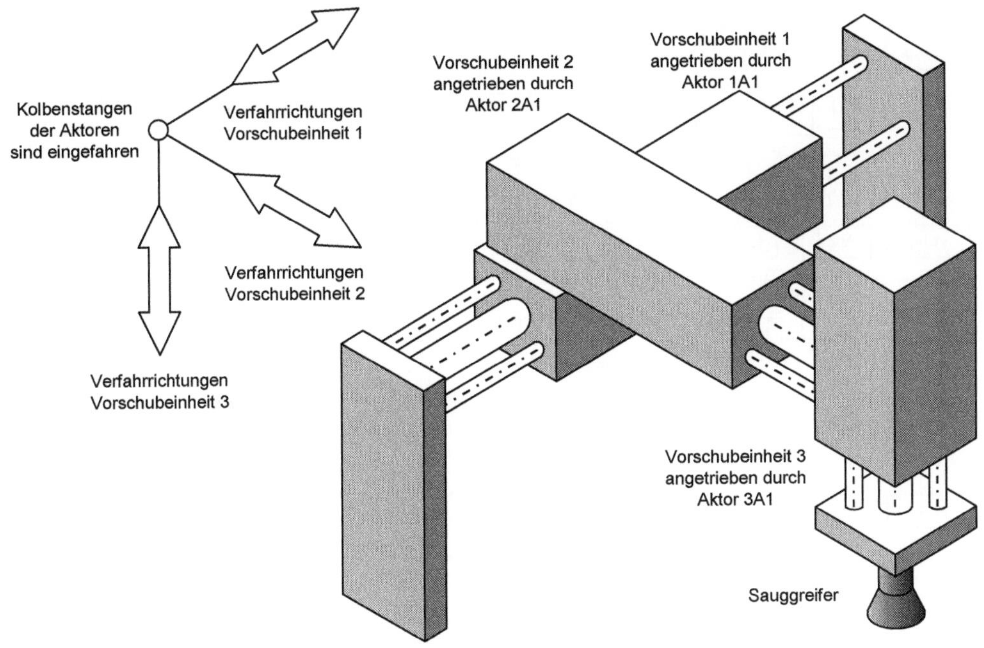

Bild 14.1: Schematische Ansicht des Handhabungsgeräts

Pneumatikplan des Handhabungsgeräts

In dem Pneumatikplan, Bild 14.2, sind die elektropneumatisch arbeitenden Schaltungen beschrieben, mit denen die Druckluftversorgung, die Aktoren der drei Vorschubeinheiten und der Sauggreifer gesteuert werden.

Die Druckluft kann über ein 3/2-Wege Magnetventil ein- und ausgeschaltet werden.

Die Pneumatikzylinder der Vorschubeinheiten werden von 5/2-Wege Magnetventilen gesteuert. Sie sind endlagengedämpft. Die Verfahrgeschwindigkeiten der Kolben und Kolbenstangen der Aktoren sind durch die Drosselung der Abluft über Drosselrückschlagventile einstellbar.

Der Ejektor des Sauggreifers wird über ein 3/2-Wege Magnetventil ein- und ausgeschaltet. Die Saugwirkung des Ejektors kann über ein Drosselventil eingestellt werden.

Ebenfalls zeigt Bild 14.12 die Anordnung der Sensoren, von denen die Endlagen der Kolben der Pneumatikzylinder erfasst werden. Die Sensoren arbeiten magnetisch. Sie werden durch Permanentmagnete in den Kolben betätigt.

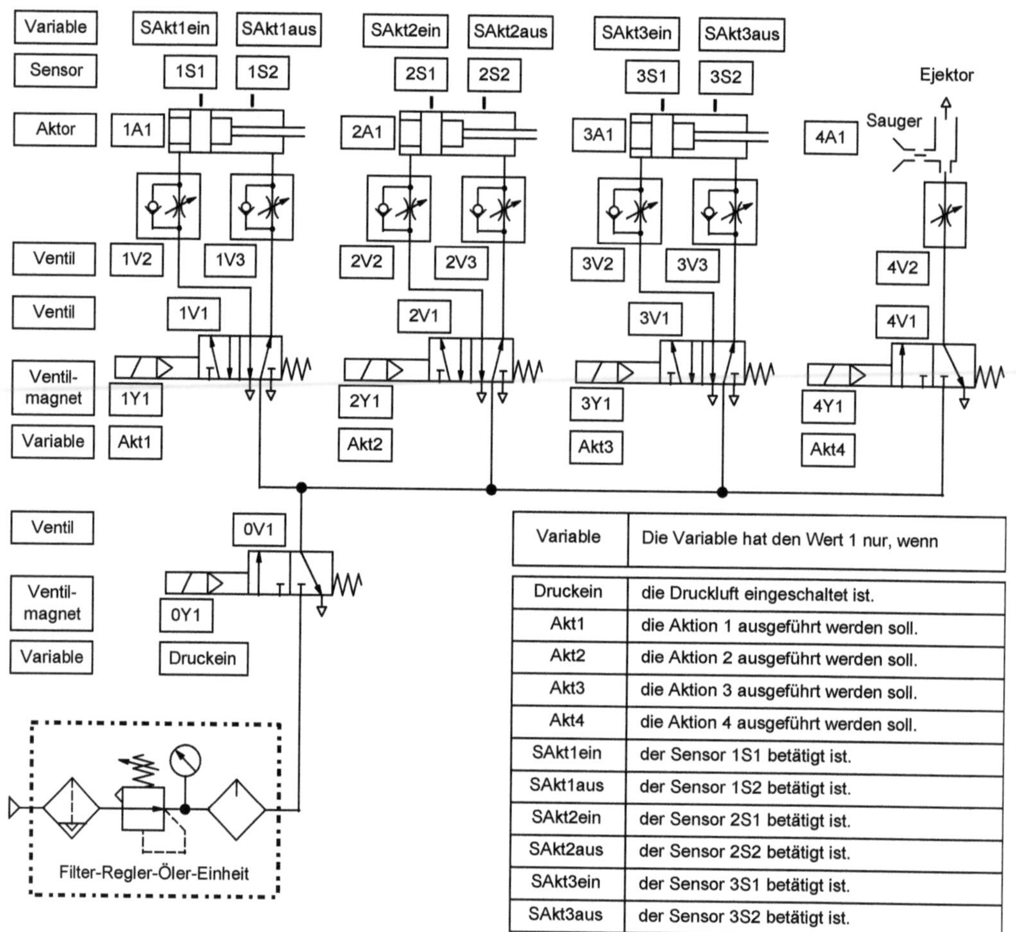

Variable	Die Variable hat den Wert 1 nur, wenn
Druckein	die Druckluft eingeschaltet ist.
Akt1	die Aktion 1 ausgeführt werden soll.
Akt2	die Aktion 2 ausgeführt werden soll.
Akt3	die Aktion 3 ausgeführt werden soll.
Akt4	die Aktion 4 ausgeführt werden soll.
SAkt1ein	der Sensor 1S1 betätigt ist.
SAkt1aus	der Sensor 1S2 betätigt ist.
SAkt2ein	der Sensor 2S1 betätigt ist.
SAkt2aus	der Sensor 2S2 betätigt ist.
SAkt3ein	der Sensor 3S1 betätigt ist.
SAkt3aus	der Sensor 3S2 betätigt ist.

Bild 14.2: Pneumatikplan des Handhabungsgeräts und Zuordnungstabellen

Beobachtungs- und Bedienfeld

Bild 14.3 zeigt eine Anordnung der elektrischen Schalt- und Anzeigeelemente auf dem Beobachtungs- und Bedienfeld.

Die elektrische Energieversorgung wird direkt über einen Schalter ein- und ausgeschaltet. Von einer Meldeleuchte wird angezeigt, dass die Versorgungsspannung anliegt und die Steuerung eingeschaltet ist.

Die Druckluft wird über einen Taster ein- und ausgeschaltet. Jede Betätigung des Tasters bewirkt die Umkehrung des bestehenden Zustands. Wenn die Druckluft eingeschaltet ist, wird dies von einer Meldeleuchte angezeigt.

Die Betriebsarten Hand, Programmieren und Automatik werden über Taster vorgegeben. Die eingeschalteten Betriebsarten werden von Meldeleuchten angezeigt.

Vier weitere Taster sind mehrfach belegt um die Anzahl der Eingabeelemente und der SPS-Eingänge zu reduzieren.

In den Betriebsarten Hand und Programmieren können die Aktionen der Aktoren und des Sauggreifers über jeweils einen der mehrfach belegten Taster manuell vorgegeben werden. Jede Betätigung eines Tasters bewirkt die Umkehrung der bestehenden Aktion.

In der Betriebsart Automatik können über drei der mehrfach belegten Taster die Unterbetriebsarten Schritt, Zyklus oder Dauer vorgegeben werden.

Der vierte der mehrfach belegten Taster dient in der Betriebsart Schritt zum Auslösen eines Schrittwechsels, in der Betriebsart Zyklus zum Starten eines Programmdurchlaufs und in der Betriebsart Dauer zum Starten des automatischen Ablaufs.

Variable	Die Variable hat den Wert 1 nur, wenn
TPEin/Aus	der Taster Druckluft Ein/Aus betätigt ist.
THand	der Taster Betriebsart Hand betätigt ist.
TProg	der Taster Betriebsart Programmieren betätigt ist.
TAuto	der Taster Betriebsart Automatik betätigt ist.
Tast1	der Taster 1 betätigt ist.
Tast2	der Taster 2 betätigt ist.
Tast3	der Taster 3 betätigt ist.
Tast4	der Taster 4 betätigt ist.
Druckein	die Druckluft eingeschaltet ist.
BaHand	die Betriebsart Hand eingeschaltet ist.
BaProg	die Betriebsart Programmieren eingeschaltet ist.
BaAuto	die Betriebsart Automatik eingeschaltet ist.
BaSchritt	die Betriebsart Einzelschritt eingeschaltet ist.
BaZyklus	die Betriebsart Einzelzyklus eingeschaltet ist.
BaDauer	die Betriebsart Dauerlauf eingeschaltet ist.

Bild 14.3: Beobachtungs- und Bedienfeld mit Zuordnungstabelle

Schema des Signalaustauschs

Variable	Die Variable hat den Wert 1, wenn
TPEin/Aus	der Taster Druckluft Ein/Aus betätigt ist.
THand	der Taster Betriebsart Hand betätigt ist.
TProg	der Taster Betriebsart Programmieren betätigt ist.
TAuto	der Taster Betriebsart Automatik betätigt ist.
Tast1	der Taster 1 betätigt ist.
Tast2	der Taster 2 betätigt ist.
Tast3	der Taster 3 betätigt ist.
Tast4	der Taster 4 betätigt ist.
Druckein	die Druckluft eingeschaltet ist.
Akt1	die Aktion 1 ausgeführt werden soll (SteuAkt1).
Akt2	die Aktion 2 ausgeführt werden soll (SteuAkt2).
Akt3	die Aktion 3 ausgeführt werden soll (SteuAkt3).
Akt4	die Aktion 4 ausgeführt werden soll (SteuAkt4).
BaHand	die Betriebsart Hand eingeschaltet ist.
BaProg	die Betriebsart Programmieren eingeschaltet ist.
BaAuto	die Betriebsart Automatik eingeschaltet ist.
BaSchritt	die Betriebsart Einzelschritt eingeschaltet ist.
BaZyklus	die Betriebsart Einzelzyklus eingeschaltet ist.
BaDauer	die Betriebsart Dauerlauf eingeschaltet ist.
SAkt1ein	der Sensor 1S1 betätigt ist.
SAkt1aus	der Sensor 1S2 betätigt ist.
SAkt2ein	der Sensor 2S1 betätigt ist.
SAkt2aus	der Sensor 2S2 betätigt ist.
SAkt3ein	der Sensor 3S1 betätigt ist.
SAkt3aus	der Sensor 3S2 betätigt ist.

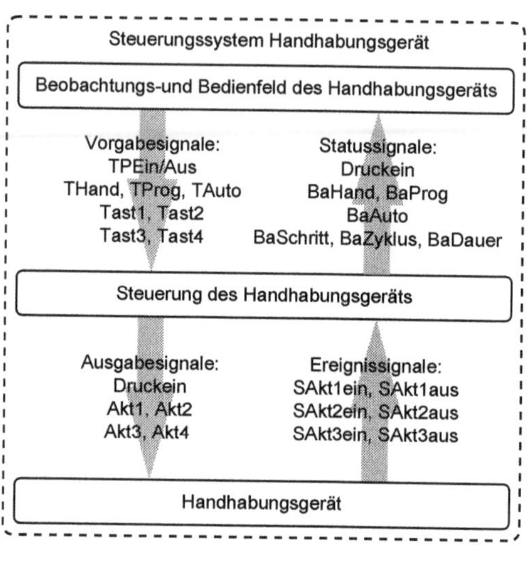

Bild 14.4: Schema des Austauschs von Variablen und Zuordnungstabelle

Zwischen der Steuerung und dem Handhabungsgerät werden, die aus Bild 14.2 bekannten, fünf Ausgabe-Signale und sechs Ereignis-Signale ausgetauscht.

Die fünf Ausgabe-Signale steuern die fünf Magnetventile. Über diese Ventile wird die Druckluft ein- und ausgeschaltet, und es werden die drei Aktoren und der Sauggreifer gesteuert. Alle Magnetventile sind Umschaltventile, also Ventile mit Federrückstellung.

Die sechs Ereignis-Signale sind die Ausgangssignale der sechs Sensoren, welche die Endlagen der Kolben der pneumatischen Antriebe erfassen.

Die Funktion des Sauggreifers bei dem Aufnehmen oder Ablegen eines Werkstücks wird nicht durch einen Sensor überwacht.

Zwischen der Steuerung und dem Beobachtungs- und Bedienfeld werden, die aus Bild 14.3 bekannten, acht Vorgabe- und sieben Statussignale ausgetauscht.

Die acht Vorgabesignale sind die Ausgabesignale des Tasters zum Ein- und Ausschalten der Druckluft, der drei Taster zur Auswahl der Betriebsarten Hand, Programmieren und Automatik und der mehrfach belegten Taster 1 bis 4.

Die sieben Statussignale steuern Meldeleuchten. Von einer Meldeleuchte wird angezeigt, ob die Druckluft eingeschaltet ist. Die restlichen sechs Meldeleuchten zeigen eingeschaltete Betriebsarten an. Das Statussignal *Druckein* ist identisch mit dem Ausgabesignal *Druckein*.

Anschlussschema der SPS

	Eingang	Variable	Ausgang	Variable
SPS mit Stromversorgung	1	TPEin/Aus	1	Druckein
	2	TProg	2	BaProg
	3	THand	3	BaHand
	4	TAuto	4	BaAuto
	5	Tast1	5	BaSchritt
	6	Tast2	6	BaZyklus
	7	Tast3	7	BaDauer
	8	Tast4	8	Akt1
	9	SAkt1ein	9	Akt2
	10	SAkt1aus	10	Akt3
	11	SAkt2ein	11	Akt4
Spannung / Stromkreise für:	12	SAkt2aus	12	---
	13	SAkt3ein	13	---
+24 V =, 0 V / Taster, Sensoren, Meldeleuchten, Magnete der Ventile.	14	SAkt3aus	14	---
	15	---	15	---
	16	---	16	---

Bild 14.5: Anschlussschema einer SPS mit 16 Eingängen und 16 Ausgängen.

Zur Steuerung des Handhabungsgeräts wird eine speicherprogrammierbare Steuerung mit 16 Eingängen und 16 Ausgängen eingesetzt. In Bild 14.5 sind schematisch der Netzanschluss und die Belegung der Ein- und Ausgänge der SPS dargestellt.

Die am Signalaustausch teilnehmenden Variablen sind Ausgangssignale von Tastern, Sensoren oder der SPS. Die Bezeichnungen der Variablen und die Zuordnung der Werte der Variablen sind in den Bildern 14.2, 14.3 und 14.4 angegeben.

Aufgabenstellung der über "Teach-in" programmierbaren Steuerung
Die von der Steuerung im automatischen Betrieb zu steuernden Aktionen des Handhabungsgeräts sollen über "Teach-in" programmierbar sein. Dies bedeutet, dass im Programmiermodus die aufeinanderfolgenden Aktionen manuell, schrittweise vorgegeben werden.

Für das Handhabungsgerät soll eine programmierbare Steuerung mit maximal 16 Programmschritten entwickelt werden.

- In jedem Schritt des Anwenderprogramms soll mindestens eine Aktion eines Aktors oder des Sauggreifers stattfinden.

- Sind die in einem Schritt vorgegebenen Aktionen ausgeführt, dann soll der Übergang auf den folgenden Schritt erfolgen.

- Die Ausführung des Anwenderprogramms soll in dem Ausgangszustand des Handhabungsgeräts beginnen und enden.

- In einem Anwenderprogramm soll der Ausgangszustand des Handhabungsgeräts auch als Zwischenposition nutzbar sein.

Das Handhabungsgerät soll betrieben werden können in den Betriebsarten

- Hand,

- Programmieren und

- Automatik.

Diese Betriebsarten werden über die entsprechenden Taster auf dem Beobachtungs- und Bedienfeld vorgegeben.

Die Betriebsart Automatik gliedert sich in drei Unterbetriebsarten.

- Schritt,

- Zyklus und

- Dauer.

Die Unterbetriebsarten sollen über die mehrfach belegten Taster 1 bis 3 auf dem Beobachtungs- und Bedienfeld ausgewählt werden. Eingeschaltete Haupt- und Unterbetriebsarten sollen von den Meldeleuchten in dem Beobachtungs- und Bedienfeld angezeigt werden.

Beschreibung der Betriebsarten
Betriebsart Hand:

- Beim Einschalten der Energieversorgung soll die Steuerung in der Betriebsart Hand starten.

- Befindet sich die Steuerung in der Betriebsart Hand, dann sollen über die Taster 1 bis 4 die Ausgabesignale vorgegeben werden können, mit denen über die Stellglieder die drei Aktoren und der Sauggreifer gesteuert werden. Jedes Betätigen eines Tasters soll dauerhaft den Wechsel der aktuellen Aktion bewirken.

- Die Betriebsart Hand soll nur in dem Ausgangszustand des Handhabungsgeräts verlassen werden können, wenn eine andere Betriebsart eingeschaltet wird.

- Von der Betriebsart Automatik und deren Unterbetriebsarten soll jederzeit in die Betriebsart Hand umgeschaltet werden können. Bei dem Umschalten sollen sich die Ausgabesignale der Steuerung nicht ändern. Nach dem Einschalten der Betriebsart Hand soll also erst das Betätigen von einem der Taster 1 bis 4 weitere Aktionen auslösen.

Betriebsart Programmieren:

- Die Betriebsart Programmieren soll nur in dem Ausgangszustand des Handhabungsgeräts durch Betätigen des zugeordneten Tasters ein- und ausschaltbar sein.

- Wenn die Betriebsart Programmieren eingeschaltet ist, dann sollen die drei Aktoren und der Sauggreifer über die Taster 1 bis 4 gesteuert werden können. Dabei sollen, wie in der Betriebsart Hand, die Ausgabesignale zur Steuerung der Aktoren vorgegeben werden.

- Die Programmierung eines Schritts des Anwenderprogramms soll beginnen, wenn einer der Taster 1 bis 4 betätigt wird.

- In jedem Schritt sollen die Werte der Ausgabesignale in dem Programmspeicher gespeichert werden.

- Die Programmierung eines Schrittes soll abgeschlossen sein, wenn nach dem Betätigen von einem oder mehreren Tastern keiner der Taster mehr betätigt ist und vorgegebene Aktionen beendet sind.

- Aktionen für mehrere Aktoren sollen in einem Programmschritt vorgegeben werden können. Hierzu muss sich das Betätigen der Taster zeitlich überschneiden. Wird dabei einer der Taster mehrfach betätigt, dann soll die zuletzt von diesem Taster vorgegebene Aktion in das Programm aufgenommen werden.

- Wird die Betriebsart Programmieren ausgeschaltet, dann soll der Programmiervorgang abgeschlossen werden.

Betriebsart Automatik:

- In dem Ausgangszustand soll die Betriebsart Automatik über den zugeordneten Taster eingeschaltet werden können.

- Wenn die Betriebsart Automatik eingeschaltet ist, kann eine der Unterbetriebsarten über die Taster 1 bis 3 eingeschaltet werden.

- In den Unterbetriebsarten sollen die Variablen, welche die Stellglieder zur Steuerung der Aktionen der vier Aktoren steuern, schrittweise von dem Programmspeicher vorgegeben werden.

- In den Unterbetriebsarten soll von einem Schritt des Anwenderprogramms auf den folgenden nur umgeschaltet werden können, wenn alle Aktionen des vorhergehenden Schrittes abgeschlossen sind.

Über den Taster 4 sollen in den Unterbetriebsarten Startvorgänge ausgelöst werden können. Das Betätigen des Tasters 4 soll bewirken

- in der Betriebsart Schritt das Weiterschalten von einem Schritt des Anwenderprogramms auf den folgenden, wenn die Aktionen des vorhergehenden Schrittes ausgeführt sind.

- in der Betriebsart Zyklus das Starten eines einzelnen automatischen Programmablaufs, wenn sich die Transfereinheit in dem Ausgangszustand befindet.

- in der Betriebsart Dauer das Starten des ersten Programmablaufs, wenn sich die Transfereinheit in dem Ausgangszustand befindet. Danach starten weitere Programmabläufe, ohne dass der Taster 4 betätigt wird, solange wie die Betriebsart Dauer eingeschaltet ist.

Zwischen den Automatik Betriebsarten Schritt, Zyklus und Dauer soll jederzeit umgeschaltet werden können.

- Beim Umschalten auf die Betriebsart Schritt sollen die während des Umschaltens laufenden Aktionen ausgeführt werden.

- Beim Umschalten auf die Betriebsart Zyklus soll der automatische Programmablauf bis zum Ende des Anwenderprogramms durchgeführt werden.

- Beim Umschalten auf die Betriebsart Dauer soll der automatische Programmablauf bis zur Vorgabe einer anderen Betriebsart durchgeführt werden.

Der automatische Programmablauf soll in jedem Programmschritt durch Umschalten auf die Betriebsart Hand beendet werden können.

Pflichtenheft

Struktur einer programmierbaren Steuerung für das Handhabungsgerät

Entsprechend den Vorgaben des Lastenhefts soll eine programmierbare Steuerung für das Handhabungsgerät entwickelt werden. Aufgrund des Umfangs der Aufgabenstellung wird diese zunächst in überschaubare Teilaufgaben unterteilt und die Struktur der Steuerung festgelegt.

Vor der Entwicklung von Schaltungen werden also Funktionseinheiten und deren Schnittstellen definiert. Durch die Gliederung der Steuerung wird die Lösung der Steuerungsaufgabe überschaubarer. Die Funktionseinheiten können unabhängiger voneinander entwickelt werden.

Lösungsansatz

- Die erste Funktionseinheit enthält alle Energieversorgungs- und Betriebsartenschaltungen.

- Die zweite Funktionseinheit umfasst die Schaltungen für das schrittweise Abarbeiten des Steuerungsprogramms.

- In der dritten Funktionseinheit befinden sich die Schaltungen die zum Eingeben, Speichern und Ausgeben von schrittbezogenen Programmdaten notwendig sind.

- Die vierte Funktionseinheit umfasst die Schaltungen für die Steuerung der Aktoren.

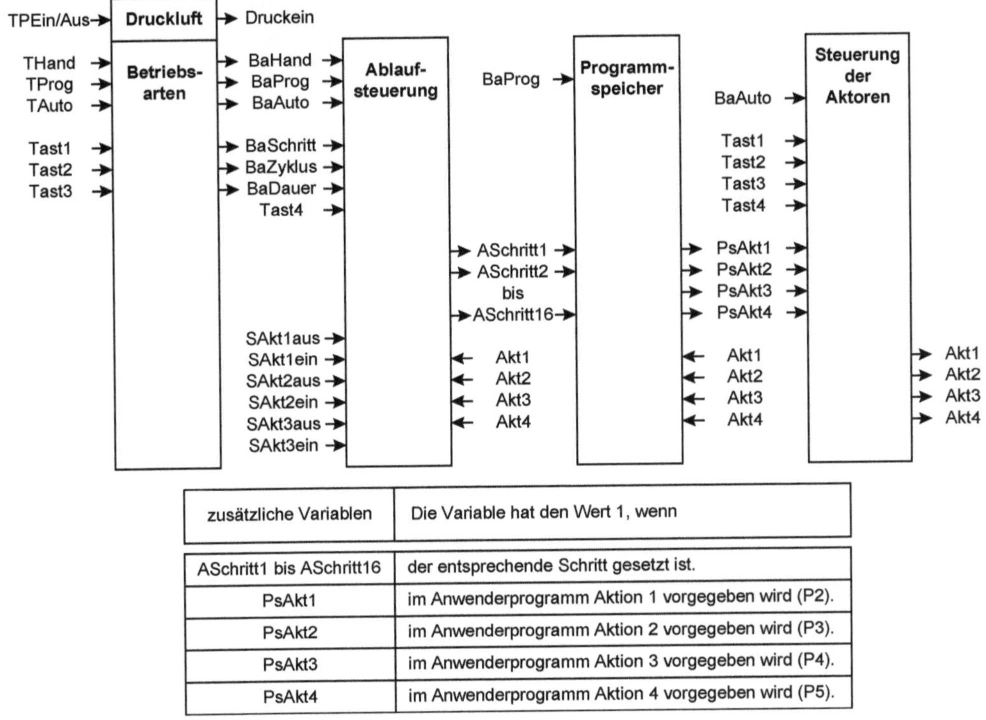

zusätzliche Variablen	Die Variable hat den Wert 1, wenn
ASchritt1 bis ASchritt16	der entsprechende Schritt gesetzt ist.
PsAkt1	im Anwenderprogramm Aktion 1 vorgegeben wird (P2).
PsAkt2	im Anwenderprogramm Aktion 2 vorgegeben wird (P3).
PsAkt3	im Anwenderprogramm Aktion 3 vorgegeben wird (P4).
PsAkt4	im Anwenderprogramm Aktion 4 vorgegeben wird (P5).

Bild 14.6: Struktur der Steuerung und Zuordnungstabelle von Schnittstellenvariablen

Bild 14.6 zeigt die Aufteilung der Steuerung in vier Funktionseinheiten. Zum Entwickeln dieses Lösungsansatzes ist es notwendig die Funktionseinheiten zu konzipieren. Dabei ergeben sich zusätzliche Variablen für den Signalaustausch.

Konzept der Funktionseinheit zur Steuerung der Aktoren
Die Magnetventile zur Steuerung der vier Aktoren werden von den Variablen *Akt1* bis *Akt4* gesteuert.

Ist eine der Betriebsarten Hand oder Programmieren eingeschaltet, dann sollen die Werte der Variablen *Akt1* bis *Akt4* über die Variablen *Tast1* bis *Tast4* vorgegeben werden.

Wenn die Betriebsart Automatik eingeschaltet ist, dann sollen in den Unterbetriebsarten Schritt, Zyklus und Dauer die Werte der Variablen *PsAkt1* bis *PsAkt4* von den Variablen *Akt1* bis *Akt4* übernommen werden.

Konzept der Funktionseinheit Programmspeicher
In dem Programmspeicher sollen die Werte der Variablen *Akt1* bis *Akt4* für maximal 16 Schritte des Anwenderprogramms gespeichert werden können.

Nach dem Einschalten der Betriebsart Programmieren sollen zunächst alle Speicherzellen des Programmspeichers rückgesetzt werden. Danach können die Werte der Variablen *Akt1* bis *Akt4* in den Programmspeicher eingegeben werden. Die schrittweise Eingabe soll von den Variablen *ASchritt1* bis *ASchritt16* der Ablaufsteuerung gesteuert werden.

Wenn eine der Betriebsarten Schritt, Zyklus und Dauer eingeschaltet ist, dann sollen die gespeicherten Werte der Variablen *Akt1* bis *Akt4* schrittweise als Werte der Variablen *PsAkt1* bis *PsAkt4* aus dem Programmspeicher gelesen und an die Funktionseinheit Steuerung der Aktoren abgegeben werden. Das schrittweise Lesen soll von den Variablen *ASchritt1* bis *ASchritt16* der Ablaufsteuerung gesteuert werden.

Konzept der Funktionseinheit Ablaufsteuerung
Die Funktionseinheit Ablaufsteuerung soll die steuerungsinternen Variablen *ASchritt1* bis *ASchritt16* in den Betriebsarten Programmieren und Automatik erzeugen.

Die Funktionseinheit Ablaufsteuerung soll abhängig sein

- von den Betriebsarten,

- von der Variablen *Tast4*,

- von den Variablen *Akt1* bis *Akt4*, und

- von den Variablen *SAkt1aus*, *SAkt1ein*, *SAkt2aus*, *SAkt2ein*, *SAkt3aus* und *SAkt3ein*.

Die Ablaufsteuerung hat in der Betriebsart Programmieren die projektierten Eigenschaften:

- Das Anwenderprogramm startet im ersten Schritt. Bei dem Programmieren des ersten Schritts hat also die Variable *ASchritt1* den Wert 1.

- Das Programmieren kann in jedem Programmschritt beendet werden, wenn sich das Handhabungsgerät in seinem Ausgangszustand befindet.

- In der Betriebsart Programmieren findet der Übergang von einem Schritt auf den folgenden statt, wenn mindesten einer der Taster 1 bis 4 betätigt wurde und keiner mehr betätigt ist.

Die Ablaufsteuerung hat in den Automatikbetriebsarten die projektierten Eigenschaften:

- Das Anwenderprogramm startet im ersten Schritt. Es kann beliebig oft wiederholt werden.

- Ein Schrittwechsel erfolgt nur, wenn die in dem Schritt vorgegebenen Aktionen der Aktoren ausgeführt sind. Hierzu wird in einer Vergleicherschaltung geprüft, ob die in einem Schritt vorgegeben Werte der Variablen *Akt1* bis *Akt4* mit den Werten der nach der Ausführung der Aktionen zu erwartenden Variablen *SAkt1aus*, *SAkt1ein*, *SAkt2aus*, *SAkt2ein*, *SAkt3aus* und *SAkt3ein* übereinstimmen.

- Die Ausführung der Aktionen des Sauggreifers wird nicht von Sensoren erfasst. Das Auf- oder Abbauen der Saugwirkung erfolgt in einem kurzen Zeitintervall. Die Aufnahme oder Abgabe eines Werkstücks wird durch die Vorgabe von ausreichend langen Verzögerungszeiten abgesichert.

- In der Betriebsart Schritt erfolgt ein Schrittwechsel nur, wenn die in dem Schritt vorgegebenen Aktionen der Aktoren ausgeführt sind und der Taster 4 betätigt wird.

- In der Betriebsart Zyklus startet ein Durchlauf des Anwenderprogramm nur, wenn Schritt 1 der Ablaufkette gesetzt ist und der Taster 4 betätigt wird.

- In der Betriebsart Dauer startet der kontinuierliche Programmablauf nur, wenn Schritt 1 der Ablaufkette gesetzt ist und die der Taster 4 betätigt wird.

- Ist das Ende des Anwenderprogramms erreicht, dann werden die Variablen *ASchritt1* bis *ASchritt16* rückgesetzt. Danach kann Schritt 1 der Ablaufkette gesetzt werden. Das Ende des Anwenderprogramms wird durch eine Vergleicherschaltung erfasst. Das Ende des Anwenderprogramms ist erreicht, wenn die Variablen *Akt1* bis *Akt4* in zwei aufeinander folgenden Schritten den Wert 0 haben. Ist dies der Fall, dann befindet sich das Handhabungsgerät in dem Ausgangszustand, und über den Programmspeicher wird keine andere Aktion in weiteren Schritten vorgegeben.

Konzept der Funktionseinheit Druckluft und Betriebsarten
Die Aufgabe dieser Funktionseinheit ist bereits in der Aufgabenstellung im Lastenheft ausführlich beschrieben.

Teilschaltungen der Steuerung des Handhabungsgeräts

Schaltungen der Funktionseinheit Druckluft und Betriebsarten

Variable	Die Variable hat den Wert 1, wenn
TPEin/Aus	der Taster Druckluft Ein/Aus betätigt ist.
Druckein	die Druckluft eingeschaltet ist (D1).

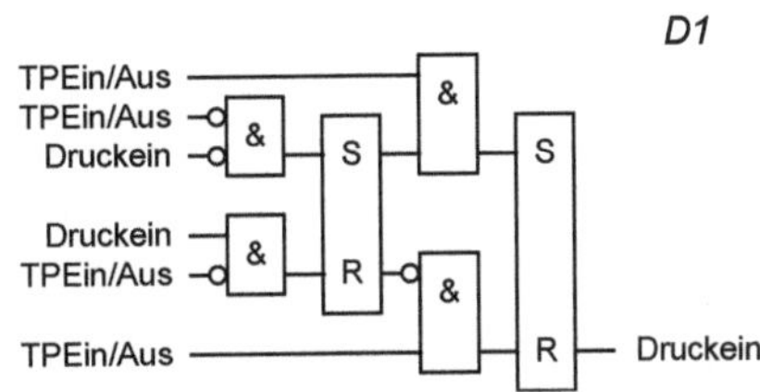

Bild 14.7: Teilschaltung D1 zur Druckluftversorgung

In Bild 14.7 wird in der Teilschaltung D1 die Schaltung zur Druckluftversorgung vorgestellt. Sie ist aus zwei beschalteten RS-Flipflops aufgebaut und entspricht einem T-Flipflop.Die Versorgung des Handhabungsgeräts mit Druckluft ist eingeschaltet, wenn die Variable *Druckein* den Wert 1 hat und dadurch der Magnet des Ventils zur Druckluftversorgung erregt ist.

Variable	Die Variable hat den Wert 1, wenn
SAkt1ein	der Sensor 1S1 betätigt ist.
SAkt2ein	der Sensor 2S1 betätigt ist.
SAkt3ein	der Sensor 3S1 betätigt ist.
Akt4	die Aktion 4 ausgeführt werden soll (SteuAkt4).
Ausgzus	das Handhabungsgerät im Ausgangszustand ist (B1).

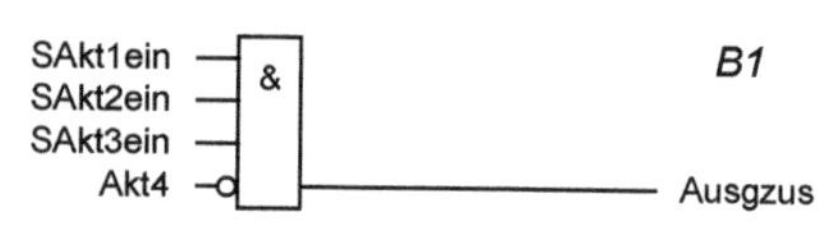

Bild 14.8: Teilschaltung B1, Ausgangszustand des Handhabungsgeräts

Befindet sich das Handhabungsgerät in dem Ausgangszustand, dann sind die Kolbenstangen aller Aktoren eingefahren und der Ejektor des Sauggreifers ist ausgeschaltet. Es kann die Betriebsart Programmieren oder Automatik eingeschaltet werden. Ist das Handhabungsgerät in dem Ausgangszustand, dann hat die Ausgangsvariable *Ausgzus* der UND-Verknüpfung der Variablen *SAkt1ein*, *SAkt2ein* und *SAkt3ein* in Bild 14.8 den Wert 1.

Variable	Die Variable hat den Wert 1, wenn
THand	der Taster Betriebsart Hand betätigt ist.
TAuto	der Taster Betriebsart Automatik: betätigt ist.
Ausgzus	das Handhabungsgerät im Ausgangszustand ist (B1).
BaHand	die Betriebsart Hand eingeschaltet ist (B2).
BaProg	die Betriebsart Programmieren eingeschaltet ist (B4).
BaAuto	die Betriebsart Automatik eingeschaltet ist (B5).

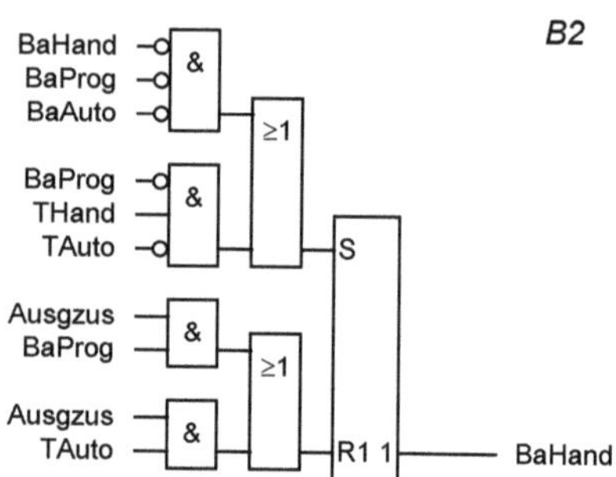

Bild 14.9: Teilschaltung B2 zum Aus- und Einschalten der Betriebsart Hand

Die Teilschaltung B2 in Bild 14.9 besteht aus einem beschalteten RS-Flipflop. Die Betriebsart Hand ist eingeschaltet, wenn das Flipflop gesetzt ist, also die Variable *BaHand* den Wert 1 hat.

Das Flipflop wird gesetzt, wenn

- keine der Betriebsarten Hand, Programmieren oder Automatik eingeschaltet ist.

- der Taster Hand betätigt wird und gleichzeitig der Taster Automatik nicht betätigt wird und die Betriebsart Programmieren nicht eingeschaltet ist.

Das Flipflop wird rückgesetzt, wenn

- sich das Handhabungsgerät in seinem Ausgangszustand befindet und

- eine der Betriebsarten Programmieren oder Automatik eingeschaltet wird.

Variable	Die Variable hat den Wert 1, wenn
THand	der Taster Betriebsart Hand betätigt ist.
TProg	der Taster Betriebsart Programmieren betätigt ist.
TAuto	der Taster Betriebsart Automatik betätigt ist.
Ausgzus	das Handhabungsgerät im Ausgangszustand ist (B1).
Progex	nur der Taster Bet.art Programmieren betätigt ist (B3).
BaProg	die Betriebsart Automatik eingeschaltet ist (B5).

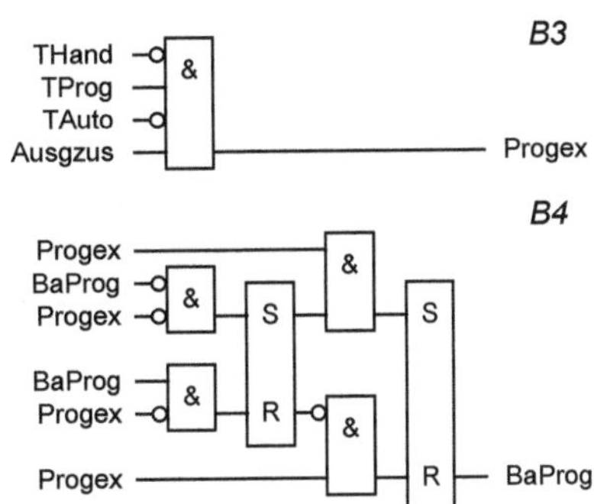

Bild 14.10: Schaltung zum Aus- und Einschalten der Betriebsart Programmieren

Mit der in Bild 14.10 dargestellte Schaltung wird die Betriebsart Programmieren aus- und eingeschaltet. Sie besteht aus den Teilschaltungen B3 und B4. Die Betriebsart Programmieren ist eingeschaltet, wenn die Variable *BaProg* den Wert 1 hat.

Die Variable *Progex* ist die Ausgangsvariable der Teilschaltung B3. Durch sie kann die Betriebsart Programmieren nur ein- und ausgeschaltet werden, wenn sich das Handhabungsgerät in dem Ausgangszustand befindet und gleichzeitig weder der Taster Betriebsart Hand noch der Taster Betriebsart Automatik betätigt ist.

Teilschaltung B4 erfüllt wie die Teilschaltung D1 die Funktion eines T-Flipflops. Sie ist aus zwei beschalteten RS-Flipflops aufgebaut.

Mit der Teilschaltung B5, Bild 14.11, wird die Betriebsart Automatik ein- und ausgeschaltet.

Die Betriebsart Automatik wird ausgeschaltet, wenn eine der Betriebsarten Hand oder Programmieren eingeschaltet wird.

Die Betriebsart Automatik kann nur in dem Ausgangszustand des Handhabungsgeräts eingeschaltet werden, wenn

- der Taster Betriebsart Automatik betätigt und der Taster Betriebsart Hand nicht betätigt ist. Dadurch nimmt zunächst die Variable *BaHand*, Schaltung B2 in Bild 14.9, den Wert 0 an. Erst danach nimmt die Variable *BaAuto* den Wert 1 an.

- die Betriebsart Programmieren nicht eingeschaltet ist.

Die Betriebsart Automatik ist zur Steuerung des Programmablaufs unterteilt in die Unterbetriebsarten Schritt, Zyklus und Dauer. Die zugeordneten Variablen *BaSchritt*, *BaZyklus* und *BaDauer* sind die Ausgangsvariablen der Teilschaltungen B6, B7 und B8. Nur wenn die Betriebsart Automatik eingeschaltet ist, kann eine der drei Betriebsarten durch Betätigen von einem der Taster 1 bis 3 eingeschaltet werden.

Variable	Die Variable hat den Wert 1, wenn
Tast1	der Taster 1 betätigt ist.
Tast2	der Taster 2 betätigt ist.
Tast3	der Taster 3 betätigt ist.
Tast4	der Taster 4 betätigt ist.
THand	der Taster Betriebsart Hand betätigt ist.
TAuto	der Taster Betriebsart Programmieren betätigt ist.
Ausgzus	das Handhabungsgerät im Ausgangszustand ist (B1).
BaHand	die Betriebsart Hand eingeschaltet ist (B2).
BaProg	die Betriebsart Programmieren eingeschaltet ist (B4).
BaAuto	die Betriebsart Automatik eingeschaltet ist (B5).
BaSchritt	die Betriebsart Einzelschritt eingeschaltet ist (B6).
BaZyklus	die Betriebsart Einzelzyklus eingeschaltet ist (B7).
BaDauer	die Betriebsart Dauerlauf eingeschaltet ist (B8).

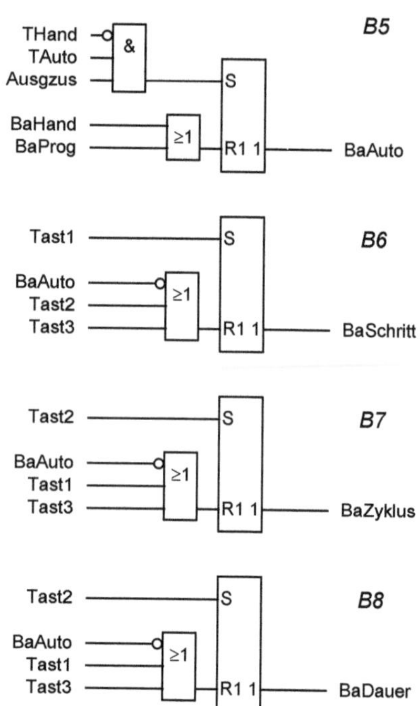

Bild 14.11: Schaltungen zur Auswahl der Automatik Betriebsarten

Schaltungen der Funktionseinheit Ablaufsteuerung

Der schrittweise Ablauf des Anwenderprogramms wird durch die in Bild 14.17 dargestellte Ablaufkette gesteuert.

Die Ablaufkette selbst wird von den drei Variablen *Akrück, Akstart* und *Akweiter* gesteuert.

- Durch die Variable *Akrück* wird die Ablaufkette rückgesetzt. Durch Rücksetzen haben die Variablen *ASchritt1* bis *ASchritt17* den Wert 0.

- Durch die Variable *Akstart* wird die Variable *ASchritt1* der Ablaufkette gesetzt, auch wenn gleichzeitig die Variable *Akrück* den Wert 1 hat.

- Durch den Wechsel des Werts der Variablen *Akweiter* von 0 nach 1 wird das Weiterschalten von einem Schritt der Ablaufkette auf den folgenden ausgelöst.

Schaltungen zum Rücksetzen der Ablaufkette

Zu Beginn und am Ende eines Anwenderprogramms befindet sich das Handhabungsgerät in seinen Ausgangszustand. In beiden Fällen haben die Variablen *Akt1* bis *Akt4* den Wert 0. Zusätzlich soll in einem Anwenderprogramm auch der Ausgangszustand als Zwischenzustand nutzbar sein. Auch in diesem Fall haben die Variablen *Akt1* bis *Akt4* den Wert 0.

Ein Schrittwechsel im Anwenderprogramm wird ausgelöst, wenn die Variable *Akweiter* den Wert 1 annimmt. In der Schaltung, Bild 14.12, werden die Werte der Variablen *Akt1* bis *Akt4* vor und nach dem Schrittwechsel verglichen. Das Ende des Anwenderprogramms ist erreicht, wenn in zwei aufeinander folgenden Schritten die Variablen *Akt1* bis *Akt4* den Wert 0 haben.

Variable	Die Variable hat den Wert 1, wenn
ProgEnde	das Ende des Anwenderprogramms erreicht ist (As1).
F1	das Flipflop Ff1 gesetzt ist (As2).
F2	das Flipflop Ff2 gesetzt ist (As2).
F3	das Flipflop Ff3 gesetzt ist (As3).
F4	das Flipflop Ff4 gesetzt ist (As3).
F5	das Flipflop Ff5 gesetzt ist (As4).
F6	das Flipflop Ff6 gesetzt ist (As4).
F7	das Flipflop Ff7 gesetzt ist (As5).
F8	das Flipflop Ff8 gesetzt ist (As5).
Akweiter	die Ablaufkette weiterschalten soll (As9).
Akt1	die Aktion 1 ausgeführt werden soll (SteuAkt1).
Akt2	die Aktion 2 ausgeführt werden soll (SteuAkt2).
Akt3	die Aktion 3 ausgeführt werden soll (SteuAkt3).
Akt4	die Aktion 4 ausgeführt werden soll (SteuAkt4).

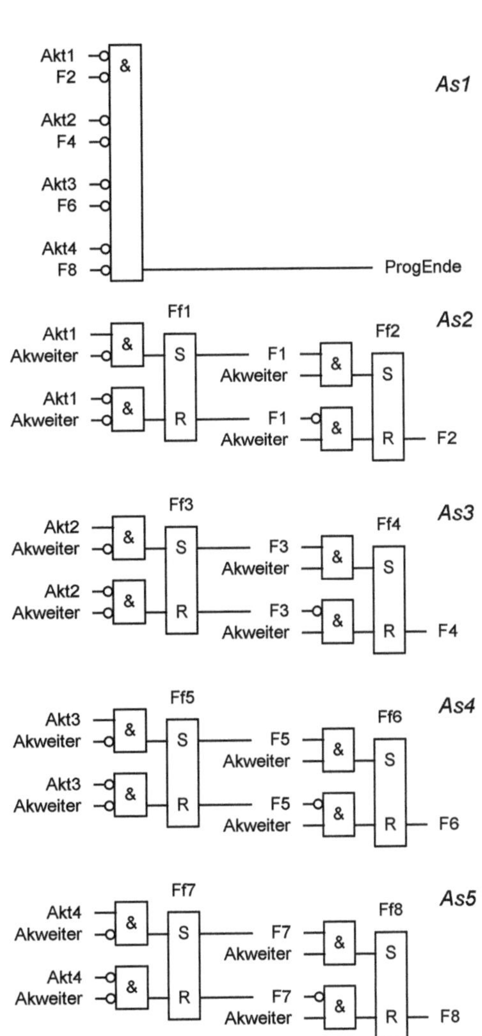

Bild 14.12: Schaltungen As1 bis As5, Erkennen des Endes des Anwenderprogramms

Die Schaltung As2 in Bild 14.12 ist aus den zwei beschalteten RS-Flipflops Ff1 und Ff2 aufgebaut. Die Schaltung entspricht einem Master-Slave-Flipflop.

Hat die Variable *Akweiter* den Wert 0, wird von dem Flipflop Ff1 der Wert der Variablen *Akt1* übernommen. Dieser Wert wird in dem Flipflop Ff1 gespeichert und von dem Flipflop Ff2 übernommen, wenn die Variable *Akweiter* den Wert 1 annimmt. Die Variable *F2* hat also den Wert, den die Variable *Akt1* vor dem Wechsel der Variablen *Akweiter* von 0 nach 1 hatte.

Die Schaltungen As3, As4 und As5 sind wie die Schaltung As2 aufgebaut. Die Variablen *F4*, *F6* und *F8* haben also die Werte, welche die zugeordneten Variablen *Akt2*, *Akt3* und *Akt4* vor dem Schrittwechsel hatten.

In der Schaltung As1 werden die Werte der Variablen *F2*, *F4*, *F6* und *F8* mit den Werten der zugeordneten, aktuellen Variablen *Akt1*, *Akt2*, *Akt3* und *Akt4* verknüpft. Haben alle Variablen den Wert 0, dann ist das Ende des Anwenderprogramms erreicht. Die Variable *ProgEnde* hat dann den Wert 1.

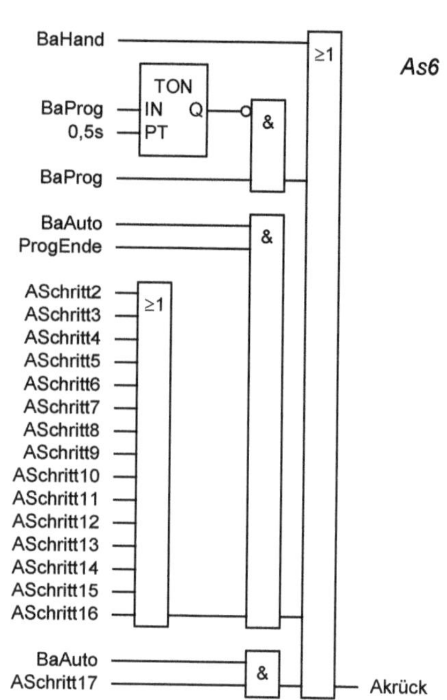

Variable	Die Variable hat den Wert 1, wenn
BaHand	die Betriebsart Hand eingeschaltet ist (B2).
BaProg	die Betriebsart Programmieren eingeschaltet ist (B4).
BaAuto	die Betriebsart Automatik eingeschaltet ist (B5).
ProgEnde	das Ende des Anwenderprogramms erreicht ist (As1).
Akrück	die Ablaufkette rückgesetzt werden soll (As6).
ASchritt 2 bis ASchritt17	der Schritt gesetzt ist (A2 bis A17).

Bild 14.13: Schaltung As6, Rücksetzen der Ablaufkette

In der Schaltung As6, Bild 14.13, sind alle Bedingungen zum Rücksetzen der Ablaufkette zusammengefasst.

Die Ablaufkette wird zurückgesetzt,

- wenn die Betriebsart Hand eingeschaltet ist.

- wenn in der Betriebsart Automatik eine der Variablen *ASchritt2* bis *ASchritt16* den Wert 1 hat und das Ende des Anwenderprogramms erreicht ist.

- wenn in der Betriebsart Automatik die Variable *ASchritt17* den Wert 1 hat.

- wenn die Betriebsart Programmieren eingeschaltet wird, um sicherzustellen, dass die Eingabe des Anwenderprogramms im ersten Programmschritt beginnt. Das Rücksetzen der Ablaufkette erfolgt nach dem Wechsel des Werts der Variablen *BaProg* von 0 nach1 durch eine Einschaltverzögerung von 0,5 s.

Schaltung zum Setzen des ersten Programmschritts der Ablaufkette

Variable	Die Variable hat den Wert 1, wenn
Tast4	der Taster 4 betätigt ist.
BaProg	die Betriebsart Programmieren eingeschaltet ist (B4).
BaSchritt	die Betriebsart Einzelschritt eingeschaltet ist (B6).
BaZyklus	die Betriebsart Einzelzyklus eingeschaltet ist (B7).
BaDauer	die Betriebsart Dauerlauf eingeschaltet ist (B8).
Akstart	die Ablaufkette gestartet werden soll (As/).
ASchritt 1 bis ASchritt17	der Schritt gesetzt ist (A1 bis A17).

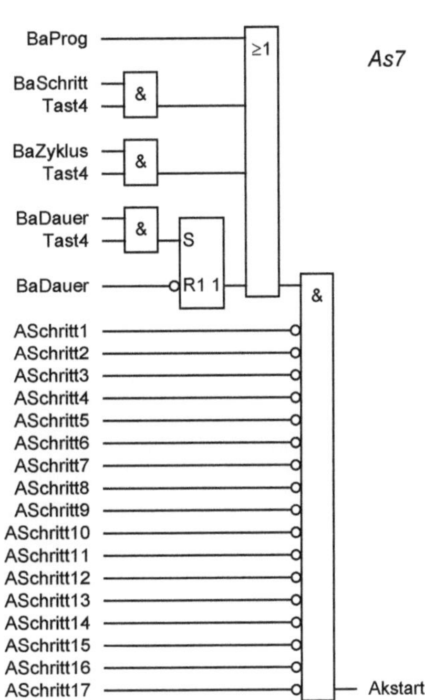

Bild 14.14: Schaltung AS7, Starten der Ablaufkette

Sowohl das Eingeben eines Anwenderprogramms über "Teach in" in der Betriebsart Programmieren als auch das Ausführen eines Anwenderprogramms in den Unterbetriebsarten der Betriebsart Automatik erfolgt schrittweise. In diesen Fällen muss der erste Schritt der Ablaufkette gesetzt werden.

Das Setzen des ersten Schritts der Ablaufkette erfolgt, wenn die Variable *Akstart* der Schaltung As7 in Bild 14.14 den Wert 1 annimmt. Die Variable *Akstart* hat den Wert 1, wenn die Ablaufkette rückgesetzt ist und zusätzlich eine der vier folgenden Bedingungen erfüllt ist.

- Die Betriebsart Programmieren ist eingeschaltet.

- Die Betriebsart Schritt ist eingeschaltet, und Taster 4 wird betätigt.

- Die Betriebsart Zyklus ist eingeschaltet und wird über Taster 4 gestartet. Nach jeder Ausführung des Anwenderprogramms muss bei dieser Betriebsart der nächste Programmzyklus durch erneutes Betätigen von Taster 4 im ersten Programmschritt gestartet werden.

- Die Betriebsart Dauer ist eingeschaltet und wird über Taster 4 gestartet. In der Betriebsart Dauer wird das Betätigen von Taster 4 in einem RS-Flipflop gespeichert. Nach jeder Ausführung des Anwenderprogramms wird der nächste Programmzyklus automatisch gestartet. Das Flipflop wird rückgesetzt, wenn die Betriebsart Dauer ausgeschaltet wird.

Schaltungen zum Weiterschalten der Ablaufkette

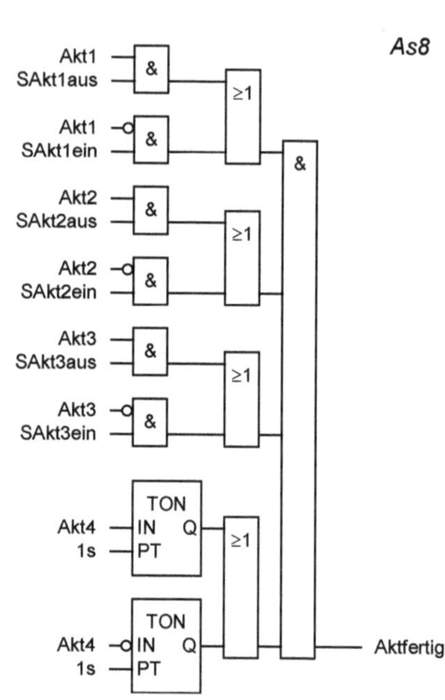

Variable	Die Variable hat den Wert 1, wenn
Sakt1aus	der Sensor 1S1 betätigt ist.
SAkt1ein	der Sensor 1S2 betätigt ist.
Sakt2aus	der Sensor 2S1 betätigt ist.
SAkt2ein	der Sensor 2S2 betätigt ist.
Sakt3aus	der Sensor 3S1 betätigt ist.
SAkt3ein	der Sensor 3S2 betätigt ist.
Aktfertig	die Aktionen ausgeführt sind (As8).
Akt1	die Aktion 1 ausgeführt werden soll (SteuAkt1).
Akt2	die Aktion 2 ausgeführt werden soll (SteuAkt2).
Akt3	die Aktion 3 ausgeführt werden soll (SteuAkt3).
Akt4	die Aktion 4 ausgeführt werden soll (SteuAkt4).

Bild 14.15: Schaltung AS8, Aktionen in einem Programmschritt sind ausgeführt

In der Betriebsart Automatik wird von dem aktuellen auf den folgenden Programmschritt der Ablaufkette weitergeschaltet, wenn die in dem aktuellen Programmschritt vorgegebenen Aktionen ausgeführt sind. Über die Schaltung As8 in Bild 14.15 wird der Abschluss der Aktionen in jedem Schritt erfasst.

Wird beispielsweise in einem Programmschritt die Aktion 1 vorgegeben, dann hat die Variable *Akt1* den Wert 1. Die Kolbenstange von Aktor 1 fährt aus. Während des Ausfahrens ist der Sensore nicht belegt, und die Variablen *SAkt1aus* hat den Wert 0. Ist die Kolbenstange ausgefahren, dann hat die Variable *SAkt1aus* den Wert 1. Die Aktion 1 ist abgeschlossen.

Verallgemeinert:

Die Werte der Variablen *Akt1*, *Akt2* und *Akt3* werden mit den Werten der zugeordneten Sensorsignale *SAkt1ein* und *SAkt1aus*, *SAkt2ein* und *SAkt2aus*, *SAkt3ein* und *SAkt3aus* verglichen. Die in einem Schritt vorgegebenen Aktionen sind abgeschlossen, wenn die erwarteten Sensorsignale den Wert 1 annehmen.

Die Funktion des Sauggreifers wird nicht von einem Sensor überwacht. Die Zeiten zum Druckabbau und Druckaufbau und zum Aufnehmen und Ablegen von Werkstücken sind kurz. Dennoch müssen diese Vorgänge zeitlich abgesichert werden. Die Aktionen des Sauggreifers sind abgeschlossen, wenn die jeweilige Verzögerungszeit zum Aufnehmen oder Ablegen von Werkstücken abgelaufen ist.

Sind die Aktionen der drei Aktoren und des Sauggreifers abgeschlossen, dann hat die Variable *Aktfertig* den Wert 1.

<table>
<tr><th>Variable</th><th>Die Variable hat den Wert 1, wenn</th></tr>
<tr><td>Tast1</td><td>der Taster 1 betätigt ist.</td></tr>
<tr><td>Tast2</td><td>der Taster 2 betätigt ist.</td></tr>
<tr><td>Tast3</td><td>der Taster 3 betätigt ist.</td></tr>
<tr><td>Tast4</td><td>der Taster 4 betätigt ist.</td></tr>
<tr><td>BaHand</td><td>die Betriebsart Hand eingeschaltet ist (B2).</td></tr>
<tr><td>BaProg</td><td>die Betriebsart Programmieren eingeschaltet ist (B4).</td></tr>
<tr><td>BaSchritt</td><td>die Betriebsart Einzelschritt eingeschaltet ist (B6).</td></tr>
<tr><td>BaZyklus</td><td>die Betriebsart Einzelzyklus eingeschaltet ist (B7).</td></tr>
<tr><td>BaDauer</td><td>die Betriebsart Dauerlauf eingeschaltet ist (B8).</td></tr>
<tr><td>Aktfertig</td><td>die Aktionen ausgeführt sind (As8).</td></tr>
<tr><td>Akweiter</td><td>die Ablaufkette weiterschalten soll (As9).</td></tr>
</table>

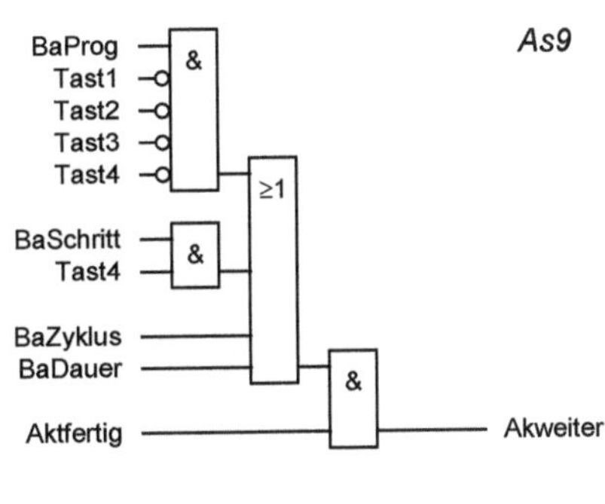

Bild 14.16: Schaltung As9, Weiterschalten der Ablaufkette

Das Weiterschalten der Ablaufkette von einem Programmschritt auf den folgenden wird in der Betriebsart Programmieren und in den Betriebsarten Schritt, Zyklus und Dauer von der Variablen *Akweiter* aus der Schaltung As9 in Bild 14.16 ausgelöst.

Sind die in einem Programmschritt vorgegebenen Aktionen abgeschlossen, dann hat die Variable *Aktfertig* den Wert 1. Es wird von dem aktuellen Programmschritt auf den folgenden weitergeschaltet, wenn eine der zusätzlichen vier Bedingungen erfüllt ist:

- Die Betriebsart Programmieren ist eingeschaltet, und keiner der Taster 1 bis 4 wird betätigt.
- Die Betriebsart Schritt ist eingeschaltet, und Taster 4 wird betätigt.
- Die Betriebsart Zyklus ist eingeschaltet.
- Die Betriebsart Dauer ist eingeschaltet.

Schaltungen der Ablaufkette

Die Ablaufkette besteht aus 17 Teilschaltungen, von denen nur die Schaltungen A1, A2, A3, A16 und A17 in Bild 14.17 dargestellt sind. Jede Teilschaltung entspricht einem Schritt der Ablaufkette. Jedem Schritt ist eine der Variablen *ASchritt1* bis *ASchritt17* zugeordnet.

Eigenschaften der Ablaufkette sind:

In der Betriebsart Hand sind alle Schritte der Ablaufkette rückgesetzt.

In den Betriebsarten Programmieren, Schritt, Zyklus und Dauer

- wird die Ablaufkette rückgesetzt, wenn die Variable *Akrück* aus Schaltung As6 in Bild 14.13 den Wert 1 hat. Alle Variablen *ASchritt1* bis *ASchritt17* haben dann den Wert 0.
- wird der erste Schritt der Ablaufkette gesetzt, wenn die Variable *Akstart* aus Schaltung As7 in Bild 14.14 den Wert 1 hat. Die Variable *ASchritt1* hat dann den Wert 1.
- wird von einem Schritt der Ablaufkette auf den folgenden übergegangen, wenn die Variable *Akweiter* aus Schaltung As9 in Bild 14.16 den Wert 1 hat.
- hat höchstens eine der Variablen *ASchritt1* bis *ASchritt17* den Wert 1.

Beschreibung der Teilschaltungen

Die Teilschaltung A1 in Bild 14.17 besteht aus zwei beschalteten RS-Flipflops. Die Ausgangssignale der Flipflops sind zu der Variablen *ASchritt1* verknüpft. Die Variable *ASchritt1* hat den Wert 1 so lange, wie eines der beiden RS-Flipflops in Teilschaltung A1 gesetzt ist.

- Das erste der beiden RS-Flipflops in Teilschaltung A1 wird gesetzt, wenn die Variable *Akstart* den Wert 1 hat, auch wenn gleichzeitig die Variable *Akrück* den Wert 1 hat.
- Das erste RS-Flipflop in Teilschaltung A1 wird rückgesetzt, nachdem das zweite RS-Flipflop in Teilschaltung A1 gesetzt ist oder die Variable *Akstart* den Wert 0 hat und die Variable *Akrück* den Wert 1 hat.
- Das zweite RS-Flipflop in Teilschaltung A1 wird gesetzt, wenn das erste RS-Flipflop gesetzt ist und die Variablen *Akweiter* und *Akrück* gleichzeitig den Wert 0 haben.
- Das zweite RS-Flipflop in Teilschaltung A1 wird rückgesetzt, nachdem das erste RS-Flipflop in Teilschaltung A2 gesetzt ist oder die Variable *Akrück* den Wert 1 hat.

Variable	Die Variable hat den Wert 1, wenn
Akrück	die Ablaufkette rückgesetzt werden soll (As6).
Akstart	die Ablaufkette gestartet werden soll (As/).
Akweiter	die Ablaufkette weiterschalten soll (As9).
Hs1 bis Hs32	der Halbschritt gesetzt ist (A1 bis A16).
ASchritt 1 bis ASchritt17	der Schritt gesetzt ist (A1 bis A17).

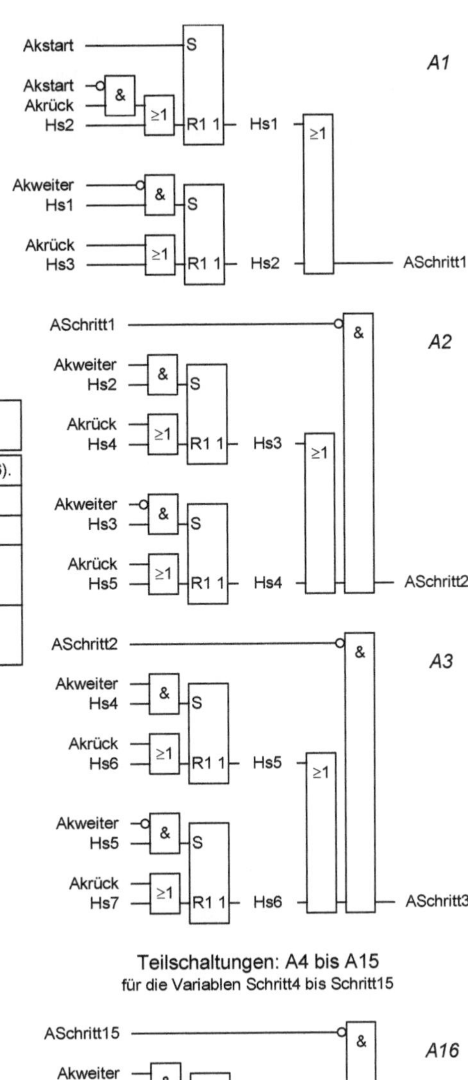

Bild 14.17:
Teilschaltungen A1 bis A17
der Ablaufkette

Die Teilschaltung A2 in Bild 14.17 besteht ebenfalls aus zwei beschalteten RS-Flipflops, deren Ausgangssignale verknüpft sind. Das Verknüpfungsergebnis wird von der Variablen *ASchritt2* erst übernommen, wenn die Variable *ASchritt1* den Wert 0 hat. Die Variable *ASchritt2* behält so lange den Wert 1 bei, wie eines der beiden RS-Flipflops in Teilschaltung A2 gesetzt ist.

- Das erste der beiden RS-Flipflops in Teilschaltung A2 wird gesetzt, wenn das zweite RS-Flipflop in Teilschaltung A1 gesetzt ist und die Variable *Akweiter* den Wert 1 und gleichzeitig die Variable *Akrück* den Wert 0 hat.

- Das erste RS-Flipflop in Teilschaltung A2 wird rückgesetzt, nachdem das zweite RS-Flipflop in Teilschaltung A2 gesetzt ist oder die Variable *Akrück* den Wert 1 hat.

- Das zweite RS-Flipflop in Teilschaltung A2 wird gesetzt, wenn das erste RS-Flipflop gesetzt ist und die Variablen *Akweiter* und *Akrück* gleichzeitig den Wert 0 haben.

- Das zweite RS-Flipflop in Teilschaltung A2 wird rückgesetzt, nachdem das erste RS-Flipflop in Teilschaltung A3 gesetzt ist oder die Variable *Akrück* den Wert 1 hat.

Die Teilschaltungen A3 bis A16 in Bild 14.17 sind wie die Teilschaltung A2 aufgebaut. Die Ausgangsvariablen der Teilschaltungen sind *ASchritt3* bis *ASchritt16*.

Die Teilschaltung A17 in Bild 14.17 besteht aus nur einem beschalteten RS-Flipflop, dessen Ausgangssignal die Variable *ASchritt17* ist.

- Das RS-Flipflop in Teilschaltung A17 wird gesetzt, wenn das zweite RS-Flipflop in Teilschaltung A16 gesetzt ist und die Variable *Akweiter* den Wert 1 und gleichzeitig die Variable *Akrück* den Wert 0 hat.

- Das RS-Flipflop in Teilschaltung A17 wird rückgesetzt, wenn die Variable *Akrück* den Wert 1 hat.

Hat die Variable *ASchritt17* den Wert 1, dann sind Aktionen, die in dem Anwenderprogramm in Schritt 16 vorgegeben werden, abgeschlossen. In diesem Fall wird das Rücksetzen der Ablaufkette von der Variablen *ASchritt17* ausgelöst. Hat in der Betriebsart Automatik die Variable *ASchritt17* den Wert 1, dann nimmt die Variable *Akrück* in Schaltung As6 in Bild 14.13 den Wert 1 an.

Schaltungen der Funktionseinheit Programmspeicher
Die Aktionen des Handhabungsgeräts werden von den Variablen *Akt1* bis *Akt4* gesteuert. Deren Belegung wird in der Betriebsart Programmieren und in der Betriebsart Hand manuell über die Taster 1 bis 4 vorgegeben.

Beim Programmieren wird die Belegung der Variablen *Akt1* bis *Akt4* in jedem Schritt des Anwenderprogramms in den Programmspeicher eingegeben und gespeichert.

In den Automatik Betriebsarten werden die gespeicherten Belegungen der Variablen *Akt1* bis *Akt4* aus dem Programmspeicher für jeden Programmschritt als Belegung der Variablen *PsAkt1* bis *PsAkt4* gelesen. Diese Variablen werden in der Funktionseinheit Steuerung der Aktoren in die Variablen *Akt1* bis *Akt4* umgewandelt.

Variable	Die Variable hat den Wert 1, wenn
BaProg	die Betriebsart Programmieren eingeschaltet ist (B4).
Psrück	der Programmspeicher rückgesetzt werden soll (P1).

Teilschaltungen: *P2, P3, P4 und P5*

Die Variablen Aktx und PsAktx
werden in der Teilschaltung
P2 ersetzt durch die Variablen Akt1 und PsAkt1.
P3 ersetzt durch die Variablen Akt2 und PsAkt2.
P4 ersetzt durch die Variablen Akt3 und PsAkt3.
P5 ersetzt durch die Variablen Akt4 und PsAkt4.

Variable	Die Variable hat den Wert 1, wenn
BaProg	die Betriebsart Programmieren eingeschaltet ist (B4).
BaAuto	die Betriebsart Automatik eingeschaltet ist (B5).
ASchritt 1 bis ASchritt16	der Schritt gesetzt ist (A1 bis A16).
Psrück	der Programmspeicher rückgesetzt werden soll (P1).
PsAkt1	im Anwenderprogramm Aktion 1 vorgegeben wird (P2).
PsAkt2	im Anwenderprogramm Aktion 2 vorgegeben wird (P3).
PsAkt3	im Anwenderprogramm Aktion 3 vorgegeben wird (P4).
PsAkt4	im Anwenderprogramm Aktion 4 vorgegeben wird (P5).
Akt1	die Aktion 1 ausgeführt werden soll (SteuAkt1).
Akt2	die Aktion 2 ausgeführt werden soll (SteuAkt2).
Akt3	die Aktion 3 ausgeführt werden soll (SteuAkt3).
Akt4	die Aktion 4 ausgeführt werden soll (SteuAkt4).

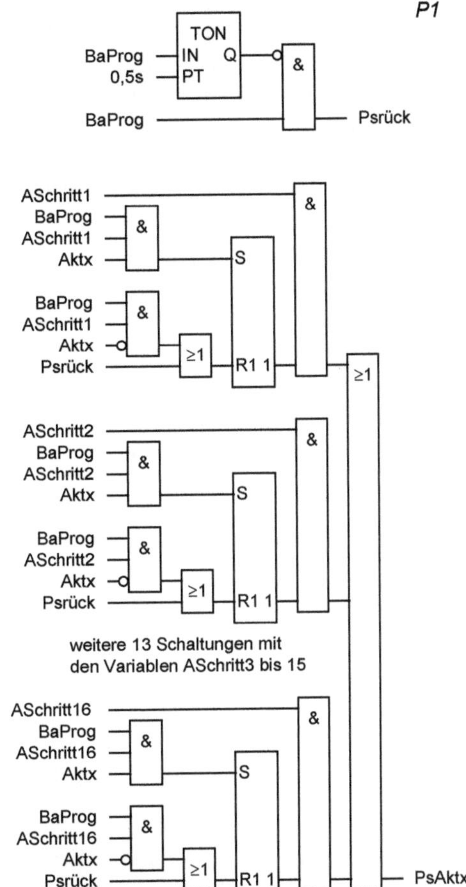

Bild 14.18: Teilschaltungen P1 bis P5 des Programmspeichers

Nach dem Wechsel des Werts der Variablen *BaProg* von 0 nach 1, nimmt die Ausgangsvariable *Psrück* der Teilschaltung P1 in Bild 14.18 für 0,5s den Wert 1 an. Sie setzt alle Flipflops des Programmspeichers vor der Eingabe eines neuen Anwenderprogramms zurück. Die Variable *Psrück* könnte auch in der Schaltung As6, Bild 14.13, eingesetzt werden.

Der Programmspeicher besteht aus vier gleich aufgebauten Teilschaltungen P2, P3, P4 und P5, deren Schema Bild 14.18 zeigt. Jede der vier Teilschaltungen besteht aus 16 gleich aufgebauten Speicherzellen. Die Ausgangsvariablen der Speicherzellen einer Teilschaltung werden zu jeweils einer der Variablen *PsAkt1* bis *PsAkt4* über ODER zusammengefasst.

In der Betriebsart Programmieren werden zunächst alle 64 RS-Flipflops in den Speicherzellen rückgesetzt, wenn die Variable *Psrück* den Wert 1 hat.

Danach können in der Betriebsart Programmieren die Aktionen des Handhabungsgeräts manuell vorgegeben werden. Die Werte der Variablen *Akt1* bis *Akt4* werden in den Speicherzellen der zugeordneten Teilschaltungen gespeichert. Die Auswahl der Speicherzellen, also deren Adresse, wird durch die Variablen *ASchritt1* bis *ASchritt16* festgelegt. Die Eingabe des Anwenderprogramms in den Programmspeicher erfolgt also bei diesem "Teach-in" Verfahren schrittweise.

Durch die Variablen *ASchritt1* bis *ASchritt16* wird das maschinelle Lesen, der in den Speicherzellen gespeicherten Werte, freigegeben. In jedem Schritt werden aus den gespeicherten Werten die Variablen *PsAkt1* bis *PsAkt4* gebildet. Das Lesen des Anwenderprogramms erfolgt also ebenfalls schrittweise.

Wird beispielsweise in der Betriebsart Programmieren in Schritt 2 die Belegung [1,1,1,0] der Variablen *Akt1* bis *Akt4* vorgegeben, dann wird durch den Wert der Variablen

- *Akt1* das Programmschritt 2 zugeordnete Flipflop in der Teilschaltung P2 gesetzt.

- *Akt2* das Programmschritt 2 zugeordnete Flipflop in der Teilschaltung P3 gesetzt.

- *Akt3* das Programmschritt 2 zugeordnete Flipflop in der Teilschaltung P4 gesetzt.

- *Akt4* das Programmschritt 2 zugeordnete Flipflop in der Teilschaltung P5 rückgesetzt.

Wird danach in einer der Automatikbetriebsarten der Schritt 2 des Anwenderprogramms ausgeführt, dann wird aus den Schritt 2 zugeordneten Flipflops in der

- Teilschaltung P2 der gespeicherte Wert 1 gelesen, die Variable *PsAkt1* hat den Wert 1.

- Teilschaltung P3 der gespeicherte Wert 1 gelesen, die Variable *PsAkt2* hat den Wert 1.

- Teilschaltung P4 der gespeicherte Wert 1 gelesen, die Variable *PsAkt3* hat den Wert 1.

- Teilschaltung P5 der gespeicherte Wert 0 gelesen, die Variable *PsAkt4* hat den Wert 0.

Schaltungen der Funktionseinheit Steuerung der Aktoren
Die Aktionen der vier Aktoren des Handhabungsgeräts werden durch die Variablen *Akt1* bis *Akt4* gesteuert. Die Werte der Variablen *Akt1* bis *Akt4* werden in der Betriebsart Hand und in der Betriebsart Programmieren manuell über die Taster 1 bis 4 und in den Betriebsarten Schritt, Zyklus und Dauer durch die Werte der vier Variablen *PsAkt1* bis *PsAkt4* vorgegeben.

Die Steuerung der Aktoren besteht aus vier gleichen Schaltungen SteuAkt1, SteuAkt2, SteuAkt3 und SteuAkt4, deren Aufbau Bild 14.19 zeigt. Jede der Schaltungen besteht aus zwei beschalteten RS-Flipflops.

In den Betriebsarten Programmieren oder Hand erfüllt jede Teilschaltung die Funktion eines T-Flipflops. Wenn eine dieser beiden Betriebsarten eingeschaltet ist, dann ist keine der Automatikbetriebsarten eingeschaltet und die Variable *BaAuto* hat den Wert 0.

Haben in diesem Fall, beispielsweise die Ausgangsvariable *Akt1* der Teilschaltung *SteuAkt1* den Wert 0 und wird der Taster 1 betätigt, dann wechselt der Wert der Variablen *Akt1* von 0 nach 1. Wird der Taster 1 erneut betätigt, dann wechselt der Wert der Variablen *Akt1* von 1 nach 0.

In der Betriebsart Automatik hat die Variable *BaAuto* den Wert 1. Wird das Anwenderprogramm in einer der Betriebsarten Schritt, Zyklus und Dauer ausgeführt, dann hat eine der Variablen *ASchritt1* bis *ASchritt16* den Wert 1. Die Werte dieser Variablen. entspricht den im Programmspeicher für diesen Schritt, gespeicherten Werten. Die Werte der Variablen *PsAkt1* bis *PsAkt4* werden in den Teilschaltungen *SteuAkt1* bis *SteuAkt4* als Werte der Variablen *Akt1* bis *Akt4* übernommen.

Während der Ausführung des Anwenderprogramms kann zwischen den Betriebsarten Schritt, Zyklus und Dauer jederzeit gewechselt werden. Ebenso kann von einer der Betriebsarten Schritt, Zyklus und Dauer auf die Betriebsart Hand umgeschaltet werden. In diesen Fällen ändern sich durch das Umschalten in der Schaltung Bild 14.19 die Werte der Variablen *Akt1* bis *Akt4* nicht. Die Werte der Variablen *Akt1* bis *Akt4* bleiben solange erhalten, bis in den Betriebsarten Schritt, Zyklus und Dauer ein Schrittwechsel im Anwenderprogramm erfolgt oder, bis in der Betriebsart Hand manuell eine andere Aktion vorgegeben wird..

Teilschaltungen: *SteuAkt1, SteuAkt2, SteuAkt3 und SteuAkt4.*

Die Variablen Tastx, Aktx und PsAktx werden in der Teilschaltung
SteuAkt1 ersetzt durch die Variablen Tast1, Akt1 und PsAkt1.
SteuAkt2 ersetzt durch die Variablen Tast2, Akt2 und PsAkt2.
SteuAkt3 ersetzt durch die Variablen Tast3, Akt3 und PsAkt3.
SteuAkt4 ersetzt durch die Variablen Tast4, Akt4 und PsAkt4.

Variable	Die Variable hat den Wert 1, wenn
Tast1	der Taster 1 betätigt ist.
Tast2	der Taster 2 betätigt ist.
Tast3	der Taster 3 betätigt ist.
Tast4	der Taster 4 betätigt ist.
BaAuto	die Betriebsart Automatik eingeschaltet ist (B5).
PsAkt1	im Anwenderprogramm Aktion 1 vorgegeben wird (P2).
PsAkt2	im Anwenderprogramm Aktion 2 vorgegeben wird (P3).
PsAkt3	im Anwenderprogramm Aktion 3 vorgegeben wird (P4).
PsAkt4	im Anwenderprogramm Aktion 4 vorgegeben wird (P5).
Akt1	die Aktion 1 ausgeführt werden soll (SteuAkt1).
Akt2	die Aktion 2 ausgeführt werden soll (SteuAkt2).
Akt3	die Aktion 3 ausgeführt werden soll (SteuAkt3).
Akt4	die Aktion 4 ausgeführt werden soll (SteuAkt4).

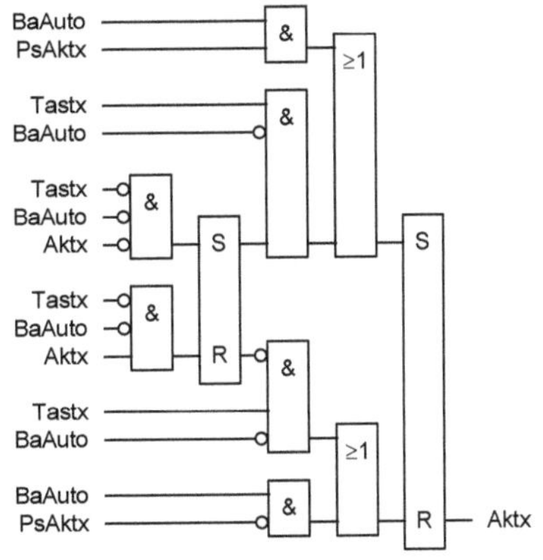

Bild 14.19: Teilschaltungen SteuAkt1 bis SteuAkt5, Steuerung der Aktoren

Einfluss der Arbeitsweise der SPS auf das Anwenderprogramm

Das Anwenderprogramm ist in Funktionseinheiten, Bild 14.6, unterteilt. Diese sind den in den Bildern 14.7 bis 14.19 beschrieben. In der SPS wird das Anwenderprogramm zyklisch abgearbeitet. Dabei werden die in den Funktionsplänen festgelegten Steuerungsanweisungen in jedem Zyklus der SPS nacheinander ausgeführt.

Die Reihenfolge, in der die Steuerungsanweisungen ausgeführt werden, beeinflusst die Funktion der Steuerung. Die in den Funktionsplänen beschriebenen Steuerungsanweisungen werden in der Reihenfolge der Bilder 14.7 bis 14.19 bearbeitet, die auch in Bild 14.20 dargestellt ist. In jedem Zyklus der SPS beginnt die Bearbeitung des Anwenderprogramms mit der Schaltung D1 und endet mit der Schaltung SteuAkt4.

Funktionseinheit	Bild	Kurzbeschreibung	Schaltung
Druckluft	14.7	Druckluft Ein- und Ausschalten	*D1*
Betriebsarten	14.8	Betriebsart Hand	*B1*
	14.9	Betriebsart Programmeren	*B2*
	14.10	Betriebsart Automatik	*B3*
	14.11	Betriebsart Einzelschritt	*B4*
		Betriebsart Einzelzyklus	*B5*
		Betriebsart Dauerlauf	*B6*
Ablaufsteuerung	14.12	Ende des Steuerungsprogramms	*AS1* bis *AS5*
	14.13	Rücksetzen der Ablaufkette	*AS6*
	14.14	Setzen von Schritt 1 der Ablaufkette	*AS7*
	14.15	Aktionen eines Schrittes sind beendet	*AS8*
	14.16	Weiterschalten der Ablaufkette	*AS9*
	14.17	Aufbau der Ablaufkette, Schritt 1 bis Schritt 17	*A1* bis *A17*
Programmspeicher	14.18	Programmspeicher	*P1* bis *P5*
Steuerung der Aktoren	14.19	Steuerung der Aktoren	*SteuAkt1* bis *SteuAkt4*

Bild 14.20: Zusammenstellung der Programmteile des Anwenderprogramms

Zeitabhängige Ausführung des Anwenderprogramms

Die zeitliche Ausführung von Steuerungsanweisungen wird beispielhaft für ein einfaches Steuerungsprogramm für das Handhabungsgerät beschrieben Bei diesem fährt in der Betriebsart Zyklus die Kolbenstange des Aktors 1 dreimal hintereinander ein- und aus.

Im ersten, dritten und fünften Steuerungsschritt hat die Variable *Akt1* den Wert 1 und im zweiten, vierten und sechsten Schritt den Wert 0. Ist die Kolbenstange des Aktors 1 eingefahren, dann hat die Variable *SAkt1ein* den Wert 1 und die Variable *SAkt1aus* den Wert 0. Ist sie ausgefahren, dann hat die Variable *SAkt1aus* den Wert 1 und die Variable *SAkt1ein* den Wert 0.

Von den drei anderen Aktoren wird keine Aktion ausgeführt. Die Kolbenstangen der Aktoren 2 und 3 bleiben eingefahren, und der Sauggreifer bleibt ausgeschaltet. Die Variablen *Akt2*, *Akt3* und *Akt4* haben in allen sechs Schritten den Wert 0. Die Variablen *SAkt2ein* und *SAkt3ein* haben den Wert 1, und die Variablen *SAkt2aus* und *SAkt1aus* haben den Wert 0.

Bearbeitung von Schaltung AS1 vor Schaltung AS2

Das Anwenderprogramm startet, wenn die Variable *Akstart*, Bild 14.14, den Wert 1 hat, also alle Speicher der Ablaufkette rückgesetzt sind, die Betriebsart Zyklus eingeschaltet ist und Taster 4 betätigt wird. Durch die Variable *Akstart* wird der erste Schritt der Ablaufkette, Bild 14.17, gesetzt. Das Anwenderprogramm umfasst sechs Schritte. Am Ende des Anwenderprogramms haben die Variablen *ProgEnde* der Schaltung As1, Bild 14.12, und die Variable *ASchritt6* der Ablaufkette den Wert 1. Über die Variable *Akrück*, Bild 14.13, werden alle Speicher der Ablaufkette rückgesetzt.

Für das einfache Anwenderprogramm werden in den Bildern 14.21 und 14.22 die Werte der Variablen *Akweiter*, *Akt1*, *F1*, *F2* und *ProgEnde* in ausgewählten Zyklen der SPS beschrieben.

Die Reihenfolge in der die Variablen in dem Anwenderprogramm gebildet werden ist *ProgEnde* (AS1 in Bild 14.2), *F1* und *F2* (AS2 in Bild 14.2), *Akweiter* (Bild 14.16) und *Akt1* (Bild 14.19).

Ist das Anwenderprogramm gestartet, dann ist der erste Schritt der Ablaufkette gesetzt und die Variable *ASchritt1* hat den Wert 1. In Schritt 1 soll die Kolbenstange von Aktor 1 ausfahren.

- In dem Zyklus i der SPS in Bild 14.21 wechselt programmgemäß der Wert der Variablen *Akt1* von 0 nach 1.

- Der neue Wert der Variablen *Akt1* bewirkt erst in dem Zyklus i+1 der SPS, dass die Variablen *ProgEnde* und *Akweiter* den Wert 0 annehmen.

- Da die Variable *Akt1* den Wert 1 und die Variable *Akweiter* den Wert 0 hat, nimmt in dem Zyklus i+2 der SPS die Variable *F1* den Wert 1 an.

- Die Variable *Akt1* hat in den folgenden Zyklen i+x der SPS den Wert 1, und die Kolbenstange von Aktor 1 fährt aus.

Die Aktion in den Zyklen i+x der SPS ist abgeschlossen, wenn die Kolbenstange von Aktor 1 ausgefahren ist. Die Variable *SAkt1aus* hat dann den Wert 1.

- Wenn die Aktion abgeschlossen ist, dann nimmt die Variable *Akweiter* in dem Zyklus k der SPS den Wert 1 an. Dadurch wird in Zyklus k das erste Flipflop des zweiten Schritts der Ablaufkette gesetzt, Die Variable *Hs3*, Bild 14.17, hat den Wert 1.

- Erst in dem Zyklus k+1 der SPS nimmt die Variable *ASchritt1* den Wert 0 und die Variable *ASchritt2* den Wert 1 an. In Folge nimmt die Variable *Akt1* den im Anwenderprogramm vorgegebenen Wert 0 an.

- Dies bewirkt in Zyklus k+2 der SPS, dass die Variable *Akweiter* den Wert 0 annimmt.

- Da die Variable *Akt1* den Wert 0 hat, nimmt in dem Zyklus k+3 der SPS die Variable *F1*, Schaltung As2, den Wert 0 an. Die Variable *Akt1* hat in den folgenden Zyklen k+x der SPS den Wert 0, und die Kolbenstange von Aktor 1 fährt ein.

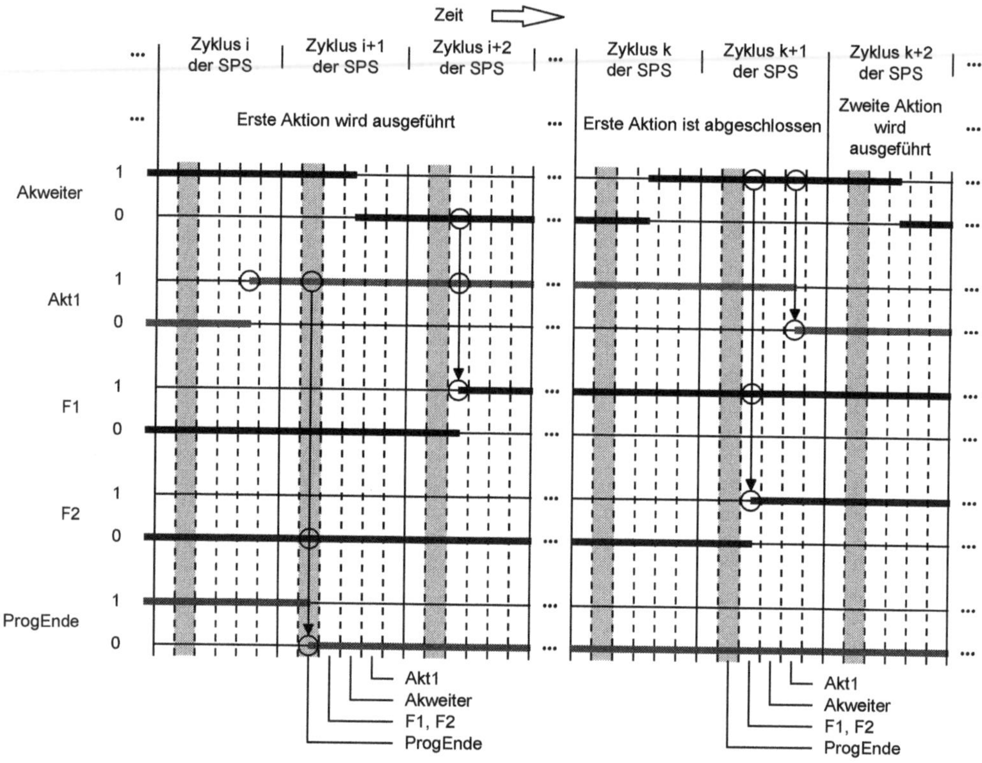

Bild 14.21: Signalfolgen bei Beginn des einfachen Anwenderprogramms

Die Aktion ist der Zyklen k+x der SPS abgeschlossen, wenn die Kolbenstange von Aktor 1 eingefahren ist. Die Variable *SAkt1ein* hat dann den Wert 1. Die Ablaufkette wird von Schritt 2 auf Schritt 3 weitergeschaltet, und die Kolbenstange von Aktor 1 fährt entsprechend den Vorgaben des Anwenderprogramms erneut aus. In Schritt 4 fährt der Aktor 1 ein, in Schritt 5 wieder aus und in Schritt 6 wieder ein.

- In Bild 14.22 ist in dem Zyklus l der SPS der sechste Schritt beendet, und die Variable *Akweiter* hat den Wert 1 angenommen. Dies bewirkt in dem Zyklus l+1 der SPS, dass von der Variablen *F2* der Wert der Variablen *F1* übernommen wird. Die Variable *F2* nimmt also den Wert 0 an.

- In dem Zyklus l+1 der SPS nimmt die Variable *ASchritt6* den Wert 0 und die Variable *ASchritt7* den Wert 1 an. Die Variable *Akt1* behält den Wert 0 bei.

- In dem Zyklus l+2 der SPS haben die Variablen *Akt1* und *F2* beide den Wert 0. Die Variable *ProgEnde* hat den Wert 1.

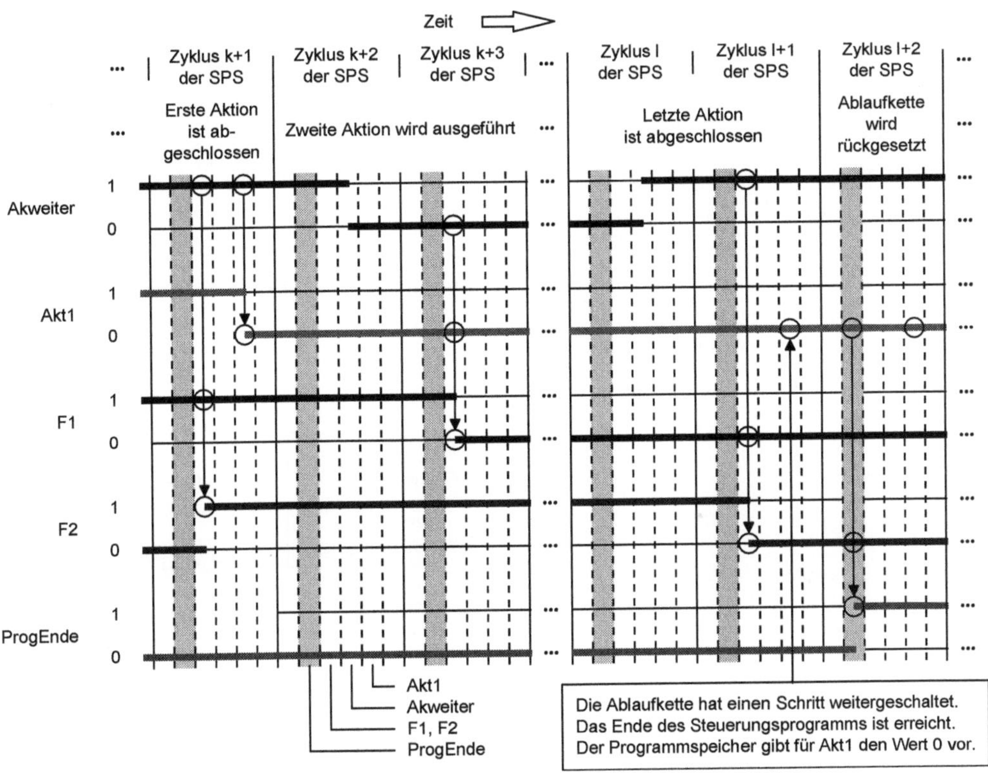

Bild 14.22: Signalfolgen am Ende des einfachen Anwenderprogramms

Fehlfunktion durch die Bearbeitung von Schaltung As2 vor Schaltung As1
Die Reihenfolge in der die Verknüpfungen in Bild 14.12 bearbeitet werden ist in Bild 14.23
geändert. In Bild 14.12 wird zunächst die Schaltung As1 und danach werden die Schaltungen
As2, As3, As4 und As5 bearbeitet. Bei der Schaltung nach Bild 14.23 werden zuerst die Schaltungen As2, As3, As4 und As5 und danach die Schaltung As1 bearbeitet.

Variable	Die Variable hat den Wert 1, wenn
ProgEnde	das Ende des Anwenderprogramms erreicht ist (As1).
F1	das Flipflop Ff1 gesetzt ist (As2).
F2	das Flipflop Ff2 gesetzt ist (As2).
F3	das Flipflop Ff3 gesetzt ist (As3).
F4	das Flipflop Ff4 gesetzt ist (As3).
F5	das Flipflop Ff5 gesetzt ist (As4).
F6	das Flipflop Ff6 gesetzt ist (As4).
F7	das Flipflop Ff7 gesetzt ist (As5).
F8	das Flipflop Ff8 gesetzt ist (As5).
Akweiter	die Ablaufkette weiterschalten soll (As9).
Akt1	die Aktion 1 ausgeführt werden soll (SteuAkt1).
Akt2	die Aktion 2 ausgeführt werden soll (SteuAkt2).
Akt3	die Aktion 3 ausgeführt werden soll (SteuAkt3).
Akt4	die Aktion 4 ausgeführt werden soll (SteuAkt4).

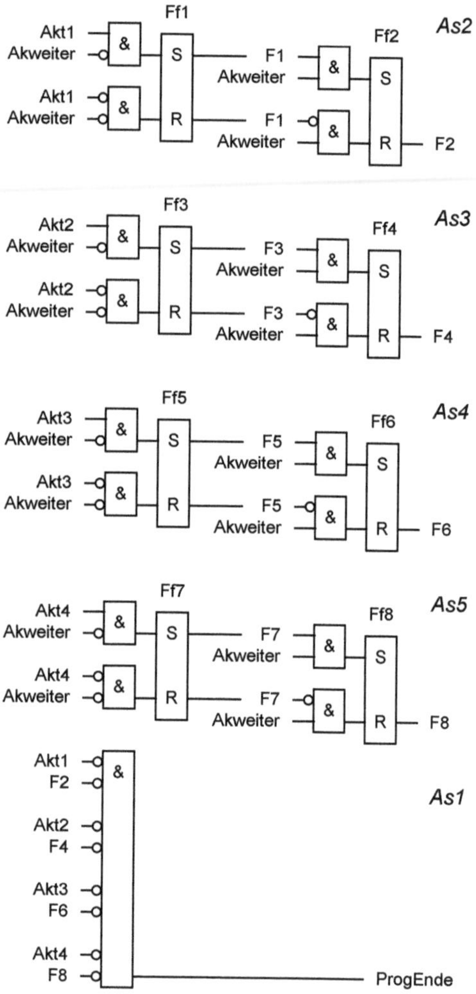

Bild 14.23: In der Reihenfolge geänderte Schaltungen nach Bild 14.12

Die Reihefolge in der die Variablen ProgEnde, F1 und F2 erzeugt werden wurde getauscht. Die Auswirkung dieser Änderung auf die Bearbeitung des einfachen Anwenderprogramms ist in Bild 14.24 dargestellt.

Das Ausführen der ersten Aktion, die Kolbenstange von Aktor 1 fährt das erste mal aus, ist in Bild 14.21 für die Zyklen i+x der SPS beschrieben. Der Zyklus k in Bild 14.21 entspricht dem Zyklus m der SPS in Bild 14.24.

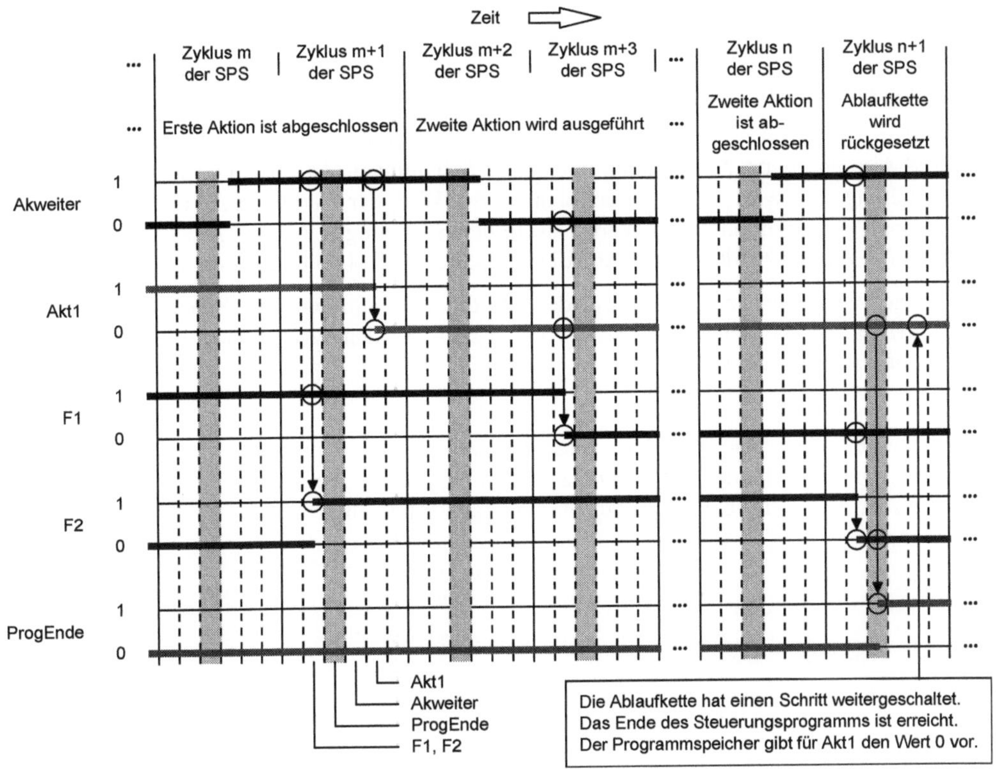

Bild 14.24: Signalfolgen bei Beginn des einfachen Anwenderprogramms, Bearbeitung von Schaltung As2 vor Schaltung As1

- In Zyklus m der SPS wechselt die Variable *Akweiter* den Wert von 0 nach 1. Die erste Aktion ist abgeschlossen.

- In Zyklus m+1 der SPS hat die Variablen *Akweiter* den Wert 1 und die Variable *F2* übernimmt den Wert 1 der Variablen *F1*. Die Variable *Akt1* nimmt in Zyklus m+1 der SPS den Wert 0 an.

- In Zyklus m+2 der SPS hat die Variable *Akt1* den Wert 0 und die Variable *Akweiter* nimmt den Wert 0 an.

- Da in Zyklus m+3 der SPS die Variable *Akweiter* den Wert 0 hat, übernimmt die Variable *F1* den Wert 0 der Variablen *Akt1*.

In den folgenden Zyklen m+x der SPS hat die Variable *Akt1* den Wert 0, die Kolbenstange von Aktor 1 fährt ein. Die Aktion ist abgeschlossen, wenn die Kolbenstange von Aktor 1 eingefahren ist.

- In dem Zyklus n der SPS nimmt die Variable *Akweiter* den Wert 1 an, weil die Aktion abgeschlossen ist.

- In dem Zyklus n+1 der SPS hat die Variable *Akweiter* den Wert 1. In dem Zyklus n+1 der SPS werden zuerst die Verknüpfungen der Schaltungen As2 bis As5 ausgeführt. In der Schaltung As2 wird von der Variablen *F2* der Wert der Variablen *F1* übernommen. Die Variable *F2* nimmt also den Wert 0 an. In den Schaltungen As3 bis As5 haben die Variablen *F4*, *F6* und *F8* den Wert 0 und die Variablen *Akt2*, *Akt3* und *Akt4* auch den Wert 0.

- Danach werden in dem Zyklus n+1 der SPS die Verknüpfungen der Schaltung As1 ausgeführt. Da die Variablen *Akt1* bis *Akt4* und *F2* bis *F8* den Wert 0 haben, hat die Variable *ProgEnde* den Wert 1.

Die Ablaufkette wird also bereits am Ende des zweiten ausgeführten Schritts rückgesetzt. Das Anwenderprogramm läuft nicht ab. Die Kolbenstange von Aktor 1 fährt nur einmal und, nicht wie vom Anwenderprogramm vorgegeben, dreimal aus und ein.

Literatur

Die Liste enthält nur eine kleine Auswahl der vielen Bücher zum Thema Steuerungstechnik. Weiterführende Informationen für Praktiker enthalten auch die Veröffentlichungen der Hersteller von Steuerungskomponenten oder SPS und die zitierten Normen. Insbesondere sei auf die internationale Norm über Speicherprogrammierbare Steuerungen, die bereits den Umfang eines Buches hat, hingewiesen.

DIN EN 61131-1, -2, -3: Speicherprogrammierbare Steuerungen. Beuth Verlag: Berlin.

Böhm, W.: Elektrische Steuerungen. Würzburg: Vogel 1991.

Fasol, K. H.: Binäre Steuerungstechnik. Berlin u.a.: Springer 1988.

Lindner, H.; Brauer, H.; Lehmann, C.: Taschenbuch der Elektrotechnik und Elektronik. Leipzig, Köln: Fachbuchverlag 1995.

Häberle, H.; u.a.: Fachkunde Industrieelektronik und Informationstechnik. Haan-Gruiten: Europa Lehrmittel 1997.

Kories, R.; Schmidt-Walter, H.: Taschenbuch der Elektrotechnik. Thun, Frankfurt/Main: Harri Deutsch 2000.

Krist, T.: Pneumatik, kurz und bündig. Würzburg: Vogel 1973.

Liebig, H.; Thome, S.: Logischer Entwurf digitaler Systeme. Berlin u.a.: Springer 1996.

Löcherer, K.-H.: Halbleiterbauelemente. Stuttgart: Teubner 1992.

Schaumburg, H.: Sensoren. Stuttgart: Teubner 1992.

Schmid, D.; u.a.: Steuern und Regeln für Maschinenbau und Mechatronik. Haan-Gruiten: Europa-Lehrmittel 2000.

Seifert, F.: Elektrotechnik für Informatiker. Wien u.a.: Springer 1991

Stoll, K.: Pneumatik-Anwendungen. Würzburg: Vogel 1999.

Tietze, U.; Schenk, Ch.: Halbleiter-Schaltungstechnik. Berlin u.a.: Springer 2002.

Wellenreuther, G.; Zastrow, D.: Automatisieren mit SPS. Wiesbaden u.a.: Vieweg 2001.